うちの周りは野外博物館

ルリボシカミキリ

我があこがれのカミキリムシ
▶22ページ

タマムシ

逃がすか否か　玉虫色の悩み
▶28ページ

ムネアカセンチコガネ

幸せではなく　菌を運ぶ赤い糞虫
▶38ページ

カブトムシ幼虫

とれとれ　ピチピチ
天然物発見
▶14ページ

フタモンアシナガバチ

オス蜂たちの哀しき日光浴

▶46ページ

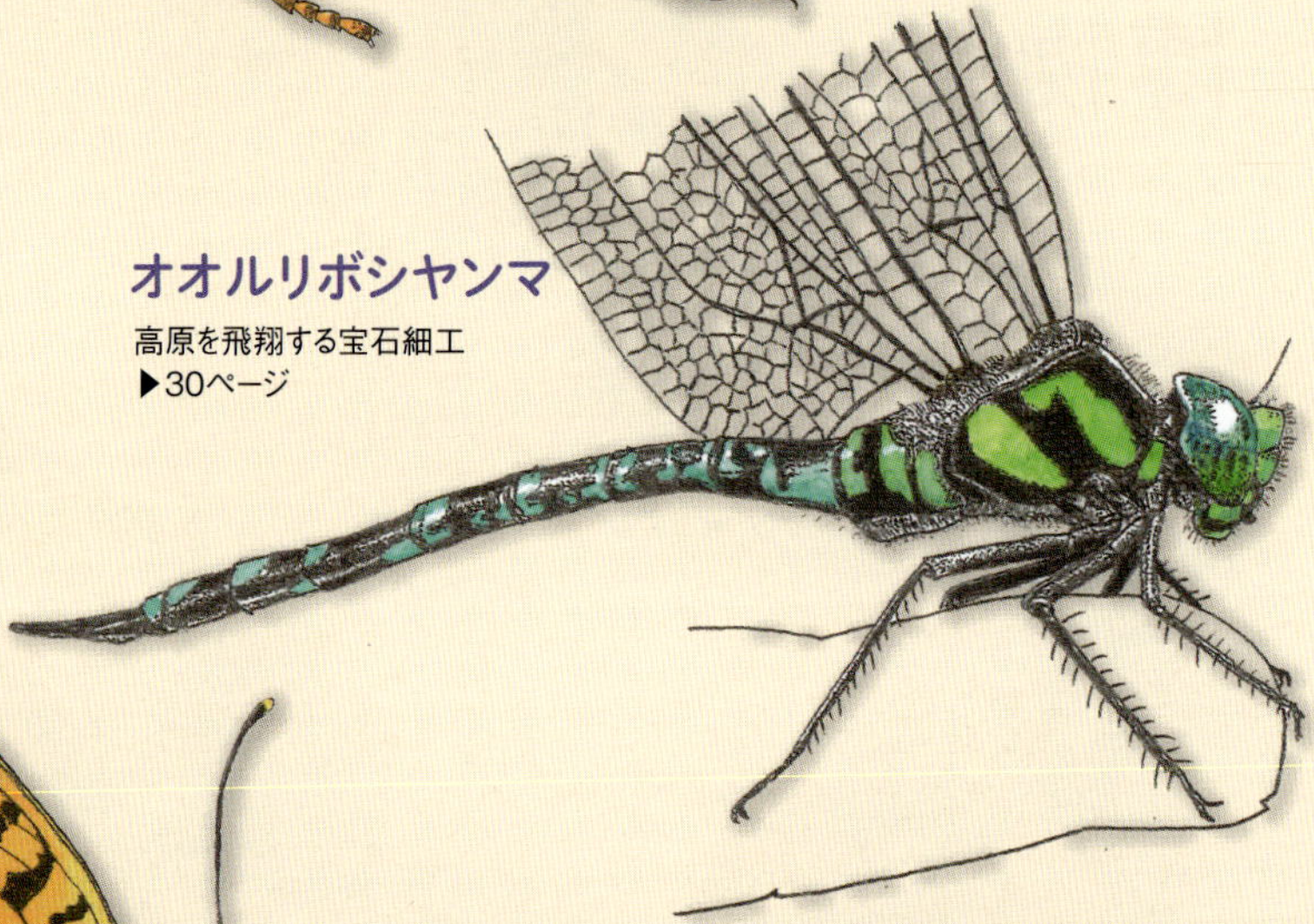

オオルリボシヤンマ

高原を飛翔する宝石細工

▶30ページ

オオウラギンスジヒョウモン

ヒョウ柄の似合うチョウ

▶24ページ

ルリセンチコガネ

鹿の糞から生まれる青い宝石

▶20ページ

シロスジコガネ

羨望のコガネムシとの邂逅《かいこう》

▶16ページ

オオセイボウ

言葉に出来ない美しさ
青く輝く宝石蜂

▶36ページ

マダコ

大塩浜潮間帯生物調査
（晩飯探索）

▶64ページ

キベリハムシ

義理に厚い
神戸ブランドのハムシ

▶26ページ

マクガタテントウ

Beetles「Only Oneの宝石」

▶12ページ

キビタキ

伊達男、恋のさえずりも命がけ

▶96ページ

チョウゲンボウ

猛禽の縄張りに暮らすスリリングな日常

▶98ページ

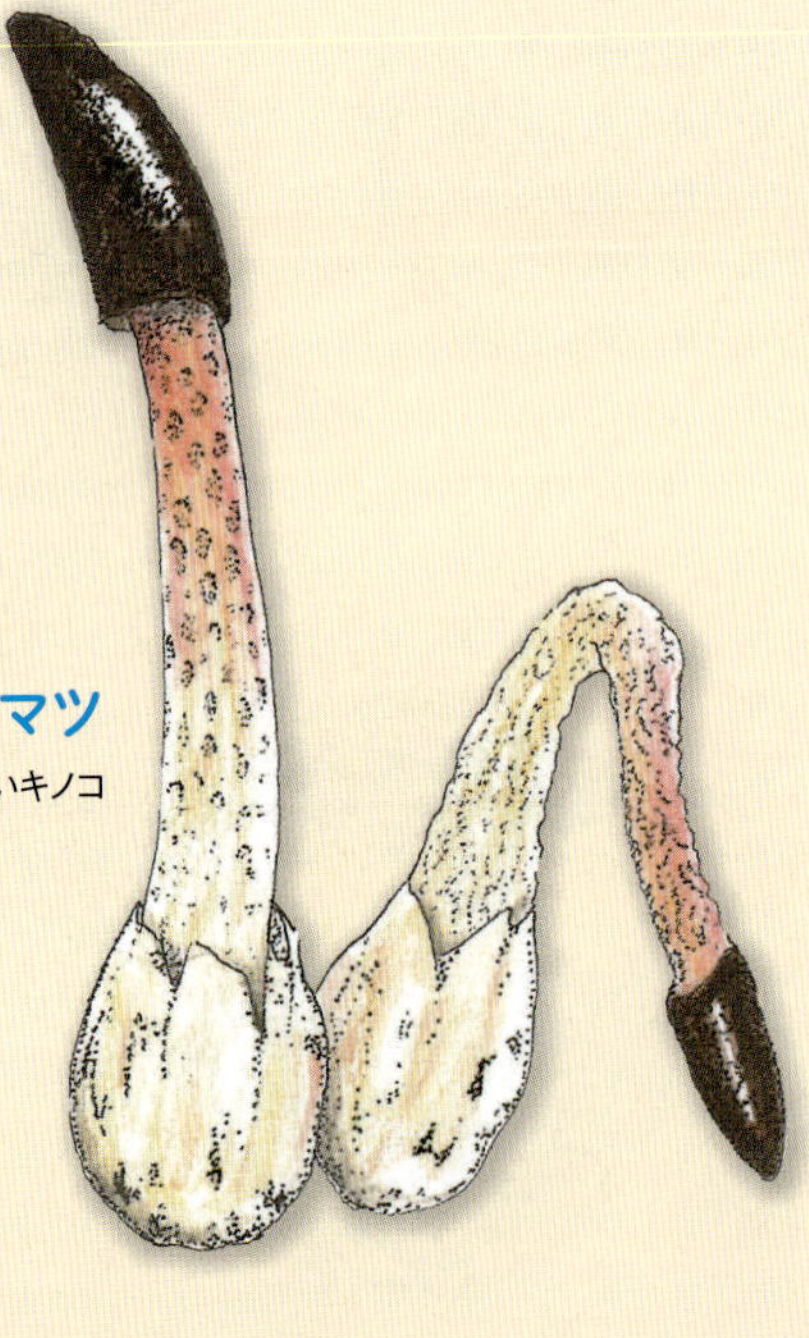

キツネノタイマツ

ハエを誘引する怪しいキノコ

▶144ページ

オオルリ

幸せの青い鳥　見つけた…
けど……

▶100ページ

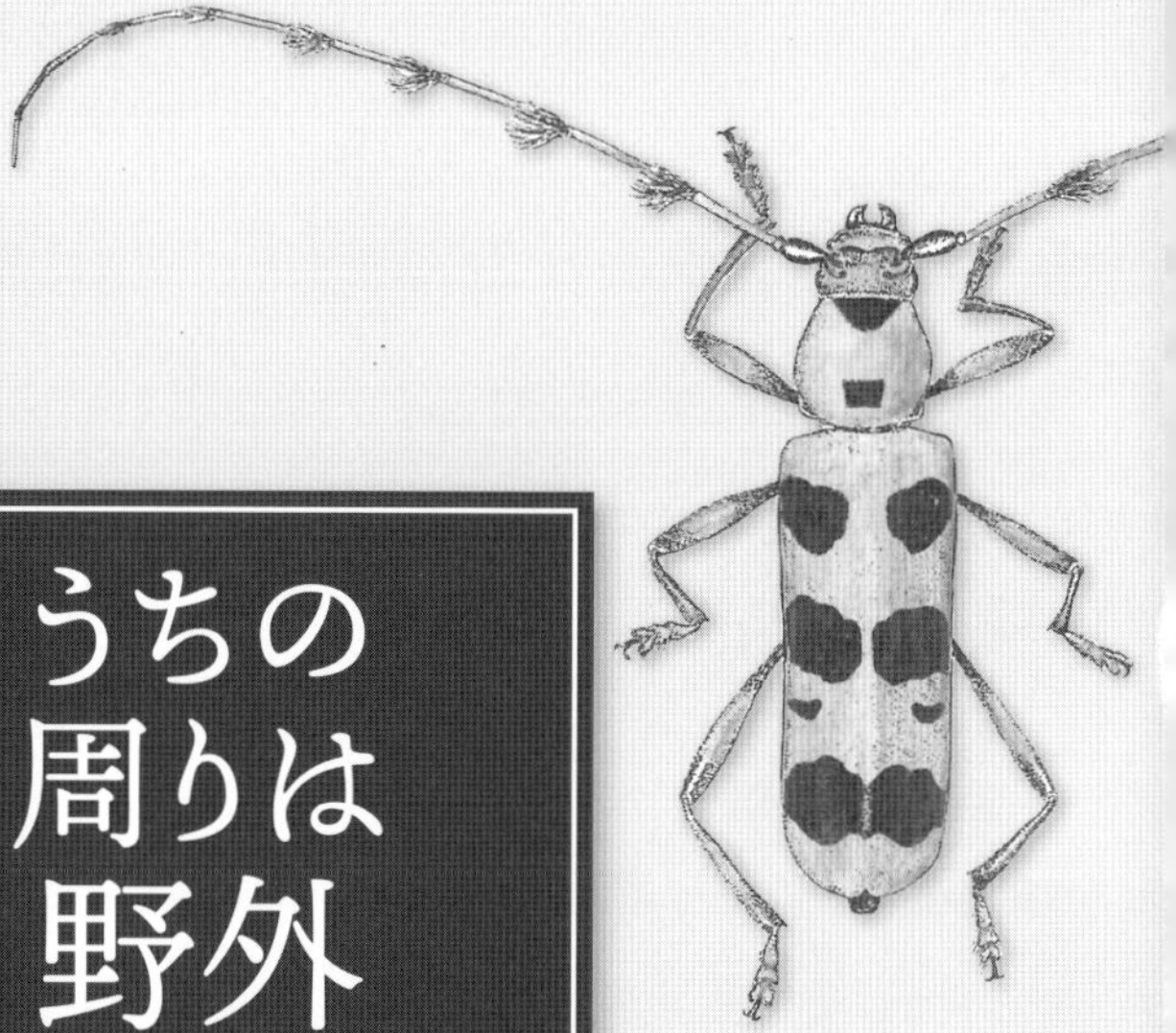

うちの周りは野外博物館

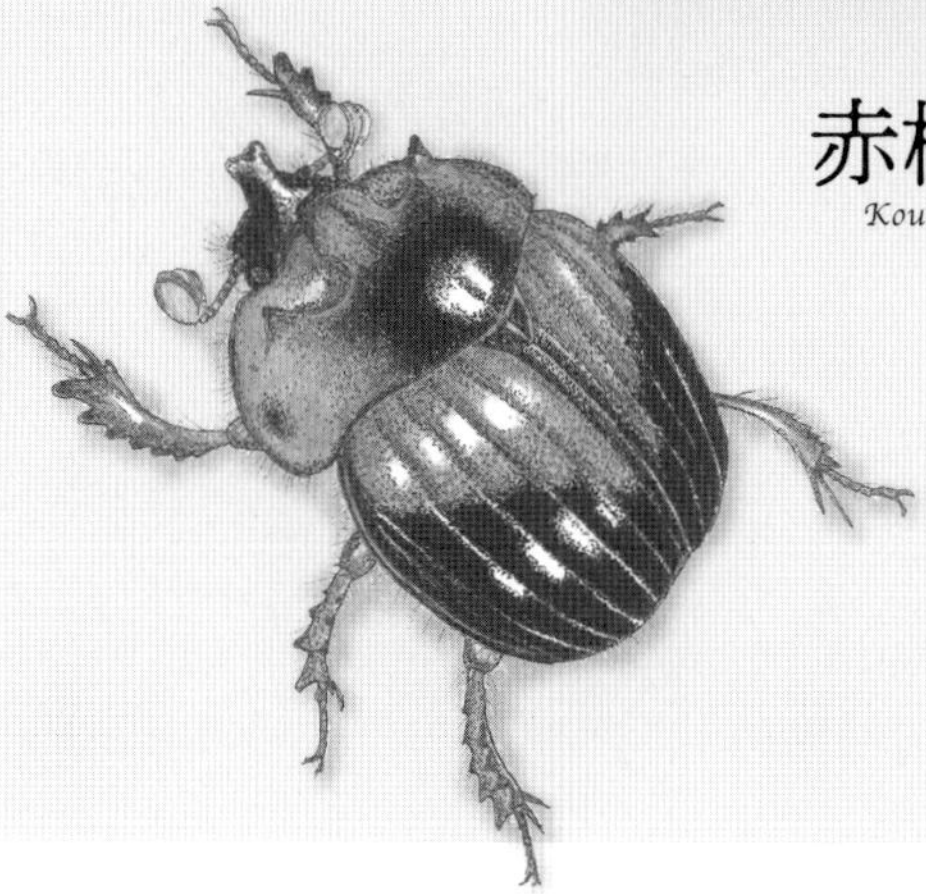

赤松 弘一
Kouichi Akamatsu

神戸新聞総合出版センター

うちの周りは野外博物館

CONTENTS

昆虫

うちの周りは野外博物館

CONTENTS

本書をお読みになる前に

・本書において著者が実施しました様々な観察や実験、試行には危険が伴うことがあります。専門的な知識を持った指導者の下でなければ、実施しないでください。

・自然観察の際には、立ち入り禁止や動植物の採集禁止などのルールやマナーを守ってください。

城跡の誇り高き古武士
~奴らは本気だった~

4月11日、城跡の公園にアミガサダケを探しに行った。見かけは異様だがシチューやパスタに入れると非常にうまいキノコで、いつも桜の散る頃に生えてくるのだ。しかし、ここ数年は1~2本程度しか見つかっていない。残念ながら今回は1本も見つからなかった。

あきらめて堀の近くのカクレミノの木を訪れた。この太い幹の割れ目には10年近く前からニホンミツバチが巣をつくっている。何度か人為的に駆除されたりして姿を消したが、翌年にはまた棲みついている。

暖かくなり花が盛りの季節になったので、働きバチがひっきりなしに飛び出しては戻ってくる。私の接近などおかまいなく、ハチたちは身体のすぐ横を大急ぎで飛び去っていく。もう少し近づいて写真を撮ろうとすると、数匹が身体にぶつかった。よくあることなので気にせずさらに近付くと、一匹が頭にとまってぶんぶん唸っている。「?」なんだかいつもとは違ってハチのテンションが高い。でも私は「ミツバチは我が友、友好的蜜蜂歓迎!」と思っているので、さらに接近しカメラを巣穴に向けた。不意に数匹が身体にタックルを加えてきて、頭には3匹ほどがとまってわんわん唸っている。「これはひょっとして歓迎されていないのでは?」と思った。同時に「こいつらは本気だ!刺される!」と気付いた。

慌てて後退《あとずさ》って全力で駆けだしたが、頭上の唸りはしつこくついてくる。周りにも数匹がまとわりついていて追いかけてくる。「彼女本気的刺攻撃、我後悔逃走!」。真剣に走りつつ、頭を手で払う。昔の海外アニメのドジなネコのようにハチに追われながら逃げた。20mほども走ったところでようやく追撃から逃れた。なにしろ彼女たちはあのオオスズメバチをも打ち負かす力があるので侮れない。

ミツバチは高度に社会性を発達させている。杉浦明平著『養蜂記』(中公文庫)によれば、羽化してすぐ

昆虫

ニホンミツバチ　日本蜜蜂

〔科名〕ミツバチ科
〔学名〕*Apis cerana*

ニホンミツバチ　体長13 mm

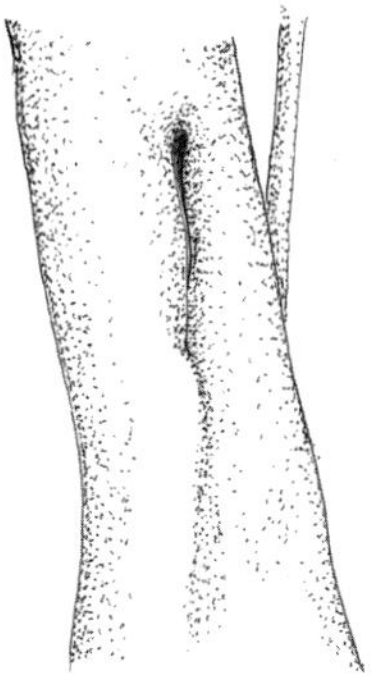

ニホンミツバチの巣がある
カクレミノの樹の洞

後翅の翅脈の違い

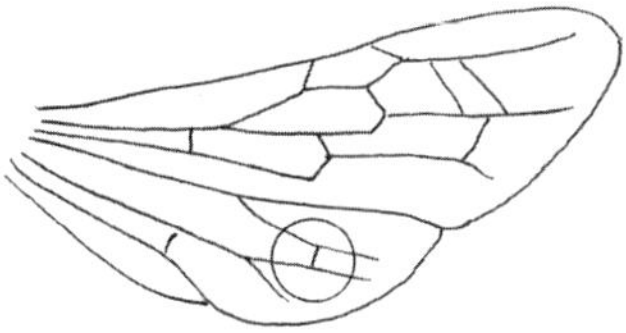

ニホンミツバチ

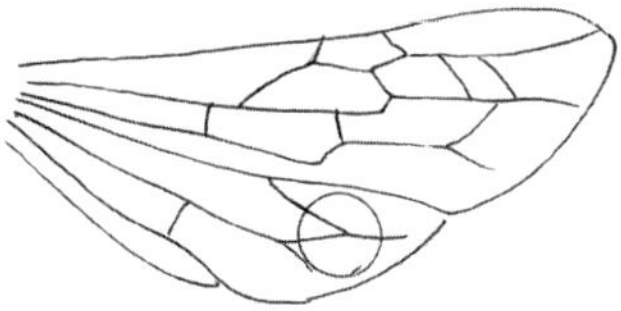

セイヨウミツバチ

の働き蜂は初めに巣の清掃の仕事を与えられる。5日ほどすると次は幼虫（妹たち）の養育係になる。10日ほど勤めた後、次は腹の節からロウを分泌して巣を作る仕事をする。そして羽化後20日ほどしていよいよ蜜集めの仕事に出るという。巣の入口警備の仕事はどの段階のハチがするのか、警備の仕事だけを生涯やり続ける専門のハチがいるのかはわからないが、私を攻撃したのは間違いなく巣の入口にいた〝セコム蜂〟である。しかしニホンミツバチは本来大人しく、よほどのことがないと人を刺すことはない。

　蜜を集める能力がニホンミツバチの4倍も高いセイヨウミツバチが明治以降に日本に移入されたが、この種は野生ではオオスズメバチの攻撃であっさり全滅してしまう。オオスズメバチがいない環境で生きてきた彼らは、戦うため術をもっていないのだ。また寒さ、病気などにも対応できず、人の管理下でなければ生存できない家畜なのである。公園には私が確認しただけでも4か所のニホンミツバチの巣がある。アキニレの木の根もと、ヤマモモの木の洞、サクラの木の根元、そしてこのカクレミノの木の洞である。

　日本の四季や自然に適応して力強く生きている野生のニホンミツバチには何やら古武士の風格がある。

膨らむ期待 まぼろしの新種

4月初旬のある晩、布団に入って寝ようとしていると、布団の上に小さな黒い粒が落ちている。よく見るとどうやら昆虫のようである。あまりに小さくてよくわからないので、「まったく寒いのに…」といいながら起き出し、双眼実体顕微鏡で観察してみた。そいつは背中に2つの黄色い紋の付いたテントウムシのようだった。しかし、何せ大きさは2㎜ほどしかない。こんなに小さなテントウムシがいたかなあ？

「まったく眠いのに…」と今度は昆虫に関する図鑑を調べ始めたが、これほど小さなテントウムシはどの本にも記載されていない。

「こどもじゃないしな…」。カメムシやバッタなどは不完全変態で親と同じ形の小さな若虫が脱皮しながら成虫になる。しかしテントウムシなどの甲虫《こうちゅう》は完全変態で、脱皮して成長するのはイモムシ状の幼虫時代のみで、サナギを経て翅《はね》のある成虫になってからは成長しないのだ。したがってこのテントウムシも間違いなく成虫でこの大きさなのである。テントウムシの仲間で小さいのはヒメアカボシテントウが3㎜あまりで、これも黒い身体に紋が2つ並んでいるが紋は赤い。今回見つけたのは色も違うし、明らかに小さい。

顕微鏡で背中の方から見ていたのでは気がつかなかったが、虫を付箋のノリにくっつけて横向きにして観察すると、前胸部の縁と頭部が淡黄色であることがわかった。しかし図鑑に載っていない以上、それは何ら新しい手がかりにはならない。

「まったくどいつもこいつも役に立たんやっちゃ、もっと充実した図鑑がほしい…」とぼやきつつ、虫をフィルムケースにいれた。

以前にもテントウムシについては「新種発見！」騒ぎを2度起こ

昆虫

フタホシテントウ　二星瓢虫

〔科名〕テントウムシ科
〔学名〕*Hyperaspis japonica*

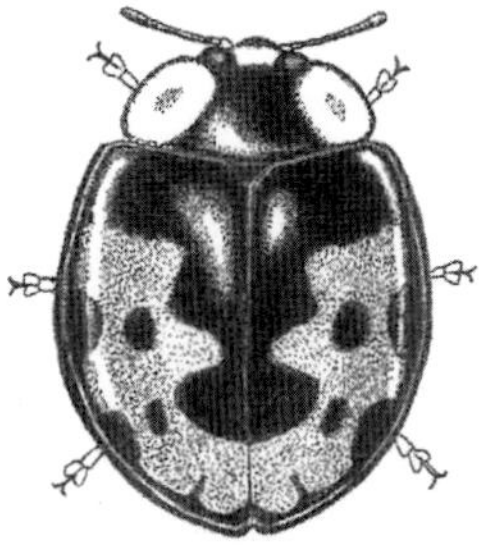

ダンダラテントウ
2006　体長7mm

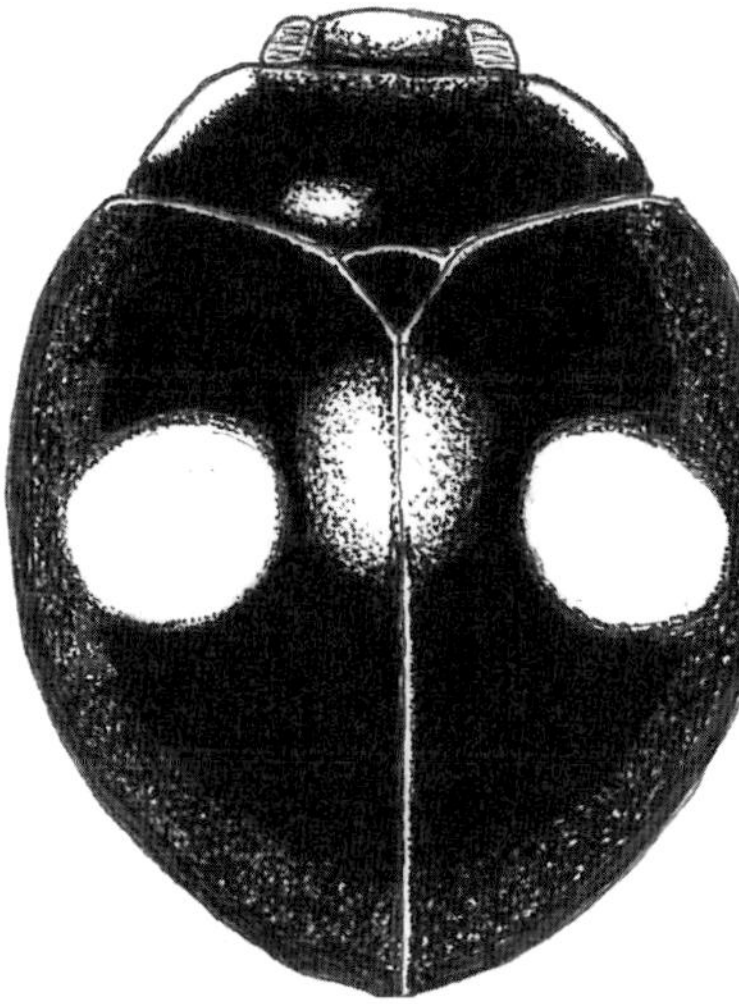

体長2.3mm
名前は不明

＊その後、名前はフタホシテントウと判明。もちろん新種ではない。クワカイガラムシなどを食べるらしい。（Netの情報）

実物大

している。一度は２００６年の４月に明石の海岸近くで見つけた不規則模様のテントウムシだった。後にダンダラテントウという種であることがわかった。

その前は２００５年５月に自宅の塀の上にとまっていた小さな甲虫で、黄色い背中に縦に３本線があった。テントウムシかどうかもわからず、持っていたどの図鑑にも載っていないので、「これはついにやってしまった。新種発見だ！」と興奮した。「では命名しよう」。新種の発見者には命名権があるのだ。私はこれまでも２度自ら命名した経験があるのだ、息子に。とりあえず命名披露記念祝賀会を開いて祝う前に、県立人と自然の博物館のS博士に鑑定してもらった。「ミスジキイロテントウですね。以上」と、ごく簡単に解決してしまった。なかなか新種などというモノは、そう簡単に見つかるモノではないのだ。

そんな過去の辛い経験を踏まえつつ、とりあえず今回発見したテントウムシにはキイロフタホシツブテントウ（仮*2011K-Akamatsu*）と勝手に命名したが、やはりS博士に鑑定を依頼していく予定である。

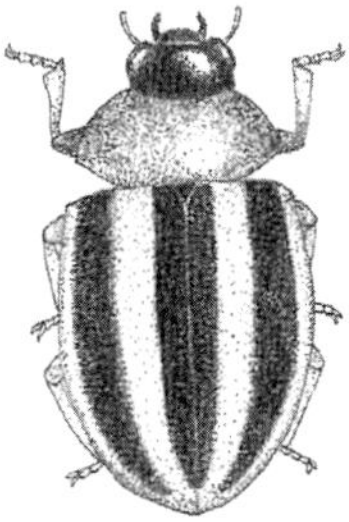
ミスジキイロテントウ
2005　体長3.5 mm

なんでそんな名前ですのん

昆虫

ムーアシロホシテントウ

〔科名〕テントウムシ科
〔学名〕*Calvia muiri*

6月の中旬ごろ（だったと思う）、我家の庭のレモンの樹（だったかな）に小さなテントウムシがいたと思うのだが（たしか）。その時のことをいつも使っている野帳に記録しなかったので、今となってはハナハダアイマイである。記録がなく、記憶にないが（このセリフ、政治家がよく言う）、現実にテントウムシはフィルムケースに入って机の上にあるので、私が捕獲したことは事実である。採取した時は「たしか、植物の葉に付く菌類を食べるムーアなんとかテントウではなかったかな」と思いながら、たまに見かける種類なので、捕獲したまま忘れてしまっていたのだ（最近よく忘れる）。

ある日、本棚の上のフィルムケースを見つけて、「何が入ってるのか？」と開けてみたら、すっかり標本になってしまったそいつが現れたのである。調べてみると正式な名前はムーアシロホシテントウであった。このテントウムシはてっきり菌類（ウリ科の葉に付く白いカビ・ウドンコ病の菌など）を食べると思い込んでいた。手持ちの図鑑にはそのように記載したものと、アブラムシを捕食すると記載したものがある。ネットの情報の中に、『菌類を食べるのはテントウムシ科のカビクイテントウ族に属するクモガタテントウ、キイロテントウ、シロホシテントウであり、ムーアシロホシテントウはシロホシテントウによく似ているので菌類を食すると間違えられているが、テントウムシ科の中で捕食性のテントウムシ族に属し、幼虫も成虫もアブラムシを食う肉食である』というものがあった。菌類を食べるにしてもアブラムシを食べるにしても、農家にとってはありがたい益虫である（この益虫とか害虫とかいう分け方も人間本位の勝手な分類である）。

次にこのテントウムシの名前、「ムーアシロホシテントウ」が何に由来するのか気になった。ムーアとは漢字で書けないので外国の名前だろう。この虫の命名

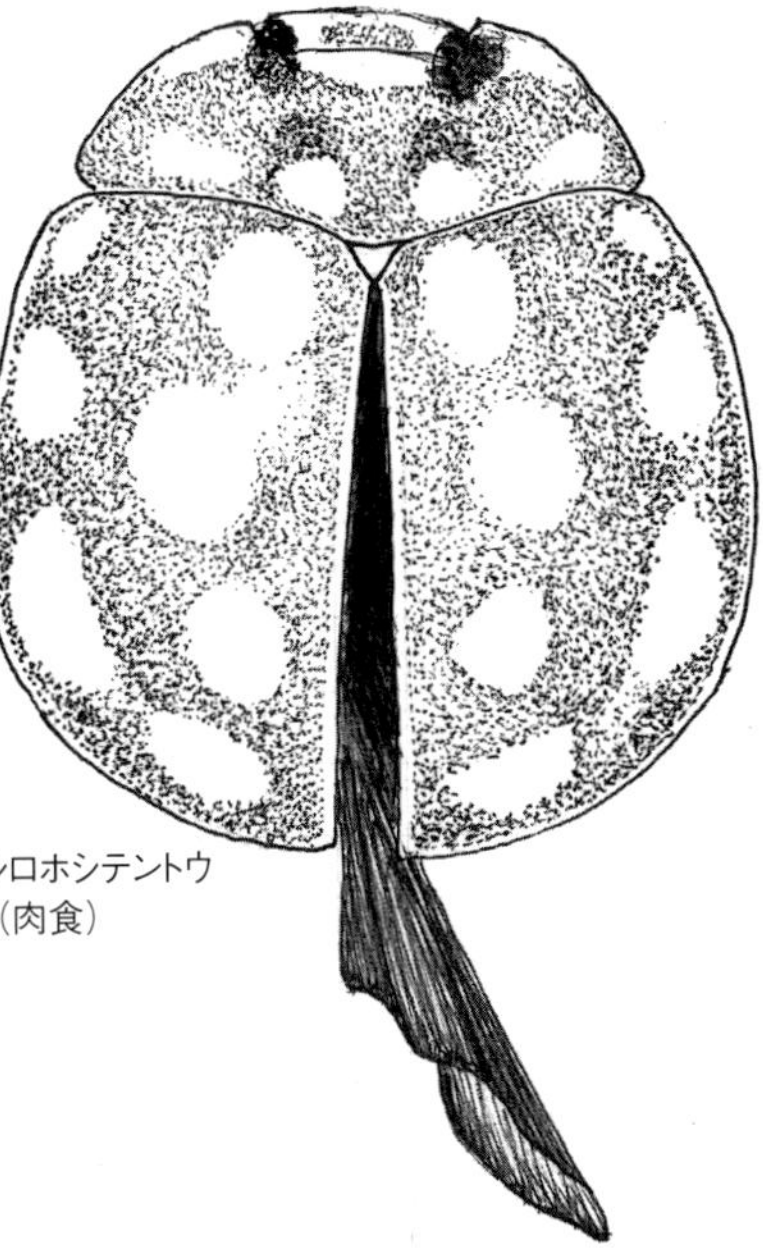

ムーアシロホシテントウ
（肉食）

実物大
体長4.2 mm

シロホシテントウ
（菌食）

者の昆虫学者がムーア博士（だれ？）だったのか、ムーア地方（どこだ？）に多く見られたのか、ムーアの樹（どんな樹？）に多く見つかるのか、どうなのだろう。

他にも日本語ではないと思われる名前がついている昆虫には、モートンイトトンボ、ルイスジガバチ、ラミーカミキリ、ベダリアテントウなどたくさんある。モートンはイギリスのトンボ学者のKenneth J Morton（1858～1940）にちなんでいる。ルイスは明治初期に日本を訪れたイギリス人で、茶の貿易商にして昆虫学者のジョージ・ルイス氏に由来する。ラミーはこのカミキリの食樹がラミーという樹で、この樹と共に明治の初めにヨーロッパから日本に持ち込まれたらしい。ベダリアテントウはミカン類の大害虫であるイセリアカイガラムシを退治するため、その天敵としてオーストラリアから日本に移入されたので、もともと現地での英語名のvedalia ladybirdに由来しているのだから仕方がないとして、とりあえず納得である。

やはりムーアだけはよくわからない。だれかすっきりさせてほしい…。

Beetles「Only Oneの宝石」

昆虫

マクガタテントウ　幕形瓢虫

〔科名〕テントウムシ科
〔学名〕*Coccinula crotchi*

ムーアシロホシテントウと同時に採取した小型のテントウムシがいた（やはり同じレモンの樹だったと思う）。３㎜もない黒い粒としか認識できず、どうせ名前は判明しないと思って放置していたが、ムーアの方を調べるついでにルーペで観察すると、上翅の付け根に黄色い紋があるのがわかった。この紋を手掛かりに図鑑を調べていくと『日本の昆虫１４００②』（文一総合出版）に記載があった。

　名前はマクガタテントウである。それに基づいて調べると北海道・本州・四国に産するが、地域によってはかなり希少なテントウムシで、九州では未発見、本州も島根県までしか報告がないらしい。もともと北方系の種で、滋賀県では最近見つかったのが県内2例目というから驚く。兵庫県での個体数や分布状況はどうなのだろうか。成虫・幼虫ともにアブラムシを食するらしいが、成虫は花粉を食べるという報告もあるようだ。このテントウムシはなぜか河川敷などの荒れ地で見つかることが多いという。河川敷に特有な植物の花粉を食うためなのだろうか。またそんなテントウムシがなぜ我が家にいたのかについても謎である。この夏の間に加古川の河川敷で探してみよう。

　さて、マクガタテントウの名前の由来である。マクガタとは何なのか、残念ながら図鑑等の資料を調べたが分からない。例によってネットに頼ることとなったが、それによればマクは幕であり、この虫の上翅の付け根の黄色い紋が「幕を引いた様子に似ているから」という。ちょっとわかりにくいが、おそらく神社の拝殿に下げられた幔幕を真ん中で絞ったような形に見えることから名付けられたのではないだろうか。しかしその虫の様子を想像しにくい名前である。まあムーアよりましか。

　テントウムシと言えばナナホシテントウがごく身近である。これは体長7㎜前後だが、これでもテントウムシの仲間の中ではかなり大きい方なのだ。最大はオ

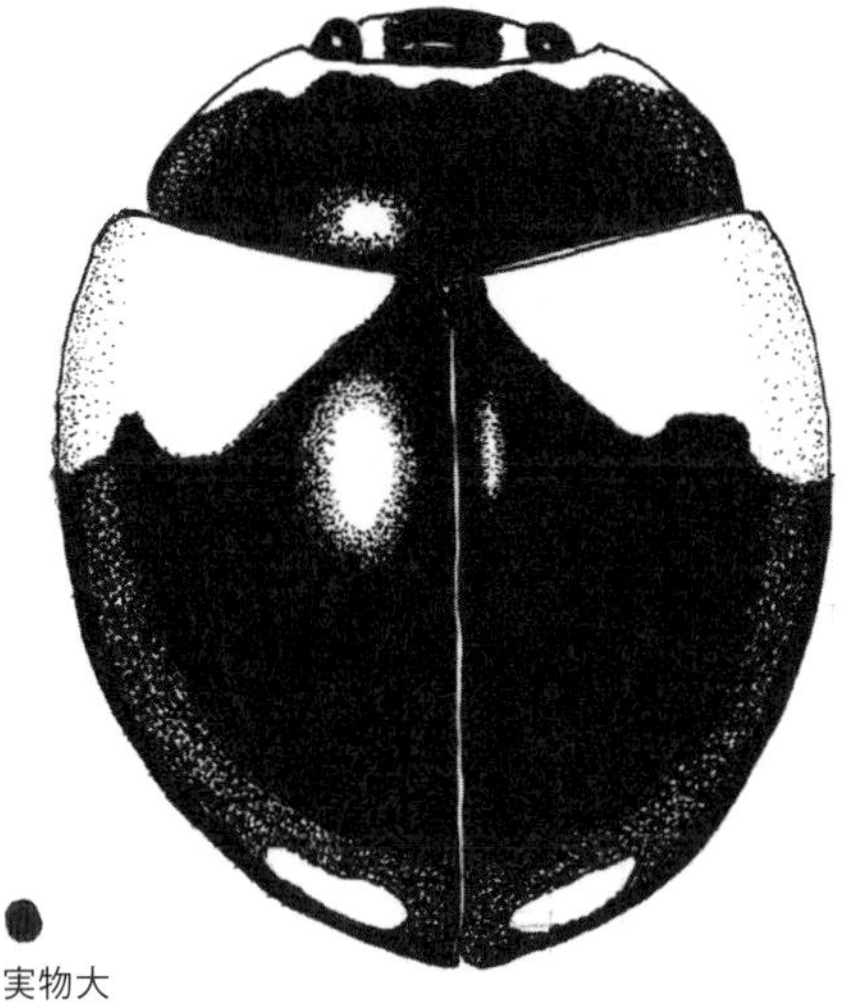

実物大
体長3.2mm

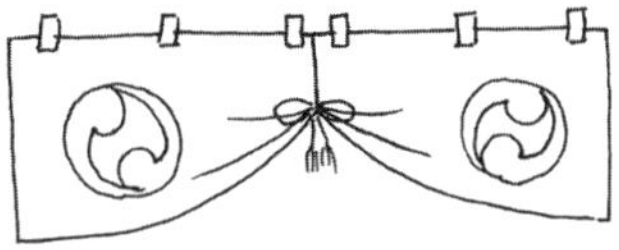

幔幕（まんまく）

オテントウの12㎜だが、まだ出会ったことがない。大半は５㎜前後で、３㎜程度のものも多い。ほとんど目に触れず、見逃してしまうような微細な昆虫なのである。

日本では約１８０種のテントウムシが確認されているが、これは１つの科としては少ない方である。例えばオサムシ科は１３００種、ゾウムシ科は１１００種、カミキリムシ科は９００種、ハムシ科は８００種、コメツキムシ科も８００種という大所帯である。カブトムシが属するコガネムシ科は４５０種、タマムシ科は２４０種、クワガタ科は40種となっている。

このほかにも甲虫《こうちゅう》にはたくさんの科がある。ホタル科、ゲンゴロウ科、そしてハネカクシ科（これはメジャーではないが、なんと２２６０種の大きな科である）、他にもまだまだある。なにしろ、これらすべてを含めて甲虫目には１３０の科があり、含まれる種は全部で1万を超えるのだ（日本だけで！）。甲虫beetlesは昆虫の中でも最大のグループなのであり、Beatlesはもっとも有名なロックバンドである。この地球上で最も繁栄しているのは甲虫たちであり、最も地球に影響を及ぼしているのはヒトである。そしてヒト属は現在ホモ・サピエンス１種しか存在しない。

とれとれ ピチピチ 天然物発見

２００６年の６月に城跡の公園の二の丸北付近で、腐葉土の中からカブトムシの幼虫らしきものを発見した。しかし、それは大きさがコガネムシの幼虫ほどしかなかった。当時家で息子が飼育していたカブトムシの幼虫はすでにドーナツほどの終齢幼虫になっているのに、見つけたその幼虫はその3分の1程しかなかった。家に持ち帰り、昆虫マットという腐葉土で飼育したが、少し大きくはなったものの「どうもこいつはコガネムシの幼虫ではないのか」という疑惑が深まっていった。結局その後逃がしたのか、どうしたのか、カブトムシの成虫が出てきた記憶はない。

その後、『日本産幼虫図鑑』（学研）という高価な図鑑を入手し調べたところよれば、カブトムシはメスが8月に産卵すると、10日あまりで卵は孵化し、なんとたった1か月で終齢幼虫にまで成長するらしい。そしてそのまま冬を越して翌年の夏に羽化して成虫になるという。ただし、発育が遅れている個体は2齢幼虫で冬を越し翌年気温が上がると一気に終齢幼虫まで成長し、約20日間のさなぎの期間を経て7月には成虫になるらしい。

ということで、２００６年に見つけたこの幼虫は発育遅れのカブトムシだったのかもしれない…と、あれこれ10年も経って妻に話すと、「あれっ？　言ってなかったっけ！」。あれはしばらくしてカナブンになって飛んでいった、あれをカブトムシ幼虫とは「お父さんも大したことないな」と当時小学生の息子が言っていたということを聞かされた。

２０１２年の1月末、明石の城跡の公園でアオサギの頭骨を見つけた後、全身骨格の標本をつくるために3度にわたって公園へ残りの骨を拾いに行った。骨は公園の落ち葉や剪定した枝などを積み上げた中で見つけたのだが、2月初旬、最終の骨の採集を終えたあと、まだ残っている骨はないかと落ち葉の下の腐葉土を掘り返していると、扁平な1cm程の黒い粒がたくさ

昆虫

カブトムシ幼虫

〔科名〕コガネムシ科
〔学名〕*Trypoxylus dichotomus*

ん出てきた。

「これはカブトムシの幼虫のフンにちがいない」私は薄暗い雑木林の中で興奮した。幼虫を傷つけないように慎重に掘っていくと、ドーナツのように大きな白い幼虫が3匹出てきた。ついに、ついに「ワレ天然物カブトムシ幼虫を発見セリ」。薄暗い雑木林の中で、私には勝利のスポットライトが当たっているかのようだった。

　以前この公園でカブトムシやクワガタを捕っている爺さんに出会ったことがある。虫屋の爺さんは空き缶に数匹の幼虫を入れていて、「これは天然物じゃ、…羽化すると羽の艶なんかが養殖物と全然違うのでな、…ひひひ」と薄気味悪く笑った。私は「よし、俺もいつかは天然物を」と空を見上げたのだった。

　今回見つけたのは間違いなく「天然、地物、とれたてピチピチ」なのである。寿司ネタではない、カブトムシの終齢幼虫である。この3匹の幼虫は学校の理科室で飼育していたが、春に私は別の中学校に転勤となってしまった。この幼虫のことは持っている野帳にも記載がなく。その後どうなったのか全く記憶がない。

　話は再び昔に戻るが、小学生だった息子がもらって飼っていたカブトムシの幼虫は成虫となり、メスが産卵した卵が成長して翌年48匹もの成虫が羽化（オスメスはほぼ同数）してきた。じゃんじゃん出てくる成虫を前に「ドウスル、コレ」と立ち尽くしてしまった。子どものいるご近所や知り合いに譲ったが、実際は（うちで死なせるのはかなわん。お宅で死んでもらう）という打算があったのである。

　というわけで、2012年に見つけた3匹の天然カブトムシ幼虫は、家で飼うのは止めて、おそらく公園に戻したのだと推測される。

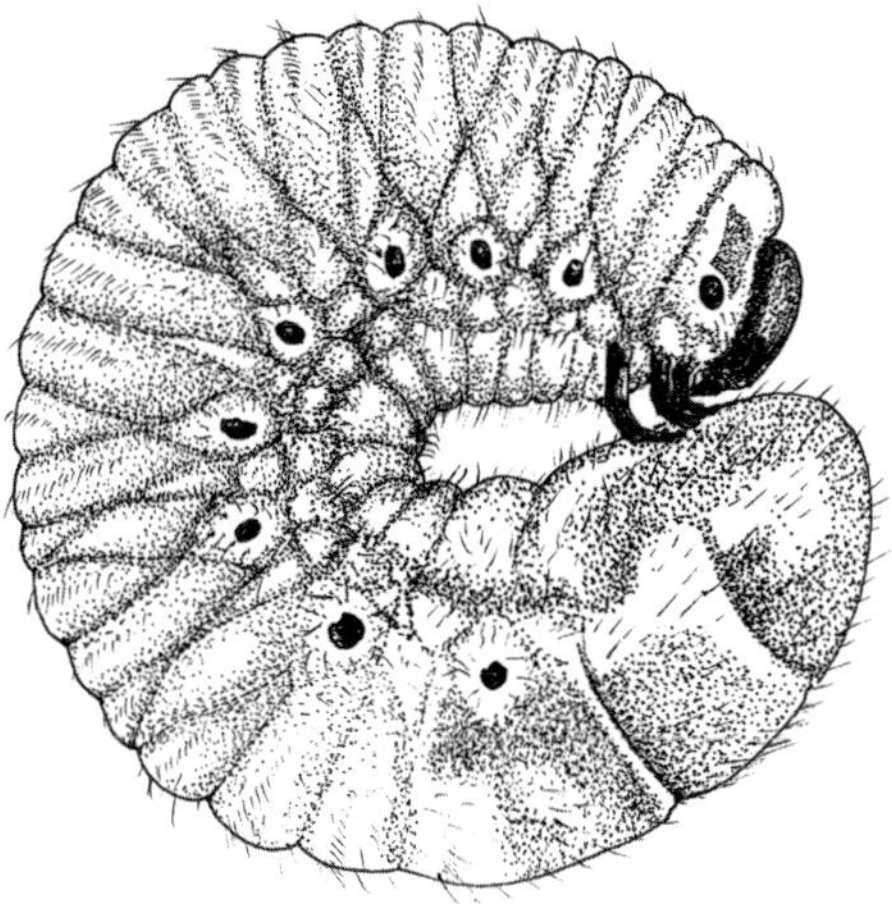
城跡の公園で発見したカブトムシの終齢幼虫

羨望のコガネムシとの邂逅《かいこう》

6月に南淡路で行われた5年生の自然学校の4日目のことだった。夕方宿舎の廊下を歩いていて、網戸の外側に大型の甲虫《こうちゅう》がとまっているのに気付いた。黒いシルエットから、クワガタのメスか？と思い、外へ出てその虫を見た私は息を飲み、その場に立ち尽くした。

心拍数は2倍に跳ね上がり、副腎皮質からはアドレナリンがあふれ出た。そいつは背中の茶色い鞘翅に数本の白い縦のラインが特徴のコガネムシ「シロスジコガネ」であった。私の心拍数が跳ね上がった原因は、この虫が兵庫県の希少生物（絶滅危惧種）のレッドデータリストに載っている珍種であるということだけではない。

今を去ること40数年前、小学校3年生の私は登校班での朝の通学途中だった。その時、少し前を歩いていた別の班の同級生が、道路わきの綿の加工場のフェンスにいたシロスジコガネを見つけて捕まえたのだった。それは図鑑でしか見たことのない美しいコガネムシであった。「ああ、自分が前を歩いていれば…」。我が身の不運にくじけそうになりながら登校した記憶は、まるで昨日のことのように鮮明である。その憧れの美しいコガネムシが今、突然に目の前に現れたのである。私は喜びと懐かしさに包まれて一気に少年の日に引き戻された。そしてこの虫をつまんで手の中に包み、やや急ぎ足で自分の宿舎に持ち帰った。

子どもの頃、夕方になると家の庭に何本も植えられていたウバメガシにコフキコガネが何匹も飛んできた。「ブ～ン、バリッ、ガサガサ」これは飛んできてウバメガシの枝に軟着陸した音。「ブ～ン、バィ～ン、ゴソゴソ」これは部屋の灯りに寄って来て網戸にぶつかり地面に落ちた音である。今でも鮮やかに耳に残っている。

他にはやたらフンをするドウガネブイブイがカキの木に、かわいいコアオハナムグリはバラの花を探ると

昆虫

シロスジコガネ　白筋黄金虫

〔科名〕コガネムシ科

〔学名〕*Polyphylla albolineata*

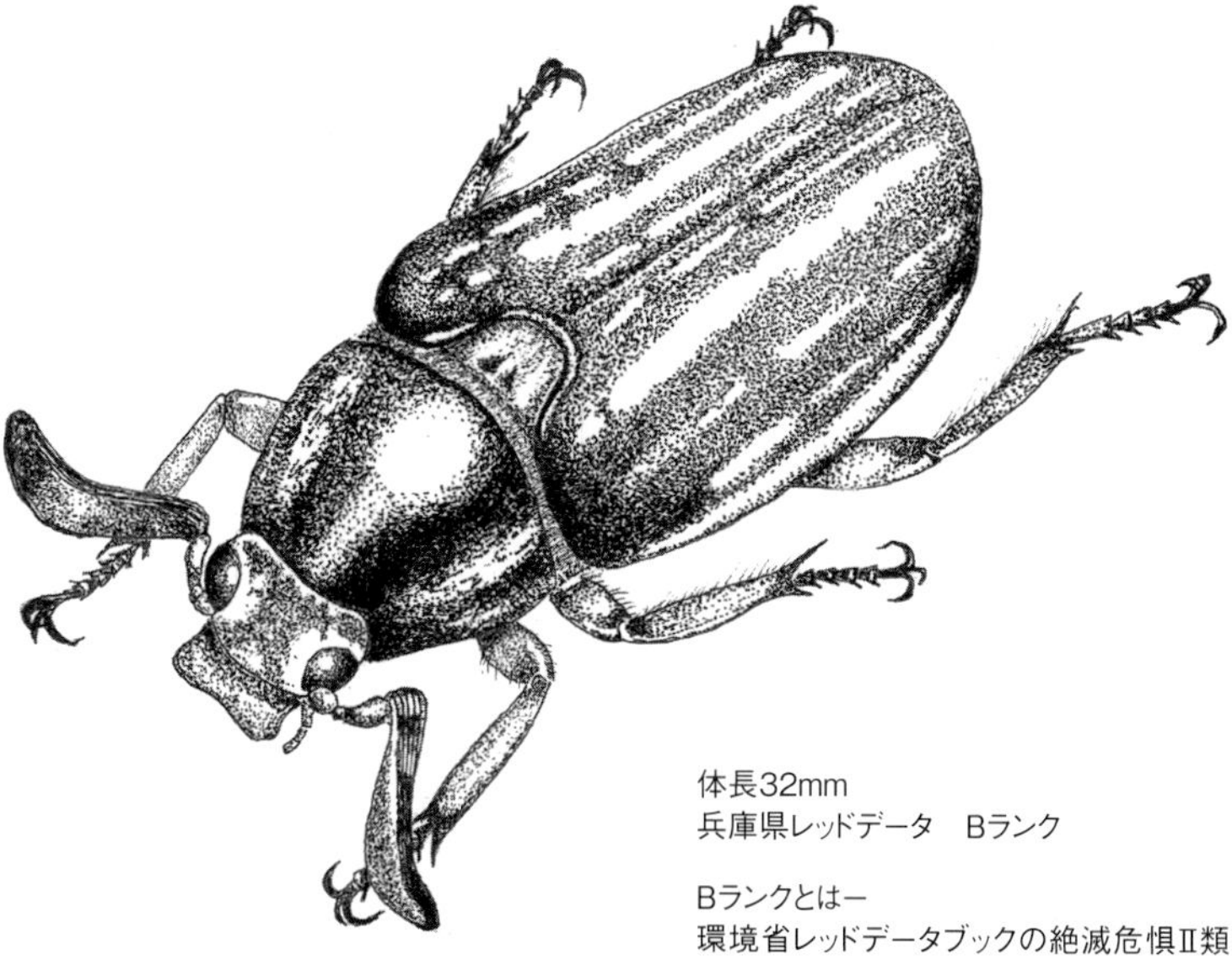

体長32mm
兵庫県レッドデータ　Bランク

Bランクとはー
環境省レッドデータブックの絶滅危惧Ⅱ類に相当。兵庫県内において絶滅の危機が増大している種など、極力生息環境、自生地などの保全が必要な種（オオクワガタ、タガメ、ギフチョウが相当）

必ず見つかった。しかしシロスジコガネやヒゲコガネにはまず出会うことがなかった。

シロスジコガネは沿岸地方に生息する。幼虫は海岸に自生するクロマツの根をかじって成長するらしい。成虫の食性はよくわからないが長くは生きていないようだ。背中の白い筋はルーペで拡大すると、微細な白い毛が密生しているため白く見えるのだとわかった。今回見つけた個体はオスであった。オスは触角が特に大きく、これで繁殖相手のメスを匂いで探すのだろう。図鑑に載っているとおり、指でつまむと胸の関節をこすり合わせて、「キィキィ」と鳴き声を出す。

レッドデータによれば、高砂市と南あわじ市には分布記録があり、私の過去の経験とも符合する。他にも西宮や尼崎など海岸地方での記録があるが、クロマツの林が失われつつある中で、この先ますます絶滅が危惧される。

貴重なシロスジコガネだが、絵を描いた後で標本にした。寝室兼書斎の机の上において、時々眺めては少年の日にタイムスリップしている。

「ちょっと　あれ」な虫

昆虫

オオヒョウタンゴミムシ　大瓢箪芥虫

〔科名〕オサムシ科

〔学名〕*Scarites sulcatus*

シロスジコガネを捕獲した前年（２０１５年）の自然学校でも、私は南淡路の砂浜で立ち尽くしている。キャンプファイヤーに向かう途中の砂浜で「なんだこれ？」と5年生の児童が集まって覗き込んでいた所へ、「ドウシタ、ドウシタ」と首を突っ込んだ私の心拍数は、やはり跳ね上がったのである。

白い砂の上に足を踏ん張って私を見上げていたのは、大きなアゴが特徴のオオヒョウタンゴミムシだった。「おおっ！　初めて見た！　本当にいた！　でかいっ！」。

私は立場を忘れてはしゃぐとともに、素早くそいつを摘み上げた。幸い周りの子どもたちはこの虫に対して「キモチワルイ」もしくは「エタイガシレナイ」ということで触ろうとしない。そこで私は「こいつはちょっとあれだから」と日本語特有の便利で意味不明なごまかし指示語を操り、この虫を持ち去ることに成功したのである。

漆を塗ったように黒光りするそいつは、体も大きくて、立派な大あごはクワガタのようだ。基本的にゴミムシは屁こき虫などと馬鹿にされ、全く価値を認められていない嫌われ者だが、オオヒョウタンゴミムシは別格なのである。小学生の頃の愛読書、小学館の『昆虫の図鑑』に載っていたが、「一度見てみたい、できれば手に入れたいが、たぶん一生出会うことのない昆虫シリーズ」の一つとして記憶に残っていた虫である。

このシリーズにはタマムシ、ナナフシ、カメノコテントウ、オオムラサキなど、子どもの頃、身近に見つからなかった虫たちが並ぶ。大人になって行動範囲が広がり、知識も豊富になると、これらの昆虫に出会うことが増えてきた。その結果これらは次々に「本当にいた感動の昆虫シリーズ」に変わっていったのである。

オオヒョウタンゴミムシは兵庫県レッドデータのA

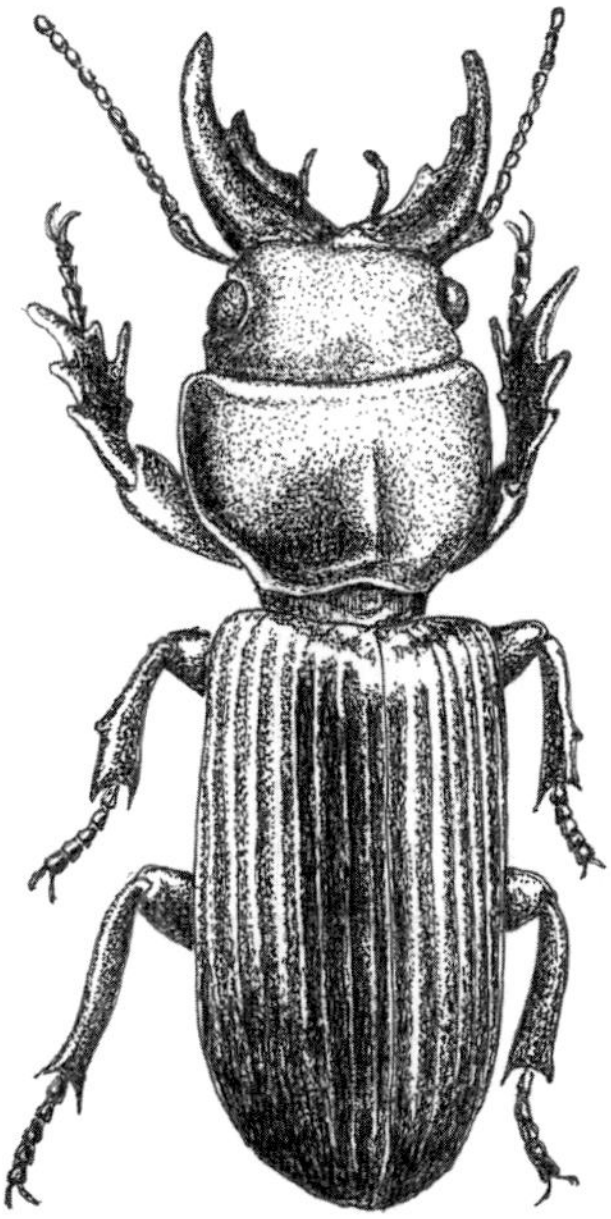

体長43mm
兵庫県レッドデータ　Aランク

Aランクとはー
環境省レッドデータブックの絶滅危惧I類に相当。兵庫県内において絶滅の危機に瀕している種など、緊急の保全対策、厳重な保全対策の必要な種。

ランクに分類される絶滅危惧種で、西宮市、高砂市、南あわじ市に分布記録がある。淡路島のこの砂浜はまだ自然環境が適切に保全されているのかもしれない。シロスジコガネと分布域が重なっているのは、海岸の砂浜や松林を生息域としているせいだろう。

私の棲家がある高砂市もかつては松林が有名だったが、今もこれら希少な昆虫がいるのだろうか。砂浜や松林は加古川河口西側の公園等にわずかに残っているが、工業地帯に囲まれており、とても期待できそうにない。

前脚には鋭いノコギリ状の突起があり、モグラやケラなど、地中にトンネルを掘って暮らす生きものとの共通点が見られる。胴部がくびれていて身体を曲げやすいというのもトンネル生活に適している。

浜辺の小動物の死骸や漂着した魚の死骸などを食べるので、他のゴミムシの仲間と同じく、ベイトトラップ（餌を入れた落とし穴）を仕掛けると捕獲できるようだ。

鹿の糞から生まれる青い宝石

6月初旬、校外学習で奈良公園を訪れた。愛らしいシカの瞳に見つめられながら木陰に腰を下ろすと、さわやかな風がシカの糞のにおいを運んできた。よく見ると足元には黒豆状や松ぼっくりのようにまとまったシカの糞があちこちにあった。

日本各地では野生のシカが増えすぎて農作物や山の植生を荒らすなどのシカ害が深刻であるが、奈良公園では大切に保護されている。少々シカの糞を踏もうが、つかもうが「そんなこと（古都）で憤慨（糞害）してもシカ（鹿）たない。ほっとけ（仏）」と聖徳太子も言われたとか。

さて奈良公園でシカが落とす糞の量は年間200トンにもなるという（林長閑著『人と甲虫』より）。そのままでは辺りがすべて糞に覆われてしまいそうだが、そうはならず公園はいつも清潔である。じつは自然界には動物の糞を素早く処分する掃除屋さんがいるのだ。

昆虫

ルリセンチコガネ　瑠璃雪隠黄金

〔科名〕センチコガネ科
〔学名〕*Phelotrupes auratus*

その代表が糞虫《ふんちゅう》と呼ばれるコガネムシの仲間である。身近に見られるのはオオセンチコガネである。これは体長1・8㎝ほどの丸みのある甲虫《こうちゅう》だが、全身に金属光沢があり、とても糞を食べる虫とは思えない美しさである。体色はワインレッドから銅緑色まで個体差がある。この仲間に全身が瑠璃《るり》色に輝く一群があり、オオセンチコガネの中でも、特にルリセンチコガネと呼ばれている。これは奈良から和歌山にかけてのごく限られた地域にのみ分布している。翅《はね》があり飛ぶこともできるのに、なぜそのように狭く限られた地域にのみ分布するのか？　ひょとして突然変異で現れた一群が分布を広げていく途中なのだろうか？？　謎である。

「いっぺんルリセンチを見てみたいもんだ」と思っていたが、はからずも今回私はこいつに出会ってしまったのである。東大寺南大門の外のトイレに行く途中、松の切り株の上で「何か？」とでも言いたげにこ

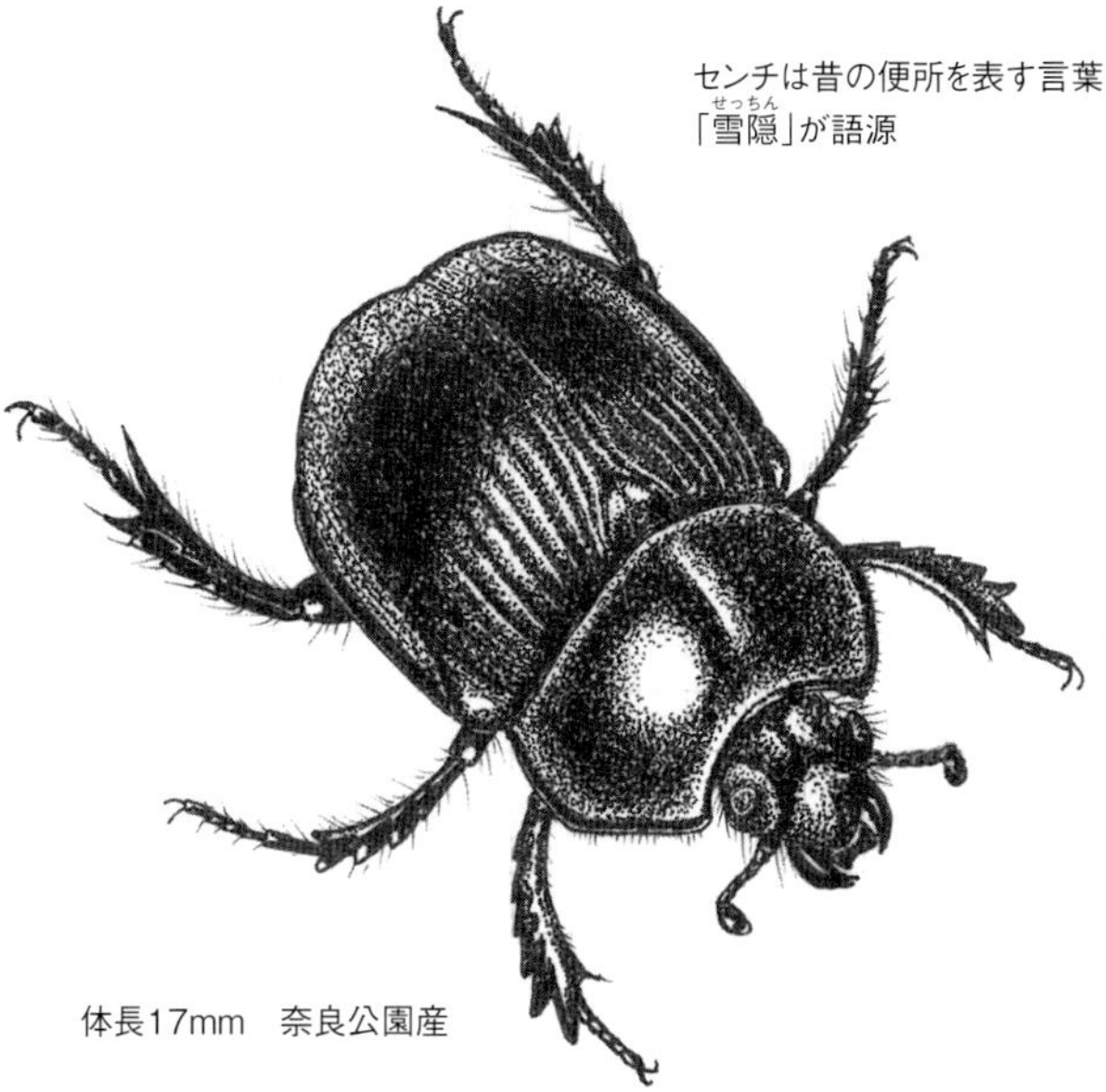
センチは昔の便所を表す言葉
「雪隠《せっちん》」が語源
体長17mm　奈良公園産

ちらを見ていたそいつを発見したのある。気が付くと私はごく自然な動作でそれを手にとっていた。奈良の大仏はかれこれ4回目だが、ルリセンチは初めてである。私はもう大仏も五重塔も人に任せて虫探しに行きたくなったが、そこは大人なので理性的に行動した。

こいつは哺乳類の糞を食べるわけであるから、できれば素手では触れたくないが、考える前に体が反応し手が出てしまっていた。

親虫は新鮮な糞を見つけるとその下にもぐりこみ、トンネルを掘って中に小さくちぎった糞を団子にして詰め込み卵を産み付ける。幼虫はこの糞団子を食べて成長してサナギとなり、やがて成虫となって羽化し地上に現れる。

市街地ではこの虫をほとんど見かけないが、地面がアスファルトやコンクリートに覆われ、糞団子を埋めるような柔らかい土の地面がないことが一因だろう。道端に落ちている犬の糞はいつまでも汚く残り、やがて乾燥して砕けて風に舞い、埃となって家の中にも肺にも入り込む。糞虫のいない都会は清潔なようで実はかなり不潔な世界である。

我があこがれのカミキリムシ

昆虫

ルリボシカミキリ　瑠璃星天牛

〔科名〕カミキリムシ科
〔学名〕*Rosalia batesi*

例年よりも10日遅れて梅雨が明けた年のこと。非常に夏らしい酷暑の日が続いていた。7月末に島根県の津和野へ行ってきた。「蒸気機関車に乗りたい」という息子2号の夢を、立派な父として叶えてやったのであるが、暑いこと尋常ではない。SLというものは走っているのを見るのがよいのであって、乗ってしまうと単なるJRだった。駅について鼻の穴をほじったとき指が黒くなったのを見て「おお、まこと蒸気機関車なり」と感心したのである。昔の汽車旅は相当辛いものだったのではないかと想像できる。

立派な父（私です）はかなりくたびれて、津和野駅のバス停車場で萩行きのバスを待っていた。その時、足元に青いカミキリムシがいるのに気付いた。なんとそれは憧れのルリボシカミキリであった。「あづい、夏の旅行は地獄だ。もっと近場の高原にでも行けばよかった……グチグチ」とぼやいていたのだが、ルリボシに出会ったとたん「やはり来てよかった。もうすべて許す。津和野に来て大正解。苦しゅうない、幸せの青いカミキリムシ」と、夏の暑さも足のだるさも荷物の重さも、すべてが報われたような気分になる。

少年の頃、昆虫の図鑑を見て「こんなきれいなカミキリムシがいるのか」と感動し、「いつかは幸せの青いルリボシカミキリに出会いたい」と思いながら、はや四十有余年が過ぎてしまった。私には「いつかは○○○」という憧れの虫がたくさんいる。タマムシやカメノコテントウにはすでに出会ったが、オオムラサキとアカスジキンカメムシ、ダイコクコガネなど出会いを待つ憧れの虫たちはまだたくさんいるのだ。これらをひとつずつ実現していくのはとても楽しみであると共に、私の人生の分かりやすい目標でもある。

ルリボシカミキリは日本固有の種である。ブナ林に多く見られるらしいが、オニグルミやカエデなどの倒木などにも来る。街ではなかなか見られないようだ。幼虫も成虫もこれら枯れ木の材を食う。体色は鮮やか

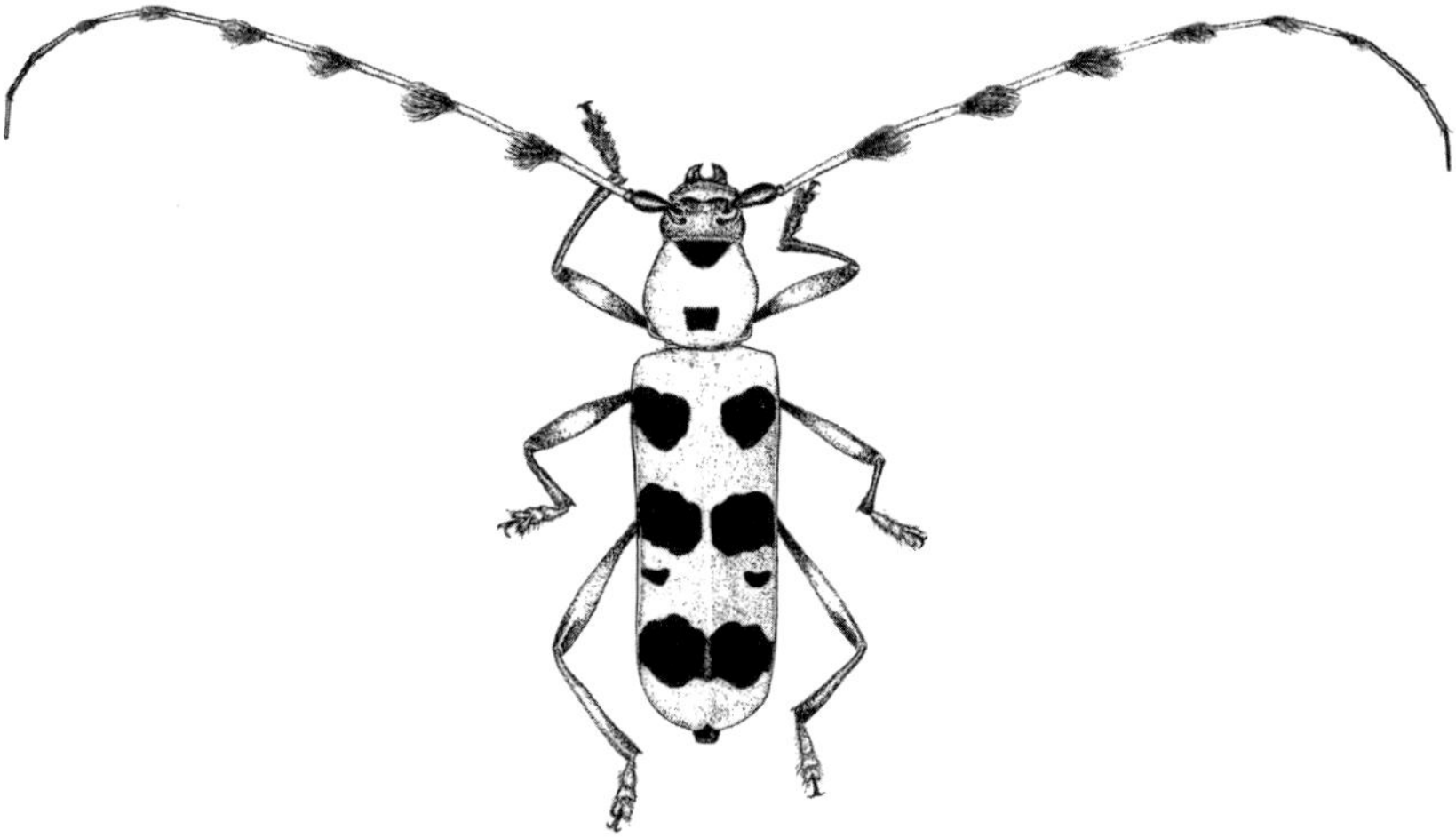

体長25mm　出現期　6月〜9月
小学館の図鑑「日本の昆虫」の表紙を飾るのはこの虫だ

なブルーから薄灰色っぽいものまで変異がある。また背中の黒い6つの紋にも個体差がある。今回見つけた個体はやや灰色がかっているがきれいな水色で、6つの紋の他に小さな黒い点が2つあった。長い触角には節ごとに黒い毛の房があるのも他のカミキリにはない特徴だ。美しい青は標本にするとやや色が褪せるように思う。昆虫はやはり生きているときが一番美しい。その後、兵庫県中部の山地においても、ルリボシカミキリには何度も出会ったが、標本にはしていない。

旅先で出会った生き物は、旅の記憶と共に生き続ける。小学生の時、夏休みに家族で六甲山へ旅行したとき（家族がそろって行ったのはこれ1回きりだった気がする）、山陽電車の車内にヨツスジトラカミキリが飛び込んできた。当時、電車の冷房はまだ普及していなかったので夏は窓を開けていたのだ。以来ヨツスジトラカミキリを見ると、懐かしい六甲山の旅と旧型の山陽電車を思い出す。

息子たちはルリボシカミキリを見ると暑かった津和野の旅とSLやまぐち号を思い出すだろう（出してもらいたい）。

ヒョウ柄の似合うチョウ

夏休みを目前にして梅雨が7月18日に明けた年、学校ではセミはそれより早く、7日から一斉に鳴き始めた。

7月16日、兵庫県中部の高原を訪れた。クサイチゴの熟れる時期はとっくに過ぎていたが、モミジイチゴが道沿いにちらほら残っていたので、つまんでは口に放り込みながら虫を探した。さすがに高原は涼しく、空の青と純白の雲、緑に輝くススキの草原のコントラストの美しさに魂を奪われる。その緑の中に鮮やかな黄色い塊が目に飛び込んできた。それはノゲシの花にとまったチョウであった。ヒョウモンチョウの仲間であることはわかったが、この仲間には似たものが多く種類は分からない。学校や街でよく見かけるツマグロヒョウモンチョウのオスに似ているが、微妙に翅《はね》の縁の模様が異なる。

写真を撮って家に帰り、図鑑で調べるとオオウラギンスジヒョウモンであると判明した。このチョウの幼虫はタチツボスミレなど野生のスミレ科を食草としている（ツマグロヒョウモンの幼虫も同じくスミレ科植物を食べる）。7月の梅雨明けの頃に成虫は羽化し、盛夏には仮眠するらしい。そして夏の終わりには卵を産んで命を終える、年に1回の発生である。今回出会ったのは羽化したばかりの個体らしく、翅も傷んでおらず鮮やかな色をしている。

ヒョウモンチョウの仲間には希少種も多い。オオウラギンヒョウモンは兵庫県では１９８０年代以降生息が確認できず絶滅種とされているし、ウラギンスジヒョウモンは加古川下流域にわずかに生息しているが準絶滅危惧種である。幸いオオウラギンスジヒョウモンはまだよく見つかるようだ。また大阪でもヒョウ柄の衣類を着用した女性が多く見つかっている。

それにしてもこの3種は見かけもそっくりだが、名前もハナハダ紛らわしい。オオウラギンスジヒョウモン…。つまりヒョウ紋のあるチョウなのである。しか

昆虫

オオウラギンスジヒョウモン　大裏銀筋豹紋

〔科名〕タテハチョウ科
〔学名〕*Argyronome ruslana*

体長34～43mm
オスは前翅の支脈が太いのでメスと区別できる。

も裏側は銀色っぽいときた、そして筋がついているというから大変だ。その上に大きい…いやはや困ったもんだ。

日本の昆虫名は写実的なのはよいが、新しい種が見つかると様々な矛盾が生じる。たとえば、身体に棘のあるハムシの仲間をトゲトゲというが、その中に棘の無い仲間が見つかって、トゲナシトゲトゲという名前をつけた。その中に棘を持つものがあり、トゲアリトゲナシトゲトゲとなった。いやはや……。ちょっと例えるならば、喫茶店で「え～カフェオレのミルク抜きのSサイズね、大盛で」と言うようなものか？　一度注文してみよう。

ヒョウモンチョウはタテハチョウの仲間である。このタテハチョウという名前は「立て翅」、つまり翅を立ててとまる性質から名付けられているのだが、どちらかというと翅を水平に広げてとまっていることが多いと思う。そこで「開け翅」ということでアケハチョウにすればよいと思うが、そうするとアゲハチョウと紛らわしい。アゲハチョウは揚羽蝶と書く。とまって蜜を吸うときに翅をたたんで上げていることから、アゲハと呼ばれるという説がある。翅を上げるのと、立てるのと同じ意味ならば統一してほしいもんだ。

義理に厚い神戸ブランドのハムシ

昆虫

キベリハムシ　黄縁葉虫

〔科名〕ハムシ科
〔学名〕*Oides bowringi*

8月末に兵庫県中部の砥峰高原（神河町）を訪れた。さすがに標高800mを超える高原は涼しい。広い草原にはススキの穂はまだ出ていない。この草原は映画やドラマのロケ地になり、ずい分知られるようになった。自然交流館のトイレを借りて出てくると、テラスの柱の根もとに小さな虫が張りついているのを見つけた。私は顔を近づけ、また遠ざけた（最近特に近くが見えにくい）。「おおっ、こいつは！」。私は叫んだ「ついに見つけた！」。それはいつか出会いたいと思っていたキベリハムシだった。上翅が濃い藍《あい》色で、前胸と上翅のふちが黄色く美しい。大きさは約15㎜とテントウムシの2倍ほどもあり、日本のハムシの中では最大である。触角の先の3節と6本の脚の先が足袋をはいたように黒いのもデザイン的におもしろい。青い宝石と呼ぶにふさわしい甲虫《こうちゅう》である。

なぜ私がこのハムシを見つけて驚きおののいたのかというと、こいつがかなりの珍種だからである。キベリハムシは日本特産種ではない。中国、朝鮮、ベトナムなどに棲息しており、日本には1933年（昭和8年）頃に、船の荷物などに紛れて神戸の港に入ってきたという外来種なのである。現在も日本での生息地は神戸を中心とした兵庫県南部に限られている。日本に入ってきてからかなり時間が経っているのに分布が広がらないのは、不思議である。最近は京都との県境でも見つかっており、徐々にではあるが広がっているようだ。後日、この「砥峰高原にてキベリハムシ発見」を自慢し喜びを共有したかったので、別に頼まれもしなかったのだが、県立人と自然の博物館の専門家の博士にメールで報告した。

外来種の生物は日本の生態系に影響を及ぼすため、分布が広がるのは好ましくない。しかしキベリハムシに関しては「極めて美しい！」ことと、「兵庫県にしかいない！」という希少価値に免じて「けっ、外来種か、駆除すべし」という扱いにならないのである。

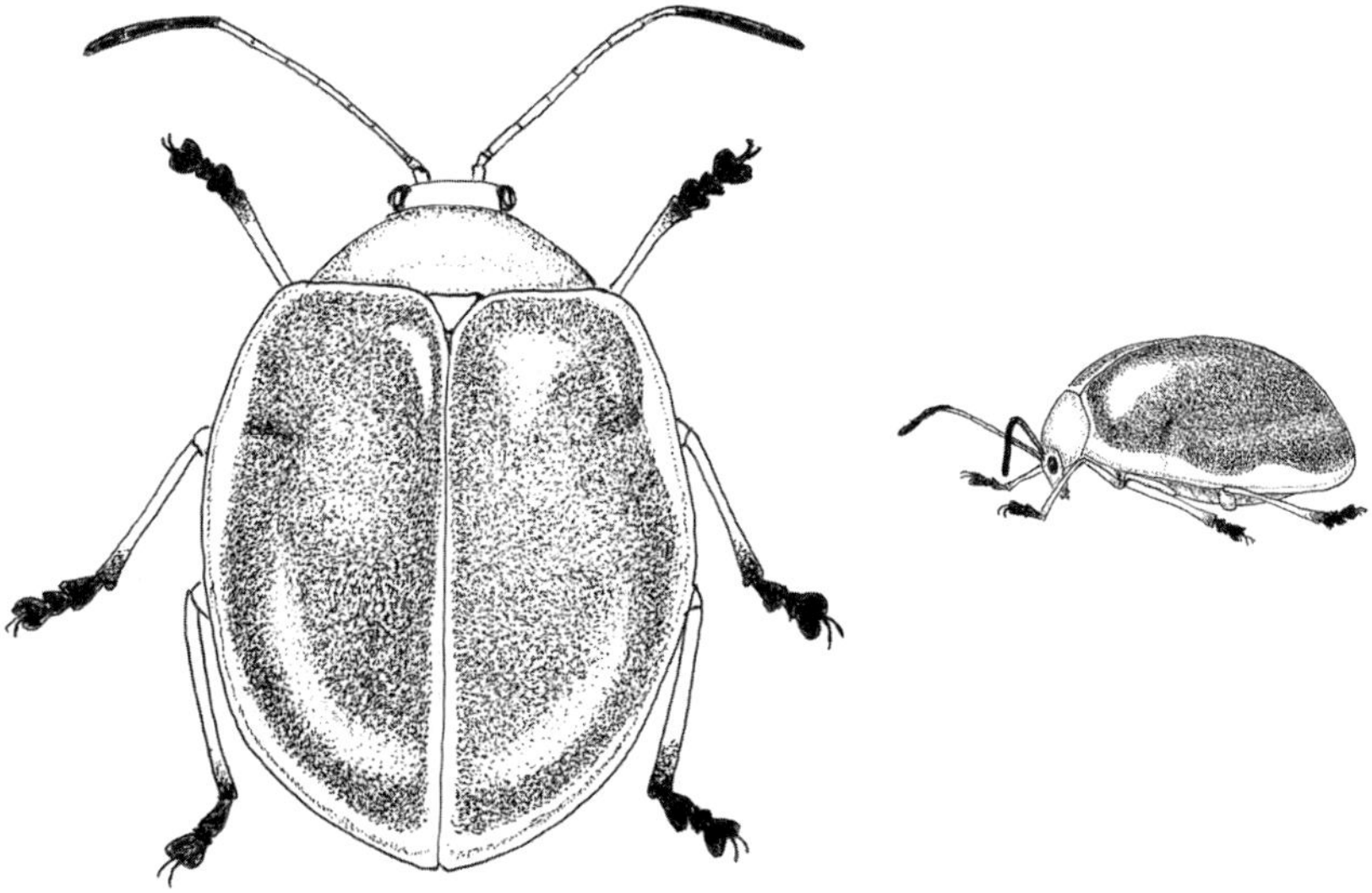

体長13〜15mm
食樹はサネカズラ

驚くべきことに、日本にはキベリハムシはメスしかいないらしい。ではどのように子孫をふやすのかというと、単為発生して増えるのである。つまりメスがオスと交尾せずに産んだ未受精卵が孵化するのだ。昆虫の世界ではナナフシなどをはじめ、このような生殖法をとる種類はそう珍しくはないのである。メスがたった1匹からでも仲間をふやせるので、そういう特性からも生息域がもっと広がっても不思議ではないのだが、かれこれ80年以上も経つのにいまだ兵庫を離れないという、義理堅い虫だ。

キベリハムシの食樹は成虫も幼虫もサネカズラ（ビナンカズラ）である。砥峰にも自生しているのだろう。サネカズラといえば「名にし負わば 逢坂山のさねかずら 人に知られで来るよしもがな」と、三条右大臣が百人一首で詠んでいる。日本には昔からあるツル性の常緑の木である。ビナンカズラという別名は、この樹皮を水に浸けると粘りけが出て、それで髪をなでつけると男前があがったという事で「美男葛《びなんかずら》」というらしい。キベリハムシの艶やかで深い藍色の前翅は、ポマード（今は何というのか？ ワックスか）で黒い髪をかっちり決めた、昭和の美男俳優をイメージさせる。

逃がすか否か玉虫色の悩み

昆虫

タマムシ　玉虫

〔科名〕タマムシ科
〔学名〕*Chrysochroa fulgidissima*

タマムシは昆虫図鑑で見て、強く憧れながらも、まず出会うことのない虫として素直にあきらめていた高嶺の虫であった。小学校の国語の教科書だったと思うが、正倉院の玉虫厨子の話が載っていた。何千匹もの玉虫の翅《はね》が敷き詰められているという文を読んだ記憶が微かにあるが、その美しさは想像するよりなかった。

初めてタマムシと出会ったのは2000年の7月だった。勤めていた中学校で美術の先生から「懇談中の教室に飛び込んできた」という美しい成虫を見せてもらったのだ。初めて目にする輝きだった。あまりの美しさに「おお神よ!」と、感動した私の素直な言葉が当時の理科通信「播磨探検」に記されている。虫好きの理科教師に進呈してくれるのかと期待したが、その美術の先生のご主人も虫好きということで持って帰られたので「見るだけ」ということになった。

次に出会ったのは明石の陸上競技場で幅跳びの審判をしていたときだった。すぐ目の前に輝くタマムシが飛んできたことがあり「おおおっ、タマムシ!」と立ち上がったが、目下の業務を放棄することもできず「3メートル25、ショート!」と大声で叫びながら、メジャーを持って遠ざかるタマムシをむなしく見送ったのだった。憧れのタマムシはなかなか、この手に掴むことはできないのであった。

その後、明石市の城跡の公園や高砂市北部の森などで何度も発見し、捕獲する機会に恵まれた。特に明石の城跡にはタマムシが羽化する立ち枯れたエノキが多くあり、年に3匹ぐらいは見かけている。6月中旬に羽化が始まるようで、この頃から8月まで見つかる。

タマムシはエノキやサクラの朽ち木に産卵し、この腐朽した材を食って幼虫が成長し、幹に楕円形の穴を開けて成虫が羽化する。幼虫の期間は3年あまりと長いようだ。

明石の城跡近くの中学校に転勤して間もなくの

２００５年の５月末に、体育館の前の階段で死んでいるタマムシを拾った。近くにエノキの大木があったが全く朽ちておらずタマムシが育つような樹ではないので、どこからか飛んできたのだろうと思った。その後、７月中旬に２年の生徒がタマムシを捕獲した。またしても場所は体育館の前の階段付近だった。しかも２日間で２匹である。「こりゃ、どこかにタマムシの出る樹があるな」と考えた私は発見現場周辺を調査した。大きなサクラ（ソメイヨシノ）の樹があり、その太い枝の一本が朽ちてキノコの白い菌糸におおわれている。よく見るとその樹皮にタマムシが出たと思われる穴も見つかった。どうやらこれがタマムシの故郷らしい。タマムシは希少だが、理想的な朽ち木があれば１本の木から１００匹近いタマムシが出てくることがある。いるところにはいるのだ（７月末にも理科室前ベランダに１匹飛来）。

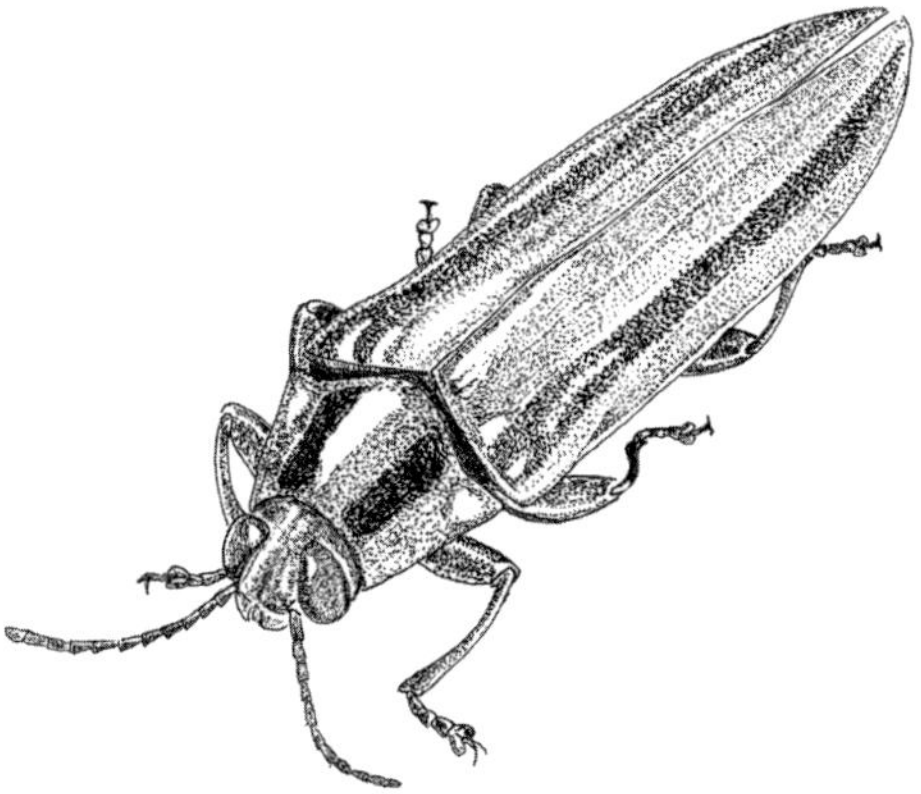
体長37mm　体育館前の階段で捕獲

　タマムシを手に入れるといつも最初はうれしいのだが、しだいに「どうするコレ」と追い込まれてゆく。エノキの葉を食うので飼うことはできるがいずれは死んでしまう。標本にすれば美しさは保たれるが、たとえ虫１匹でもその命を虫かごの中で絶えさせるというのは気持ちのいいものではない。「写真を撮ったら逃がそう、でもきれい」「絵を描いたら逃がそう、でも美しい」「いよいよ弱ってきた、もう逃がそう、でもまた誰かに捕まるかも…云々」といっているうちに「お父さん、タマムシが死んでるよ。あ〜あ早く放してあげればよかったのに…」「…」ということが何度も繰り返されてきたのである。

　明石の城跡の公園では他にシラホシナガタマムシ（エノキの樹皮上）、チビタマムシの仲間（ケヤキ、ムクの樹皮の下）、ウバタマムシ（松林）などが見つかる。

高原を飛翔する宝石細工

昆虫

オオルリボシヤンマ　大瑠璃星蜻蜓

〔科名〕ヤンマ科
〔学名〕*Aeshna nigroflava*

8月末、一年ぶりに砥峰高原を訪れた私は心身ともにかなり疲れていた。「この涼しい草原で、何も考えず、何にもせずにボーっとしていよう」と考えていたのだが、悲しいことに私にはそんな習性は備わっていないということを思い知らされた。

高原に着くなり、無意識に以前ルリボシカミキリを見つけた松林に入っていった。マツの切り株上に、茶褐色のムラサキホコリという粘菌の胞子体を見つけて写真を撮っていると、すぐ横の水路の上をオニヤンマが巡回飛行をしていた。「オニヤンマは飛んでいるときが一番きれいだ」と見とれていると、2匹の大型のトンボが水路で追いかけっこを始めた。オニヤンマより少し小ぶりだが、腹の鮮やかな青い模様を見た私は思った、「これはもしかして…」。すぐさまザックの中から折りたたんだ捕虫網を取り出し、慣れた手つきで「どはっ」と広げ、伸縮式の柄を素早く「しゅわわっ」と伸ばしてつなぎ、水路の脇に立って網を下段に構えた。心拍数は適度に上昇し、身体はいつでも反応できる状態にあった。男は（私だ）息を止め、近付いたトンボに網を向けたが失敗。しかし焦る必要はない、この大型のトンボは同じコースを巡回するので、必ずまたチャンスがあるのだ。待つこと数分、予想通り再びやってきたトンボに「とうっ」と網を繰り出し見事に捕獲した。

網から取り出したのは非常に美しい大型のヤンマだった。「これはおそらくルリボシヤンマに違いない！」。男は（私ですね）立ち上がり、興奮を抑えながら翡翠《ひすい》色に美しく輝くそのトンボの眼を見つめて叫んだ。もう「ボーっとする」という目的は完全に忘れられていたが、そんな必要がないほど十分に男の心は癒されていた。

この日から約5年前に、この高原の湿地で水中の植物の茎に産卵しているルリボシヤンマらしき個体を見つけて写真を撮ったことがある。あまりクローズアッ

頭部　正面

ルリボシヤンマ
胸の模様でオオルリボシヤンマと
区別可能

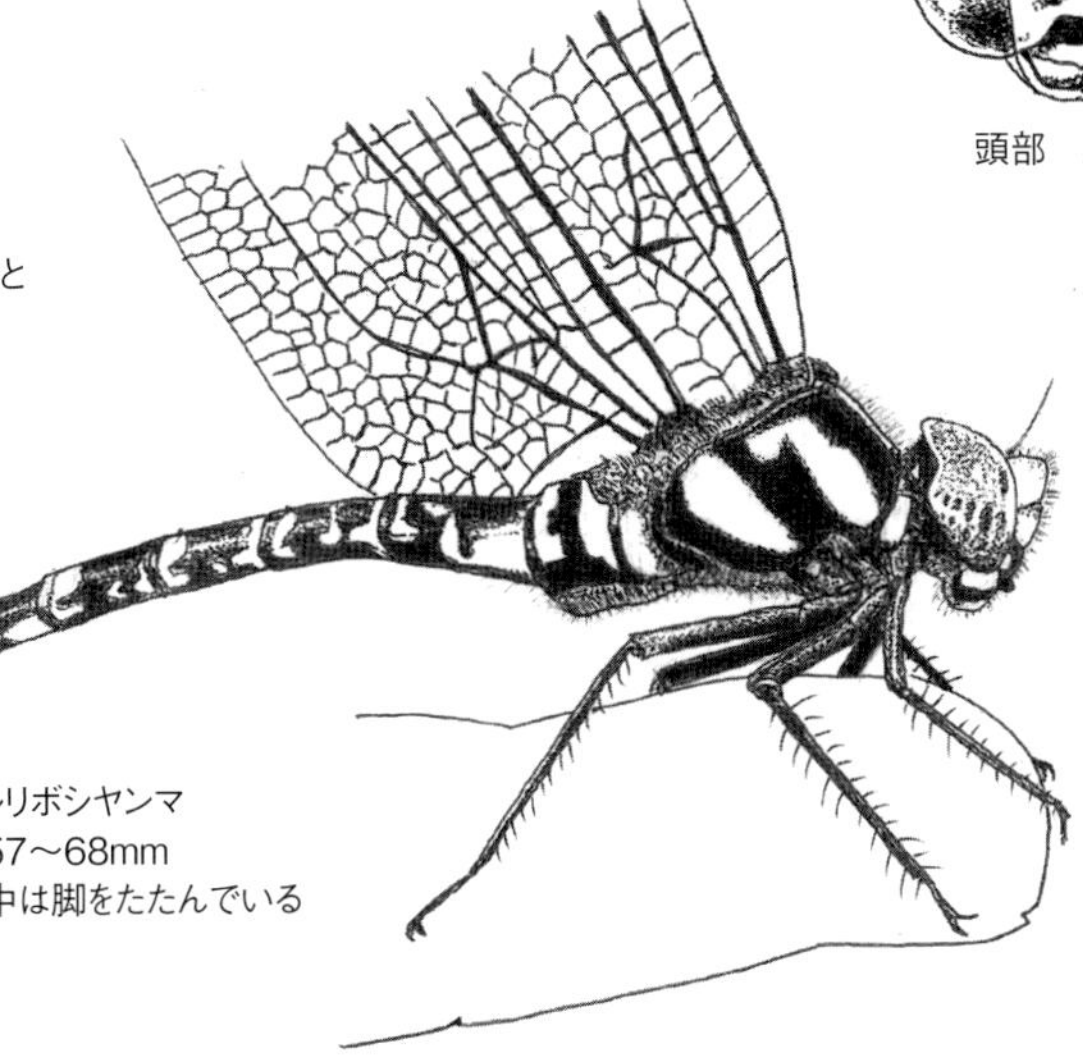

オオルリボシヤンマ
腹長57～68mm
飛行中は脚をたたんでいる

プできなかったので、「おそらくルリボシヤンマだろうPerhaps maybe」ということで確認には至らなかった。今回は詳細にその特徴を撮影することができた。私は美しいトンボは標本にしない。それは標本にすると、複眼の青緑の輝きや胸部や腹部の鮮やかな黄色の斑紋も、どす黒く変色してしまうからである（うまく保存する方法があるかもしれないが）。様々な角度からの写真を撮り終えて放してやると、この生きた宝石細工は陽射しの中を見事に輝きながら飛び去った。帰りにはダムの近くの水汲み場で、体長3cmを超す大きなルリボシカミキリを見つけた。この日はルリボシづくしで、希に見るヒジョーに結構な一日であった。

さて、家に帰ってトンボ専門の図鑑で調べると、これはオオルリボシヤンマのオスであることが判明した。ルリボシは北方系で標高の高い湿原などに見られ、オオルリボシは比較的標高の低い山間の池などにもいるという。従ってルリボシの方がやや分布域が狭く数も少ないのかもしれない。砥峰高原では今回オオルリボシが見つかったが、環境としてはルリボシヤンマもいると思われる。「とんぼのめがねは水色メガネ～♪」と小さい頃に歌った記憶があるが、このとんぼはきっと翡翠色の複眼のルリボシヤンマではないかと思う。

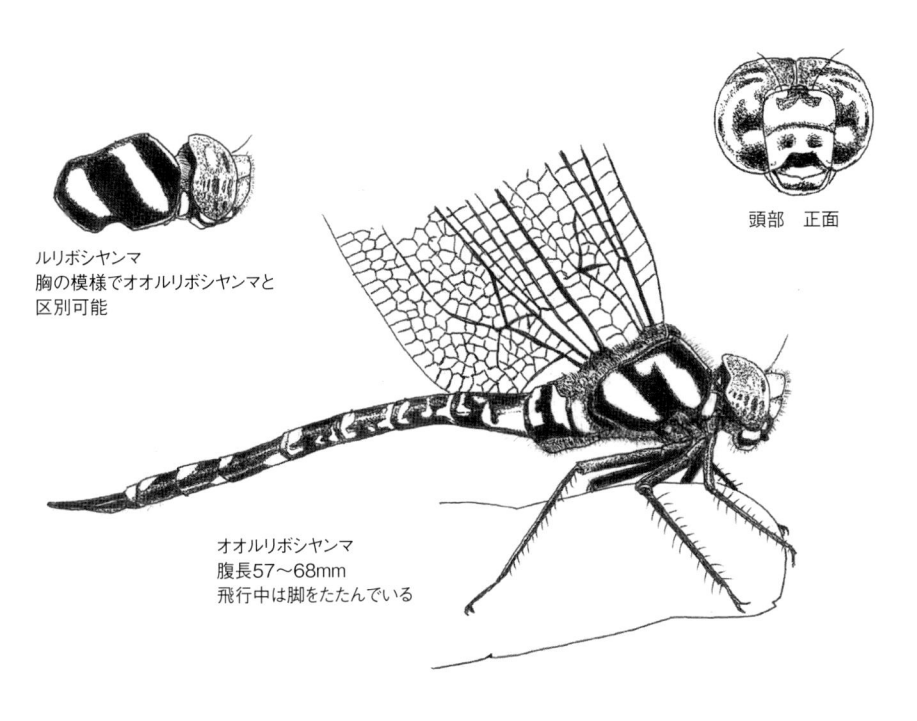

小さなセミが呼ぶ 遠い日の夏

8月2日の午前10時過ぎ、校内を巡回していた時のことである。この日も非常に夏らしい手加減のない日差しが降り注いでいた。学校の敷地の東端には5本のクヌギの樹が植えられている。樹液は出ていないが、この樹にはカナブンやカメムシなどの昆虫がよく見つかる。この日も2本目のクヌギの樹皮を探すと、すぐ手の届くところにセミがいた。淡い褐色でやや細身の胴と透明の翅《はね》はクマゼミでもアブラゼミでもない「これはツクツクボウシか」と私は推測した。「まだ8月になったばかりなのに、早くもお前が出て来たとは…あああ夏はもう終わりか…」。多くの教師はツクツクボウシの声を聞くと溜息をつく（と思う）。

そっと手を伸ばすと、意外なことにあっさり手づかみで捕獲できてしまった。暑さでセミもボンヤリしていたのだろう。腹を見ると鳴き声をだすための腹弁という襞があるのでオスだと分かったが、捕獲時に一瞬だけ「グギギッ」と鳴いた後は沈黙していた。数枚写真を撮ってから逃がした。図鑑を調べてみたが、どうもツクツクボウシの特徴に合致しない。この時期、他に翅が透明なセミと言えばヒグラシとミンミンゼミだが、共にあまり街中にはいない（東京では街中でミンミンゼミがよく鳴いているが）。特にヒグラシは、山地の杉木立や里山や鎮守の森など、自然豊かな所に見られる。ミンミンゼミは緑と白の模様と太短い腹で、すぐ見分けられる。「こいつはヒグラシか？ しかし、こんな街中にいるかな…」。半信半疑であったが、そいつは間違いなくヒグラシのオスであった。

このヒグラシは校内で羽化したのか、それとも近くの森などから飛来したものなのだろうか。その後も夕方などに注意しているが、あの美しい鳴き声は聞こえない。どこかへ飛び去ったのかもしれない。

ヒグラシの鳴き声は「カナカナ」と書き表すことが多いが、「ヒカヒカヒカヒカヒ…」という感じに聞こえる。日暮れ頃の他にも、夕立前の曇ってきた時など

昆虫

ヒグラシ 蜩、茅蜩、秋蜩、日暮、晩蝉

〔科名〕セミ科

〔学名〕*Tanna japonensis*

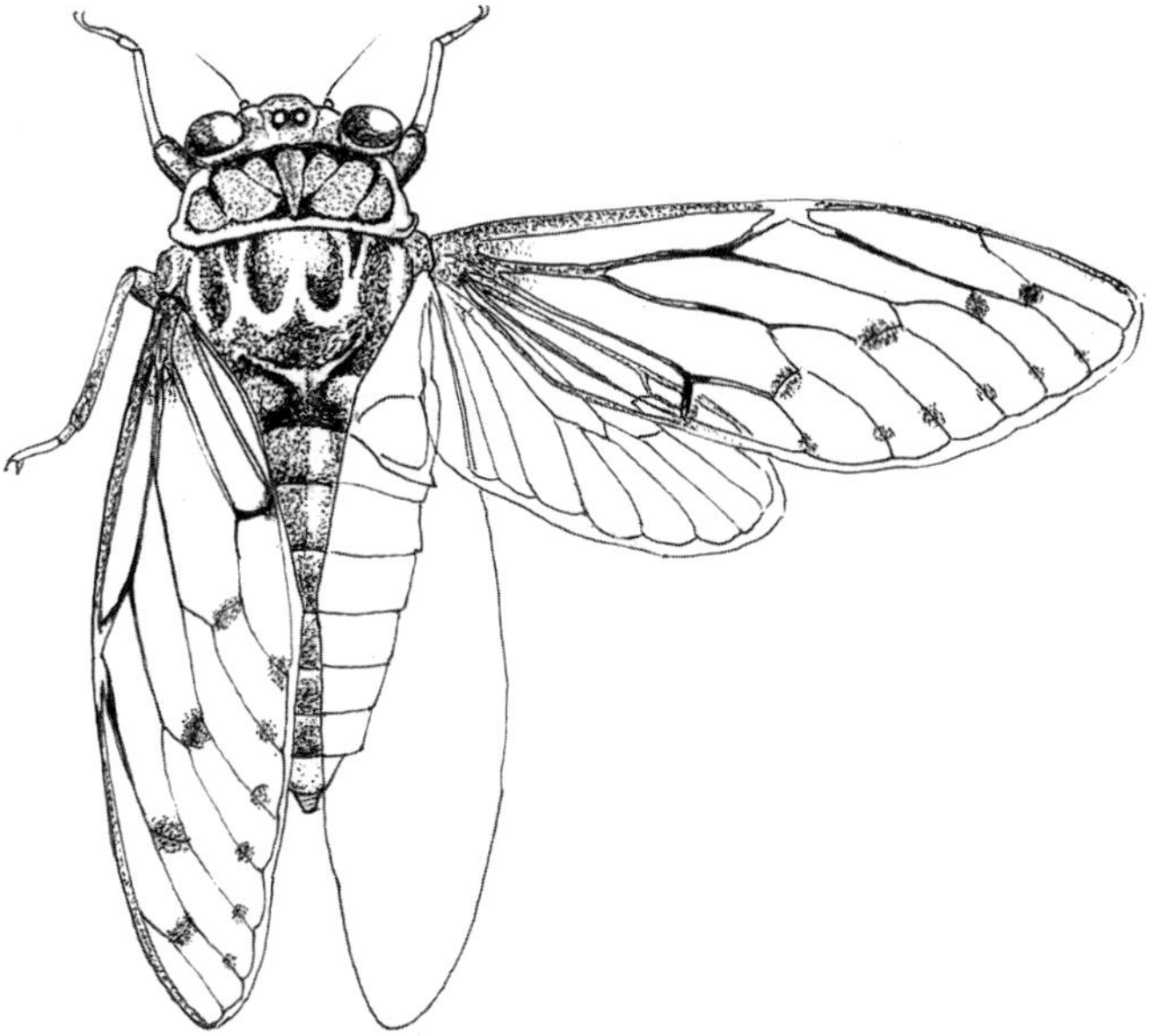

体長35mm　英名　Evening Cicada

水打つや　森のひぐらし　庭に来る

水原秋櫻子

にも鳴く。夏の夕暮れにこの声を聞くと、涼しさと共にある種の寂寥を感じる。日本の風景や日本人の感性にきわめてよくマッチする声である。

初めてヒグラシの声を聞いたのは、20歳の頃、大学の夏休みに、高知県の四万十町の海辺でキャンプをするために、学部の仲間と一緒に窪川駅から路線バスに揺られて田舎道を走っている時だった。遠くの山裾の木立の中からあの美しい声が聞こえてきたのだった。「思えば遠くへ来たもんだ…」。私は感傷に浸った。当時のバスは冷房がなくて窓を開け放っていたから聞こえたのかもしれない。それ以前にもどこかで聞いていたのだろうが、この時の記憶が特に鮮明なのである。

ヒグラシのオスはメスに比べると腹部が長いが、その内部は抜け殻のように空洞になっている。これは発音筋の振動を響かせるための共鳴室なのである。メスには産卵という大事業があるため、産卵に関わる器官が腹の中に詰まっているが、オスはひたすらラブコールをメスに送ることだけが人生の目標であるから、それ以外の器官は持ち合わせていない。

乾いた校庭には、使命を終えたクマゼミの亡骸《なきがら》が早くも転がっている。

植物の虫刺され？「虫こぶ」

8月初旬、ヒグラシを見つけた学校のクヌギの樹には、その一部の葉の裏におびただしい数の丸い虫の卵のようなものがついていた。初めて見るとギョッとするが、これは「虫こぶ」というモノである。

ある種のタマバチやタマバエ、アブラムシなどが、植物の葉や茎の組織の中に産卵すると、その刺激によって植物の組織が異常増殖し、奇怪な形状の隆起やふくらみがつくられる。これが虫こぶであり、虫癭《ちゅうえい》とかゴール（Gall）ともいう。

産み付けられた卵から孵化した幼虫が、ある種の刺激物質を出すことにより植物組織を変化させて、幼虫の成長に必要な食料と安全な住みかを植物につくり出させているのである。この組織の中で幼虫が栄養分を吸収して成長し、成虫となって外へ出てくる。

植物にとっては与えるだけで何の利益も無いように思えるが…。我々人間も虫に刺されて血を吸われたり毒を注がれたりすると、かゆくなったり腫れたりするが、しばらくすると治まる。もし卵を産み付けられて、孵った幼虫が腫れた組織を食って成長し、しばらくすると成虫になって出てくるとしたら…考えるだけでも恐ろしい。植物は何も考えず立っているようだが、結構つらいのではないだろうか。

昆虫

クヌギハケタマバチ　椚葉毛球蜂

〔科名〕タマバチ科

〔学名〕*Neuroterus vonkuenburgi*

夏にクヌギの葉の裏についている虫こぶは、9月には直径8㎜にもなって地面に落ちる（実際、秋にはクヌギの樹の下の地面は6～8㎜の無数の落ちた丸い虫こぶに一面覆われていた）。その中で羽化した成虫が冬を越して3月に外に出てくる。

この時の成虫はすべてメスで、オスと交尾することなく無精卵をクヌギの花芽に産み付ける。そうすると花芽は大きな綿の球のようなクヌギハナカイメンフシ（椚花海綿附子）という虫こぶになる（実際4月初旬には多くの枝の花芽にこの虫こぶがピンクの花のようにたくさんついていた）。

やがてこの中で羽化した成虫が出てくるが、これに

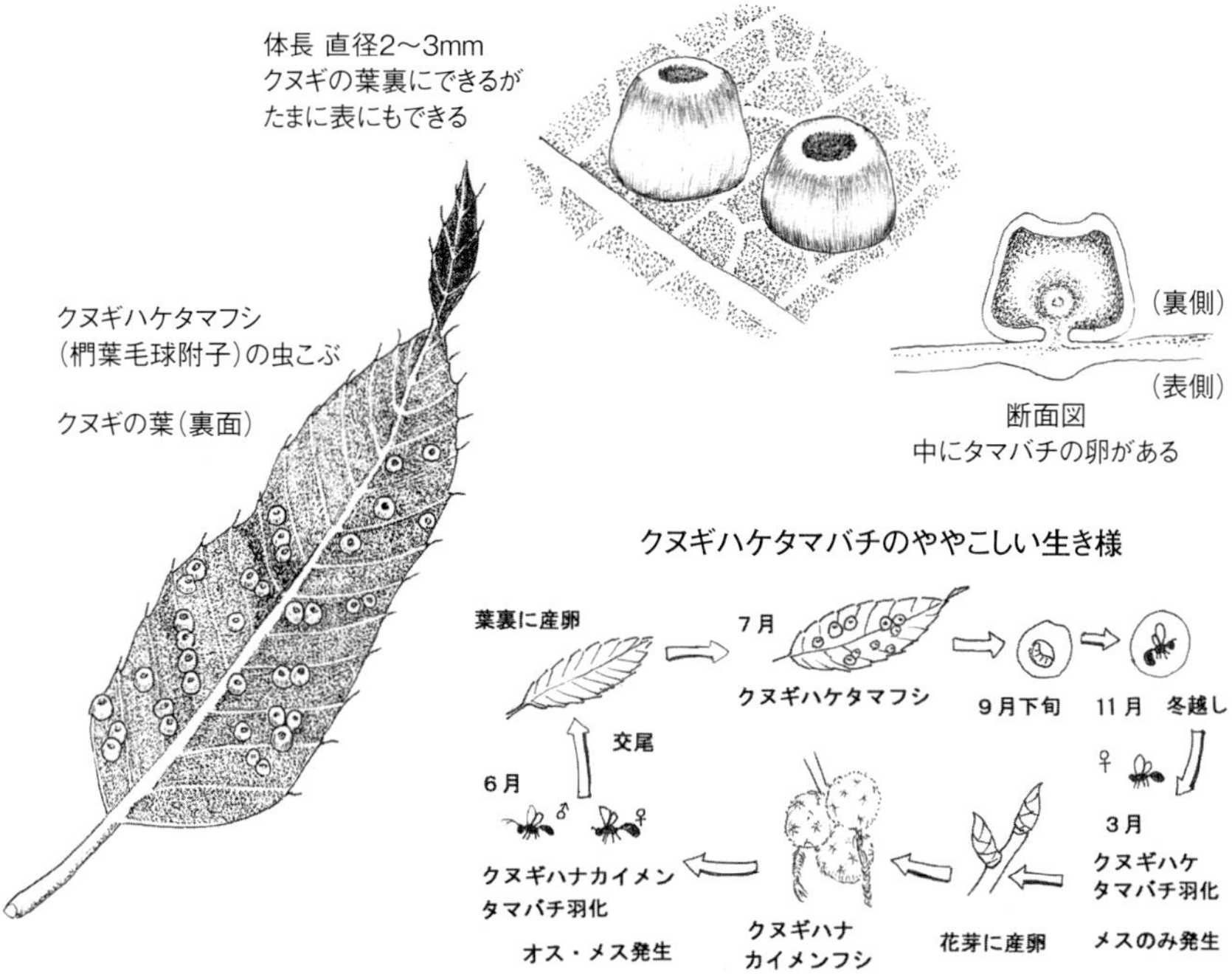

はオスもメスもいて、名前もクヌギハナカイメンタマバチという。そして交尾して受精卵をクヌギの葉の裏に産み付ける（実際5月初旬に黒い小さなハチがクヌギの若葉にびっしりとたかっていた。おそらく葉に産卵していたのだろう）。やがて卵は孵化し、夏には葉の裏には丸い虫こぶができる。それが今回見つかったクヌギハケタマフシである。

この虫こぶの中で成長し、地面に落ちた虫こぶから3月に出てくるのはメスばかりのクヌギハケタマバチである。う〜ん…わかりませんか、やっぱり。

要するにこの昆虫は「1つの種で、クヌギハケタマバチとクヌギハナカイメンタマバチの世代を交互に繰り返すという変わった世代交代をする」ということなのである。まあ、知らなくても困りませんけど。

小学校には他にも中庭のサクラの葉にサクラフクロフシ（桜袋附子）という、大きな芋虫そっくりに見える虫こぶがついている。これはサクラコブアブラムシがつくったものである。

言葉に出来ない美しさ
青く輝く宝石蜂

いつか出会いたいと思っていた美しいハチをようやく手に入れた。9月初旬、北校舎2階の窓ガラスで羽音を立てている黒っぽいハチを見つけた。どこからか入り込んで出られなくなったらしい。それはセイボウというハチの仲間だった。窓から射す光の下でこのハチは青緑色の金属光沢を放っていた。セイボウとはその色からついた名前で「青蜂」と表す。

ハチをフィルムケースに捕獲し、標本にするため理科室のアルコールで（永遠に）眠ってもらったが、アルコールのせいでタンパク質が固まってしまい、展翅して標本にすることができなくなってしまった。うかつであった。ところが9月下旬に同じ窓で再びセイボウを見付けた。珍しいハチに同じ場所でまたしても出会った不思議に感動し、今度は慎重に生きたまま持ち帰り、酢酸エチルを使って標本にした。書斎兼寝室で双眼実体顕微鏡をのぞきながらスケッチなどしている姿は、我ながら専門家っぽくて、「なかなかやるなっ」という感じでうれしい。観察の結果、腹部末節の突起の数などの特徴から、この仲間で最も大型の「オオセイボウ（大青蜂）」であることがわかった。小さい頃に昆虫図鑑で知り「いっぺん見てみたい」と思っていた憧れのハチだった。

セイボウの仲間は、親がハチやガの幼虫に卵を産み付ける寄生蜂である。オオセイボウは大型のトックリバチの仲間であるスズバチに寄生する。スズバチは黒地に鮮やかな黄色い帯が美しいハチで、泥で団子状の大きな巣を作る。中に複数の部屋があり、そこに狩ってきたイモムシ（チョウやガの幼虫）を入れて自分の卵を産み付ける。孵ったスズバチの幼虫はこのイモムシをエサとして成長する。オオセイボウはこのスズバチのカチカチになった固い泥の巣にアゴで穴を開けてお尻を差し込んで卵を産みつける。孵ったオオセイボウの幼虫は、巣の中のスズバチの幼虫や、エサのイモムシを食べて成長する。

昆虫

オオセイボウ　大青蜂

〔科名〕セイボウ科
〔学名〕*Stilbum cyanurum*

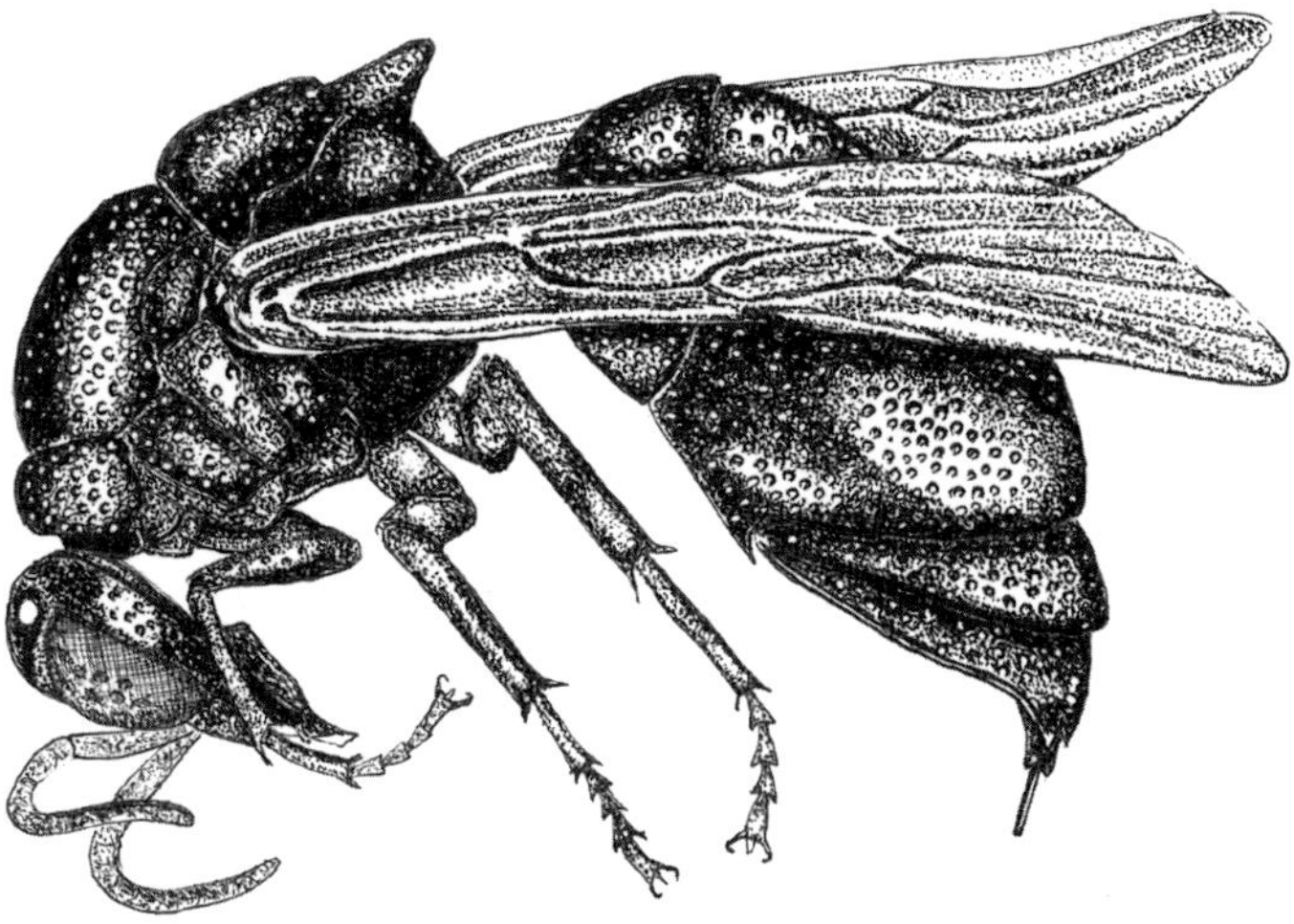

体長12mm〜20mm　英名Jewel wasps
スズバチに寄生、産卵管があるこの個体はメスである
モノクロでは美しさは伝わらない

顕微鏡で見るとオオセイボウはメタリックブルーとメタリックグリーン、そして金色、銀色、紫色が入り交じり、言葉にならないほどの美しさで輝いていた。この色はタマムシやモルフォチョウなどの金属光沢と同じで、微細な表面の凹凸が光の干渉を生じさせて作り出しているらしい。いつまで見ていても飽きることのない自然が作り出した不思議な工芸品だ。英名もJewel wasps ずばり宝石蜂である。しかし宝石以上の美しさであると思う。

　オオセイボウは寄生する相手（宿主）のスズバチが減ると当然数を減らす。オオセイボウが減るとスズバチが増え、その結果再びオオセイボウも増加する。互いに増えすぎたり減りすぎたりすることなく、微妙なバランスの元に生きている。ウグイスとその巣に托卵するカッコーとの関係のようだ。私は青いオオセイボウも黄色い帯が鮮やかなスズバチも好きなので、どちらも減ってほしくない。オオセイボウが同じ場所で2回も見つかったということは、中学校の近くにはスズバチが生息して巣を作っていたと推測できる。その巣に寄生して何匹かのオオセイボウが生まれたのだろう。近くの樹木や校舎の壁のどこかに泥の団子が張り付いていないか探してみよう。

幸せではなく菌を運ぶ赤い糞虫

播磨北部で実施した自然学校2日目の早朝、食堂玄関前の階段で1匹の甲虫《こうちゅう》を発見した。体長は13㎜ほどで、オレンジと黒のツートンカラーが美しいムネアカセンチコガネだった。

以前もどこかで出会ったが思い出せない。市街地では見かけないのはもちろん、オオセンチコガネなどが見つかる山間部でもあまり見かけない。食堂の玄関脇には一晩中灯っている照明塔があり、その光に集まって来たらしい大きなヤママユガが2匹、食堂の壁に張り付いていた。このムネアカセンチコガネも灯火に集まる性質があるので、この照明にやって来たのだろう。すばやく指でつまみ上げ、なぜかいつも持っているフィルムケースに収めた。センチコガネの仲間は哺乳類の糞を食べるので、私は入念に石鹸で手を洗い食堂に入った。

体の特徴を調べると、前脚が太くてノコギリ状のぎざぎざが外側についている。これは動物の糞の中に潜り込み、糞を崩して団子にすると共に、糞の地下にトンネルを掘って糞団子を埋めるのに役立つ。手に乗せると、この前脚で指の合わせ目を押し広げて外へ逃げようとするが、とても力が強い。

頭の両脇には丸いアンテナのようなオレンジ色の目立つ触角が横に伸びている。これが子熊の耳のように愛らしく見える。脚の腿の部分（腿節）には金色の毛が密生している、横から見ると腹側にもふさふさ生えていて、なんだかオレンジ色の子熊のようである。こんなに毛深いと、糞がこびりついて厄介ではないかと思うのだが…。

今回見つけた個体には頭部にはっきりとした角状の突起があり、これによってオスであることが判明した。

ムネアカセンチコガネについては、最近その食性について新しい事実が報告されている。それは、植物の根に共生している菌類を食べているらしいということ

昆虫

ムネアカセンチコガネ　胸赤雪隠黄金

〔科名〕センチコガネ科
〔学名〕*Bolbocerosoma nigroplagiatum*

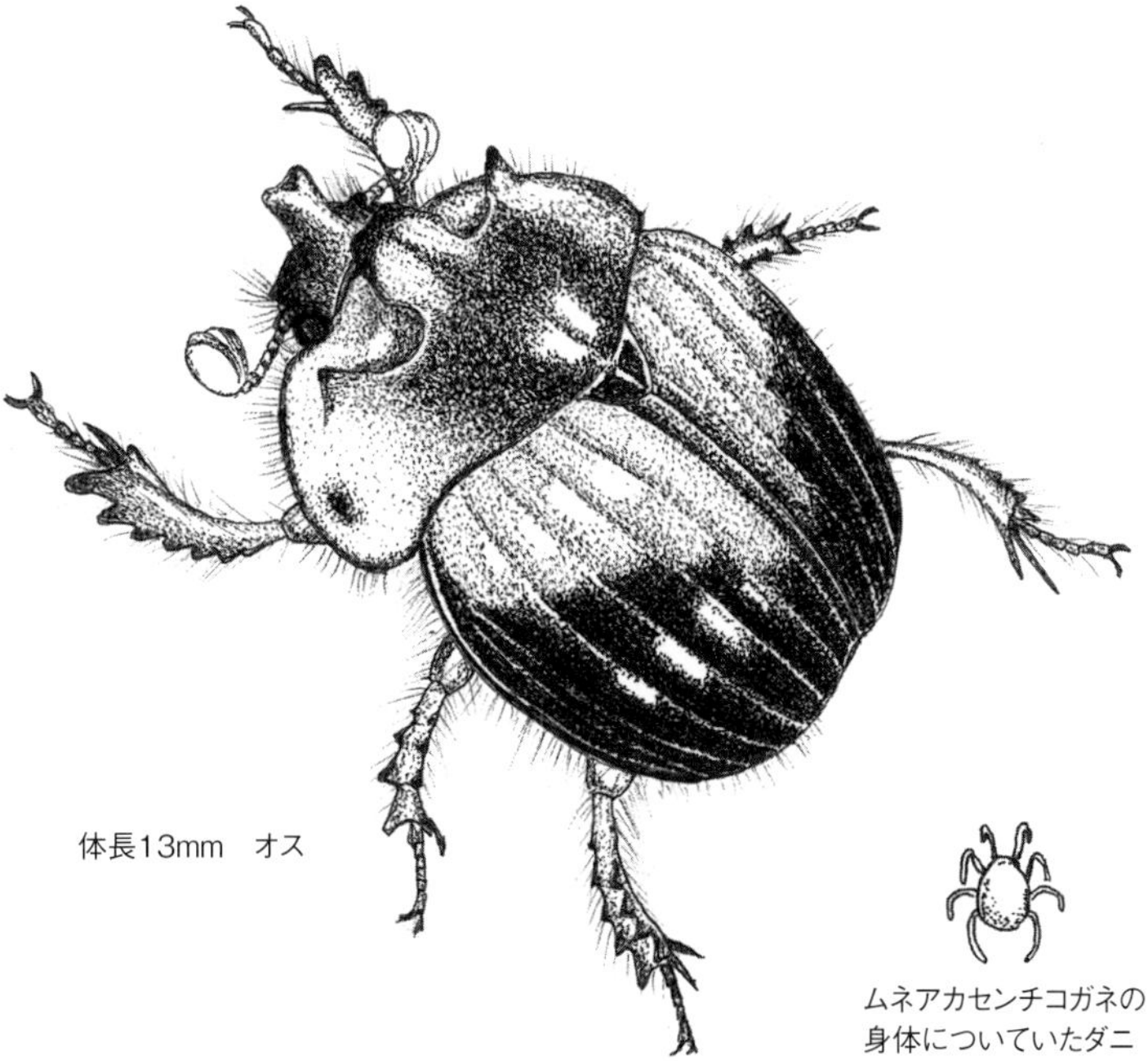

体長13mm　オス

ムネアカセンチコガネの
身体についていたダニ

である。そして体内に取り込んだ菌の胞子を、別の場所に糞としてばらまき、菌類の分布の拡散に役立っているというものである。移動が自由でない菌類が分布を広げていくには、翅《はね》を持ち飛翔できる昆虫は格好のキャリアになってくれる。身体の毛も菌をつけて運ぶのに有効なのかもしれない。考えてみれば、我々人間も腸内に天文学的な数の細菌類を宿している。これらは便として体外に排出されるが、ムネアカセンチコガネと同様に人間も細菌を運ぶキャリアになっているのである。

　自然学校で捕獲したムネアカセンチコガネは1週間が過ぎても元気に観察容器の中で動き回っている。そしてこの小さな虫の身体にしがみついていた1㎜未満の小さなダニ5匹も生きている。こんな小さな虫でも、5匹ものダニの宿主としてこれを養いながら（好んでではないにしても）頑張っているのである。

ハチよりも進化している……らしい…

10月23日、学校の体育館の窓に1匹のアブがとまっていた。時々見かけるハナアブの仲間だが詳しいことはわからない。「いっぺんきちんと調べておくか」と思い、フィルムケースに捕獲した。腹部の前節が太い黄色の帯になっていて、他が黒っぽいという特徴からオオハナアブであることがわかった。小さなクマバチのように見える。

アブはハチに似ているが、触角がごく短く翅《はね》の数がハチと異なることで見分けられる。ハチは膜翅目といい、他の昆虫と同じく翅は2対4枚である。一方アブは双翅目といい、翅が1対2枚である。この仲間にはカやハエがいる。アブはハエに近い昆虫なのである。したがってハチに似てはいても毒針は持たない。アブの仲間にはハチに似た黒と黄色のしま模様を持つものが多いが、これは毒針を持つハチに似せることによって天敵から身を守っていると考えられる（ベイツ型擬態）。ということは、アブはハチよりも後で現れたということであり、事実、昆虫の中では最も進化した種であるといわれる。確かにアブやハエの飛翔力は、そのスピードや巧みさを見てもハチの比ではない。ハチに比べるとずいぶん大きな複眼が頭部の大半を占めているのも、この敏捷な運動能力と関係しているかもしれない。オオハナアブの複眼にはどういう理由によるものかわからないが、不思議な幾何学模様が映って見える。機会があればぜひ見ることをお勧めする。このように進歩したアブだが、やはりハエの仲間ということで、どうも嫌悪感が先に立ち好きになれない。

ハナアブの仲間は花の蜜を吸ったり花粉を食べたりするだけであり、不潔なものにとまったりはしない。小学生の頃、よく校庭の花壇の花にとまっているハナアブを素手で捕まえた。ミツバチに似ているが、刺さないので仲良くしていた。握った手の中でアブがブンブン唸るのがくすぐったかったのを思い出す。ハエの場合には絶対このようなことはしない。ハナアブの仲

昆虫

オオハナアブ　大花虻

〔科名〕ハナアブ科
〔学名〕*Phytomia zonata*

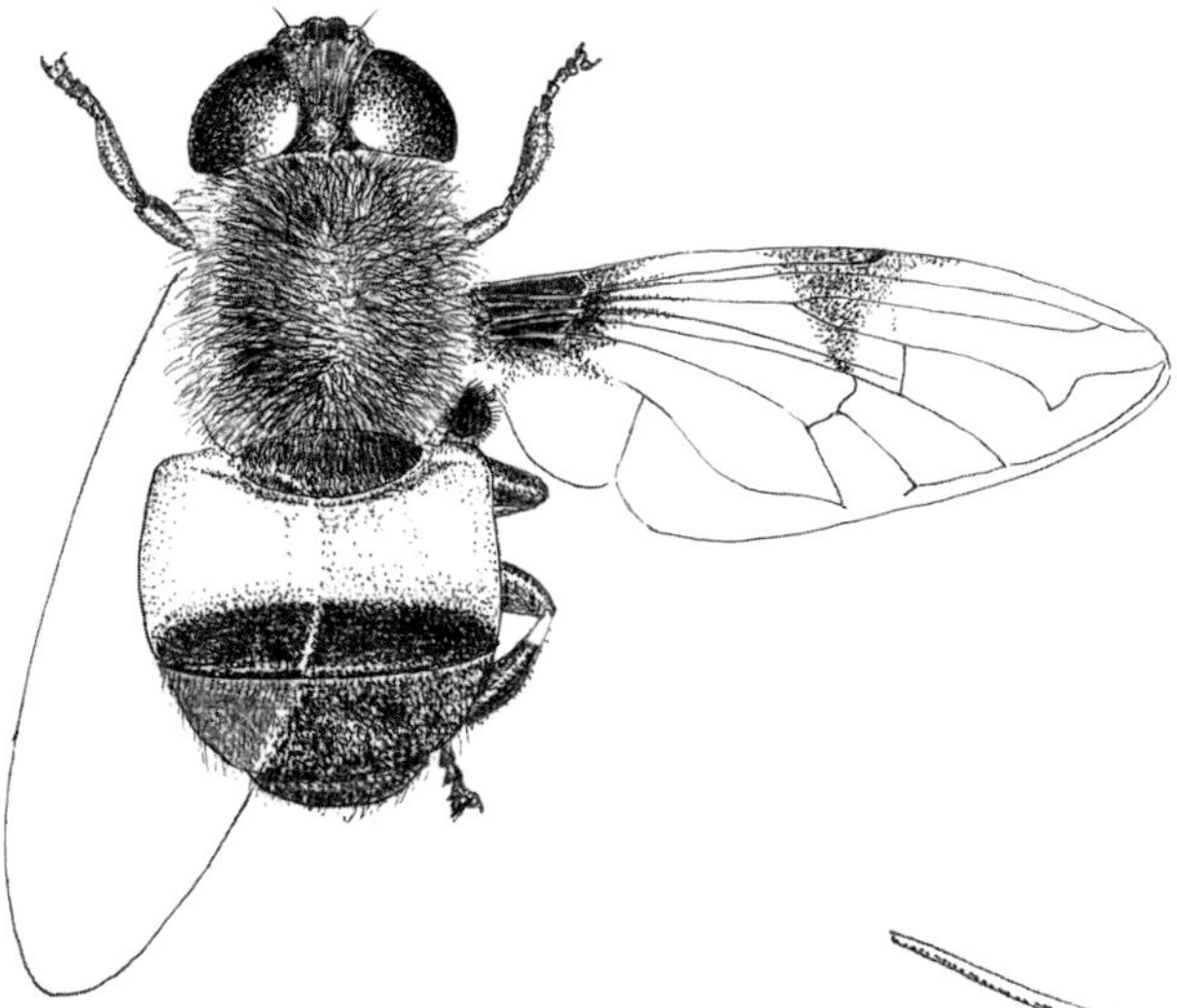

体長14mm　メス
オスは2つの複眼が接している

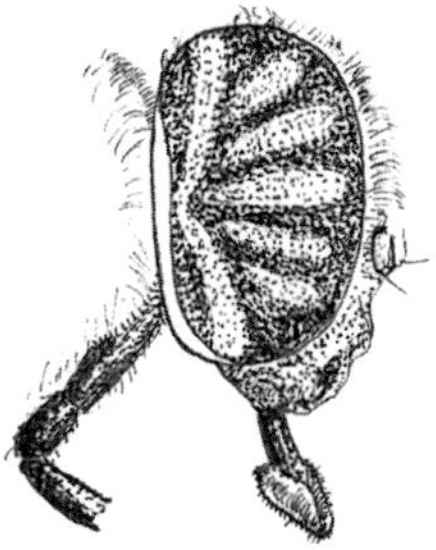

頭部側面
複眼には不思議な模様がある

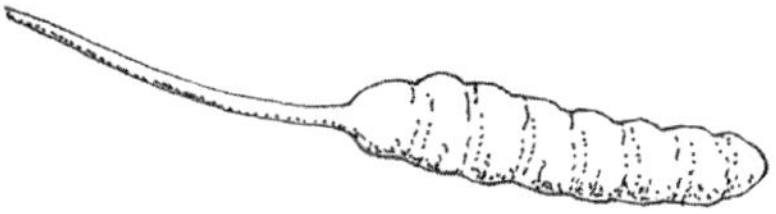

幼虫は水生で長い呼吸管を持つ

間の幼虫は尻に細長い呼吸管を持っていて水中に住んでいる。以前、公園の水飲み場で、排水溝の水底に溜まった落ち葉をどけると、ちょっと気味悪いこの幼虫がたくさんうごめいていたのを見て「うげげっ」とうめいた記憶がある。

アブの仲間には家畜に口吻を刺して血を吸うウシアブや、他の昆虫を捕まえて体液を吸う大型のシオヤアブなどがいる。ハチは毒針があるので怖いが、どこか気高く美を感じる。しかしアブには感じないのはなぜだろうか。どうも人は「ハチ→毒針→痛い→強い→参った→逆らいません→大将！」。「アブ→ハエの仲間→汚い→血を吸う→憎いヤツ→来るな→許さん→バシッ！」という虻蜂の法則による反応を生じるように思う。これは経験に基づくため、本能的なものではない。しかしそれは結果的に、刺される危険や感染症から人間の身を守ることになっているのではないだろうか。

アブは漢字では虻と書く。亡は無くなるという意味で、小さくて見えにくい虫だから虫偏に亡と書くのだとか（アリはどうするねん）。英語ではHorse fly、馬のハエの意味か？　ちなみにカは蚊と書くが、これは羽音が「ブ〜ン」だから文なのだそうだ。

昆虫

コカブトムシ　小甲虫

〔科名〕コガネムシ科
〔学名〕*Eophileurus chinensis*

肉食甲虫逃亡！搜索難航…

秋になると私は忙しい。9月末に播磨北東部の森でヌメリイグチなどのキノコをこっそり採取し、みそ汁に入れて食べた。10月に入ると加古川西岸の人造湖の遊歩道でアケビを20個ほど密かに収穫し、おいしくいただいた。10月末には学校のカキを誰もいない休日に収穫し、干し柿を作製した。そして11月末には人知れず雑木林の山芋を掘らねばならない。秋の里山周辺は実り豊かなのである。いずれにしても堂々とやらないのが気になるが、無料なので何かしら後ろめたさがあるのかもしれない。

10月9日の午後、私は明石の城跡の公園を探索していた。秋雨と高めの気温で、多くのキノコが顔を出しているのではないかと期待したが、めぼしい収穫はなかった。夏の虫はすっかり姿を消し、お堀沿いの小道はひっそりとしていた。ふとそばの石垣の上で小さな黒い甲虫《こうちゅう》がぼんやりしているのに出会った。それはコカブトムシであった。これまでこの公園ではよく見つけているが、他の地域で出会ったことはなく、割合珍しい虫なのである。コカブトはカブトムシの仲間ということだが、オスの頭に小さなツノがあるという点を除くと、あまり共通性はないように思う。幼虫は腐朽材の中で育つらしいが、成虫は死んだ昆虫や幼虫を食する肉食性であり、カブトムシのように樹液には集まらない。幼虫の成長が速く、2か月ほどで成虫になるため、夏の間に2～3回ほど発生を繰り返すらしい。冬越しは成虫の状態で行うようだ。真っ黒でやや扁平な体つきは、シデムシの仲間のように見える。また頭のツノや前胸部のくぼみ、太くてのこぎりのようにギザギザのついた前脚はセンチコガネなどの糞虫のようでもある。今回見つけた個体は頭のツノがこれまで見つけたものより大きくてかっこ良く尖っており、「絵に描いてみたい」と思わせるナイスガイであった。そこで取り出したフィルムケース（なぜか持っている）に入っていただいた。

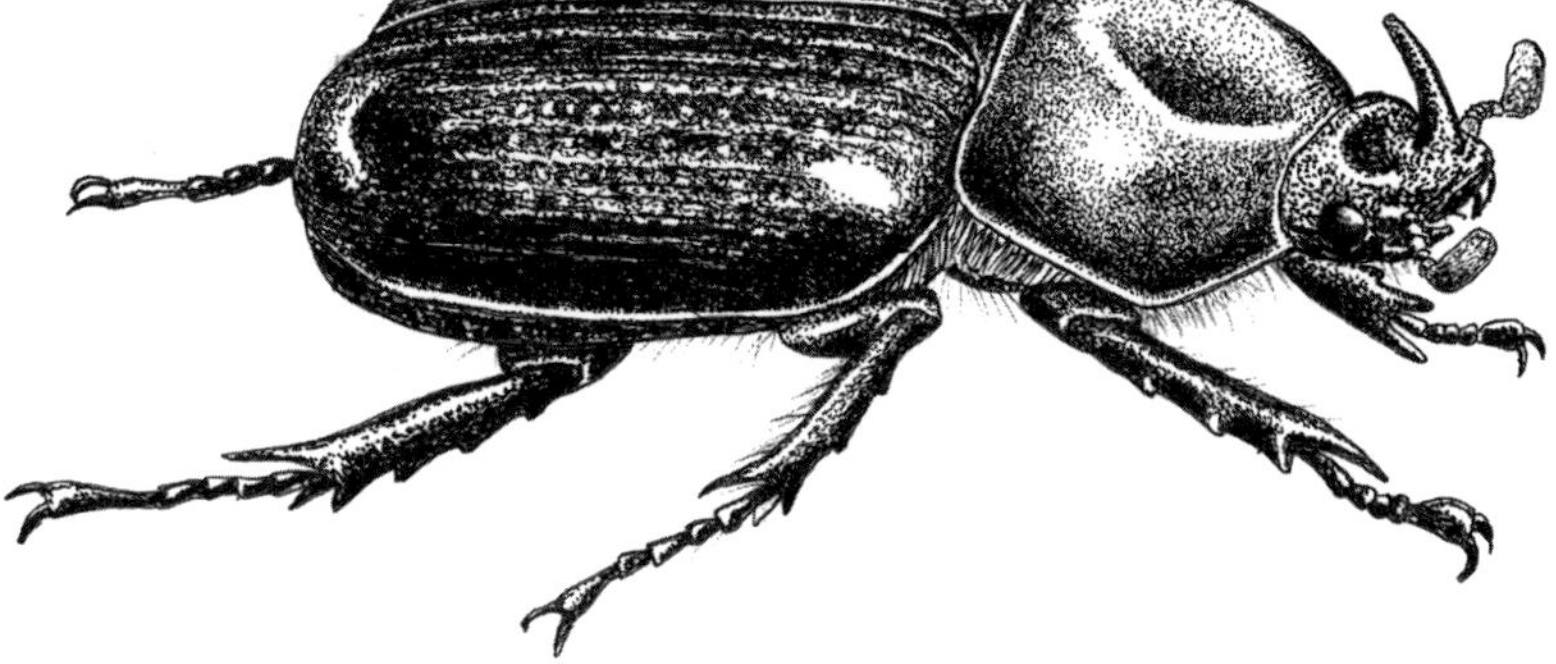

体長24 mm
オスには頭部に小さな突起と前胸部に大きなくぼみがある。身体はやや扁平である。

1週間後の休日に、私は寝室兼作業部屋の机の上で朝からコカブトの絵を描いていた。特に餌など与えていないが、元気に生きている。おおよそ描き終えて、夕飯のために階下へ降りて行った。食後、再び机に戻った私はコカブトを入れていたプラスチックのケースを見て、おののいた。「いない！」ふたをきちんと閉めていなかったため逃げ出したらしい。

「ホシはまだそう遠くには行っていないはずだ！」昔のドラマの刑事のようにつぶやき、辺りを探したが見つからない。絵はほとんど仕上がっているので問題ないが、ここは我が家の寝室でもあるので、虫が逃げたまま行方不明になっているという事実は非常にマズイ。かつてこの部屋では、やはり絵を描いている途中での逃亡事件が何度か発生している。カタツムリ、テントウムシ、ゾウムシなどがいまだに行方不明のままになっている。他にも紙箱に入れて玄関においていたコウモリの子どもが脱走し、やはり行方不明になっている。すべて捜索は打ち切りになっている。「あの虫は逃がしてあげたの？」と家人に聞かれること、さらには布団の下からコカブトの死骸が出てくることを怖れながら、平静を装って暮らしている。※半年後の4月末に本箱の裏からコカブトの遺体発見される。

驚愕！ハチ一家の崩壊

初夏の頃、我が家の台所の出窓の下に、セグロアシナガバチが巣をつくり始めた。出窓の下には、コンテナボックスや木切れ、スコップなどガラクタがあり、それらを隠すための柵を作ったので、雨風が当たらず巣作りに都合がよかったのだろう。昨年は庭のナンテンの繁みの中に巣をつくっていた。

玄関のドアノブや自転車のサドル、額の生え際など、どうしても容認できない場所以外であれば、我が家はアシナガバチに対して寛容で、常に共存不可侵の姿勢を保ってきた。彼らはこちらが悪意を持って巣を壊そうとしたり、指を突っ込んだりしない限り刺すことはなく、庭のミカンの葉を食害するアゲハの幼虫などを狩って確実に駆除してくれる頼もしい友人なのだ（と私は思っている）。

11月になり、ハチはどうしているかなと、出窓の下を柵越しに覗いた私は、細い眼を見開き、放心したまま言葉を失った。なんと巣が崩れて溶け、落ちそうに

昆虫

セグロアシナガバチ　背黒脚長蜂

〔科名〕スズメバチ科
〔学名〕*Polistes jokahamae*

垂れ下がっていたのである。残った巣の上部に数匹のハチが避難するようにじっとカタマッテいる。「これは、いったい何が起きたのか？」。以前読んだ養蜂家の本に、ミツバチの巣に寄生し、巣を食い荒らす「スムシ（巣虫）」というガの幼虫がいることが書かれていたが、これもその仕業なのか？

その後、12月末になって、垂れ下がっていた部分はテラスのタイルの上に落ちており、ハチは残されたわずかな巣の残骸の上で、なす術もなく無言のままじっと硬直していた。下に落ちたのは巣ではなく、虫のフンらしき灰色の多量の小さな粒が糸で綴られたカタマリだった。ホコリのようなそのカタマリを開いて調べると、中に白い小さなイモムシが3匹見つかった。

詳しく調べると、やはりこれはマダラトガリホソガなど、ハチの巣を食うガの仲間の仕業であると判明した。見つけた幼虫は容器に入れておいたので、春になり羽化すれば詳しい種名がわかるだろう（後日、薄黒

いガが羽化してきた。調べたところによるとウスムラサキシマメイガ〈薄紫縞螟蛾〉という、やはりハチの巣に寄生するガであることが判明した）。今年の巣はいつ頃からこのガの寄生を受けたのだろうか？　9月初め頃にはまだ巣は健全で、15匹ほどのハチがいたように思うが…。

不思議なのは、アシナガバチは他の昆虫を餌とする肉食性の狩り蜂であるのに、巣に寄生した弱々しいガの幼虫を攻撃せず、なぜ巣を食われるままに傍観しているのかということである。このガの寄生を受けると、新たなハチの幼虫は育たず、巣は崩壊して使えなくなる。新たな巣を作って移住しなければ、一族は滅びてしまう。

このようなガの他にも、アシナガバチの巣を専門に襲って幼虫やさなぎを残らず拉致して食料にしてしまうヒメスズメバチという天敵もいる。強力な毒針や強いあごを持ち、無敵のように思われるアシナガバチも思いのほか生き残りは大変なのだ。

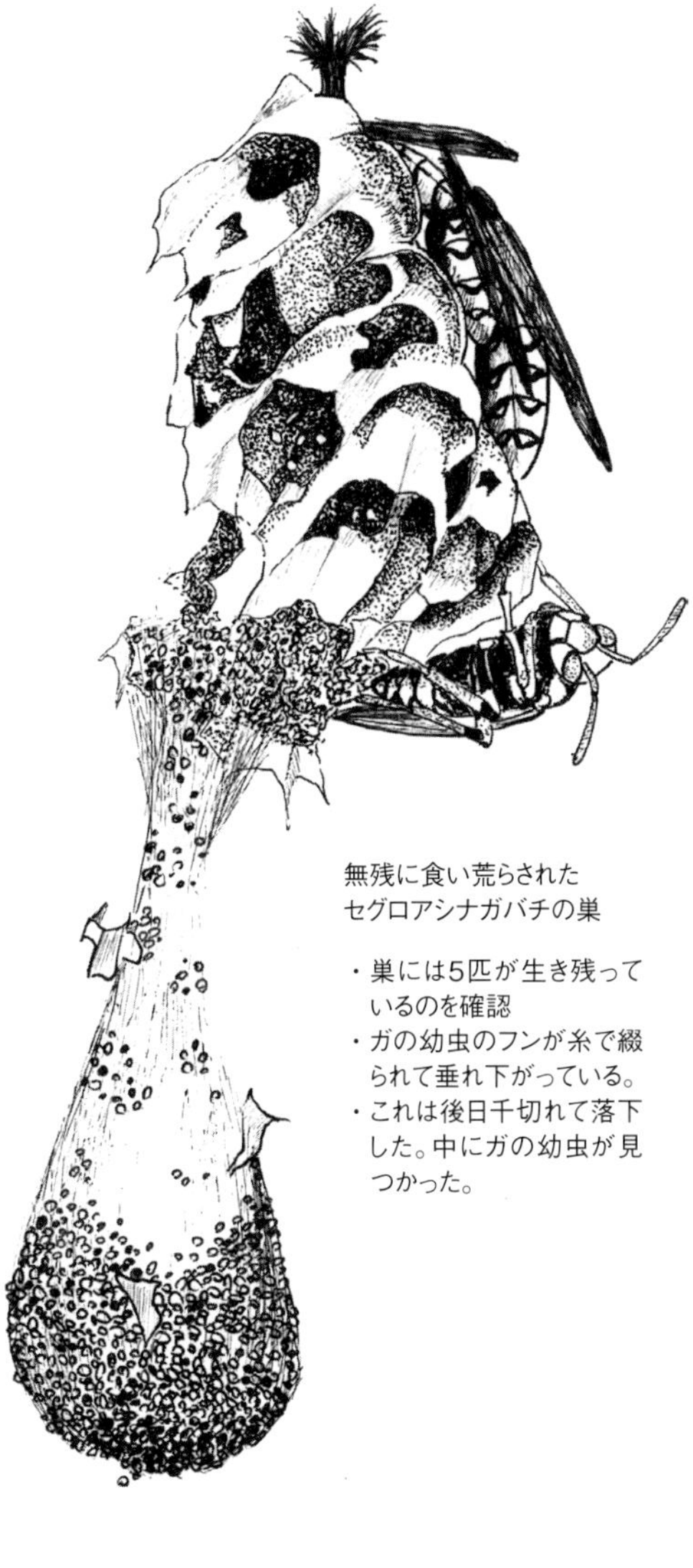

無残に食い荒らされた
セグロアシナガバチの巣

・巣には5匹が生き残っているのを確認
・ガの幼虫のフンが糸で綴られて垂れ下がっている。
・これは後日千切れて落下した。中にガの幼虫が見つかった。

オス蜂たちの哀しき日光浴

昆虫

フタモンアシナガバチ　二紋脚長蜂

〔科名〕スズメバチ科
〔学名〕*Polistes chinensis*

「ハチが自転車の金属のところに集まってきているんですが、何なのでしょうか?」と4年生のお母さんから質問された。

我が家でも毎年秋の終わりごろに自転車の泥除けの金属部分や、エアコン室外機の日避けのアルミシートの上に群がっているのを見かける。「たぶんそれは寒くなってきたので、暖かい陽射しで日なたぼっこしているアシナガバチですね」と推測でお答えした。実際のところどうなのか、いつもいい加減なことを言っているので、この際ちょうどよい機会だと思い、改めて詳しく調べてみた。

12月3日、気温は低いが小春日和のこの日、我が家の狭い庭にはいつものようにアシナガバチが5～6匹プランターのふちやアルミシートの上で戯れるように飛び交っていた。セグロアシナガバチより二回りほど小さく、体全体は黒くて細い黄色のストライプと、腹の背面に黄色い2つの丸い紋がある。これはフタモンアシナガバチだ。

夏の終わり頃には巣は千近い部屋を持つほど大きくなるが、女王蜂は多数のオス蜂とメス蜂（翌年の女王）を産んで死ぬ。アシナガバチやスズメバチなどの狩り蜂は、食料のイモムシなどの獲物が姿を消してしまう冬には、次世代の多数の女王蜂とオス蜂を残して働き蜂はみんな死に、巣はその年限りで朽ちていく。

新女王は他のコロニーのオス蜂と交尾したのち、板塀の隙間などで冬を越す。春になると単独で巣作りをし、卵を産んでコロニー（集団）を作り始める。

さて日向ぼっこしていたハチだが、よく見るとみんな触角が長く先端がカールしており顔が黄色い。これはオス蜂の特徴である。これらのオス蜂たちは、別のコロニーで生まれたメス蜂がやってくるのを日なたで温まりながら待っているのである。

面白いのは、女王が死んだ巣では働き蜂が産卵を始めるという。もともと働き蜂は女王の娘で、すべてメ

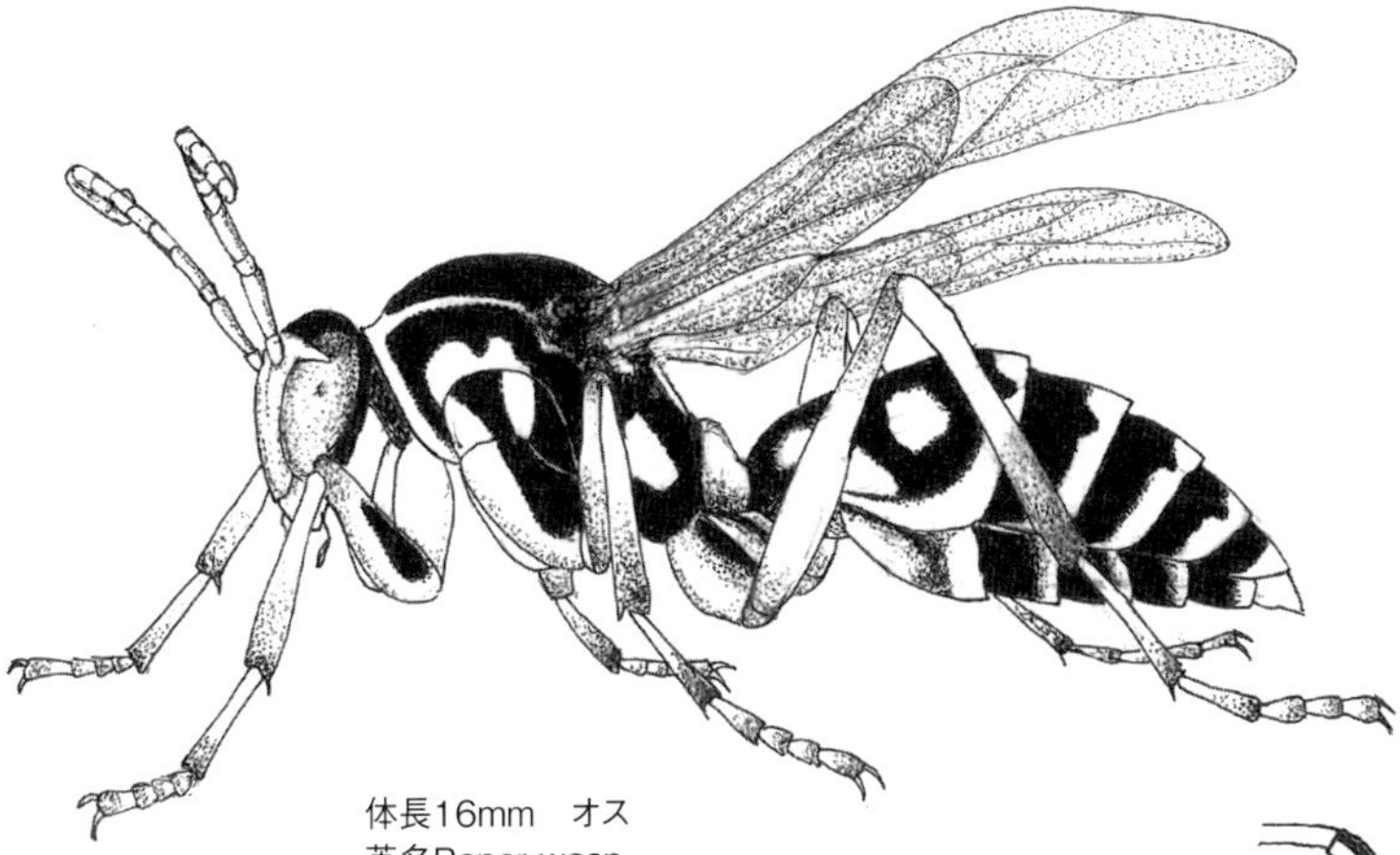

体長16mm　オス
英名Paper wasp

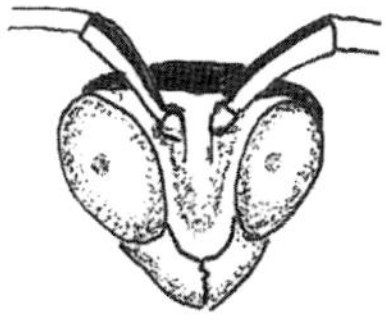

オスは顔の前面が黄色い

ス蜂である。女王がいる間は何らかの作用で産卵が抑制されているのだが、女王が死ぬとその抑制がなくなり働き蜂は卵を産むらしい。この卵は受精していないのですべてオス蜂になるのだが、卵の多くは他の働き蜂によって排除されてしまうという。

すでに働き蜂が死に絶えた巣に残されたオス蜂たちは「メス蜂は来ないし、姉さんたちはいなくなってしまったし、男ばかりで暇だなあ、することないし寒いし…今日は天気がいいから日向ぼっこでもするか、はぁ〜ぬくい…」などと呟いているかもしれない。毒針もなく、狩りもできないオス蜂たちは昼間は日向ぼっこして夜は古巣に戻り、なすこと無く過ごすうちにやがて寒さと飢えで死に絶えてしまう。

生物の世界ではメスは子を産み命のバトンをしっかりつなぐためにタクマシク日々を疾走している感があるが、オスはどうも存在意義が希薄で、イソウロウのような哀しみが常に漂う、と男の私は思う。

昆虫

クマバチ　熊蜂

〔科名〕ミツバチ科
〔学名〕*Xylocopa appendiculata*

お宅拝見！謎は解明できるか？

2月8日、キノコを探して城跡の公園を訪れた。お堀沿いの横の遊歩道で、道端に落ちていた太い枯れ枝を拾い上げると、表面に直径1㎝ほどの新鮮な穴がひとつきれいにくり抜かれていた。「クマバチの巣穴だな、いったいこの穴はどれぐらいの深さになっているのだろう？」と好奇心にかられ、足で踏んでふたつに割ってみた。「どれ？」と折れたところにある穴を覗き込んで私は「ぎょえっ！」と固まった。

なんとずっと続いていると思った穴には真っ黒で毛深いハチのお尻が詰まっていたのだった。お尻をこちらに向けて頭を奥にしてじっとしている。まさかクマバチが巣穴で冬眠しているとは思いもしなかった。危うく踏み殺してしまうところであった。

「このハチは春から夏に活動し、産卵した母親だろう」と思ったが、越冬した場合、翌春にも活動し産卵して2年以上生きるのか疑問がわいた。とにかく巣の詳しいことを調べ、絵も描きたかったので、折った枝を再び継いで、ハチを入れたままの枝を手に握って電車に乗った。棍棒《こんぼう》を持った不審者が電車に乗っているという見方ができなくもないが、通報されることなく家まで帰った。

杉山恵一著『昆虫ビオトープ』という本で調べると、この巣穴で越冬していたのはどうやら夏に卵から育った子どもであるらしい。クマバチの生活史をたどると、初夏の頃、交尾を済ませたメスが頑丈なアゴでよく乾いた木に丸い穴を開ける。枯れた枝や、木でできた歩道の柵や神社の屋根の垂木などに穴を掘っているのをよく見かける。なんと奥行きは20〜30㎝もあり、奥から順に花粉と蜜を詰めては産卵するらしい。ちなみにクマバチの卵は長さが1㎝近くになり、これは昆虫では最大だという。

トンネルは木屑を固めたもので仕切りをして、いくつもの部屋を入り口へ向けて順に作っていく。夏の間に幼虫は花粉団子を食べて成長し、やがて羽化する

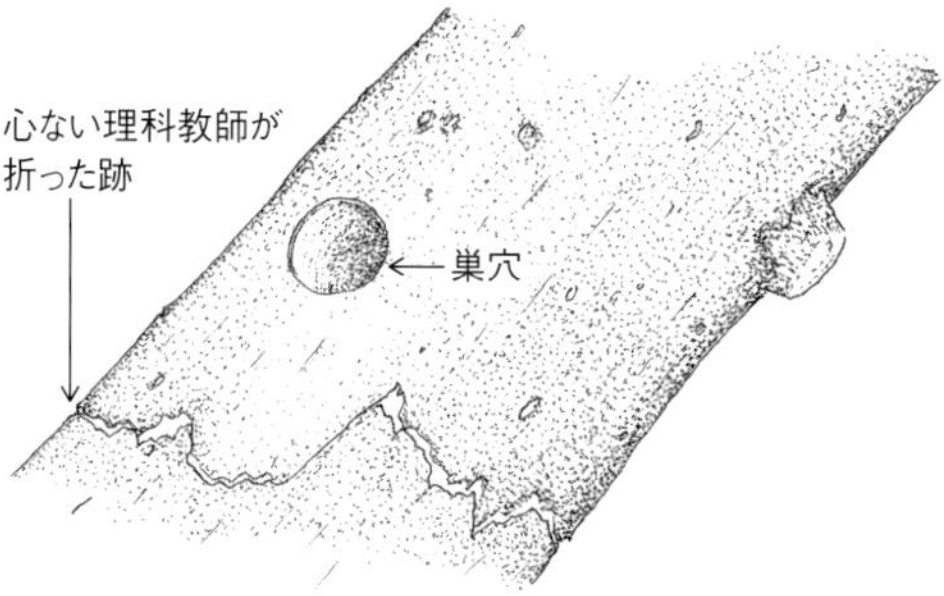

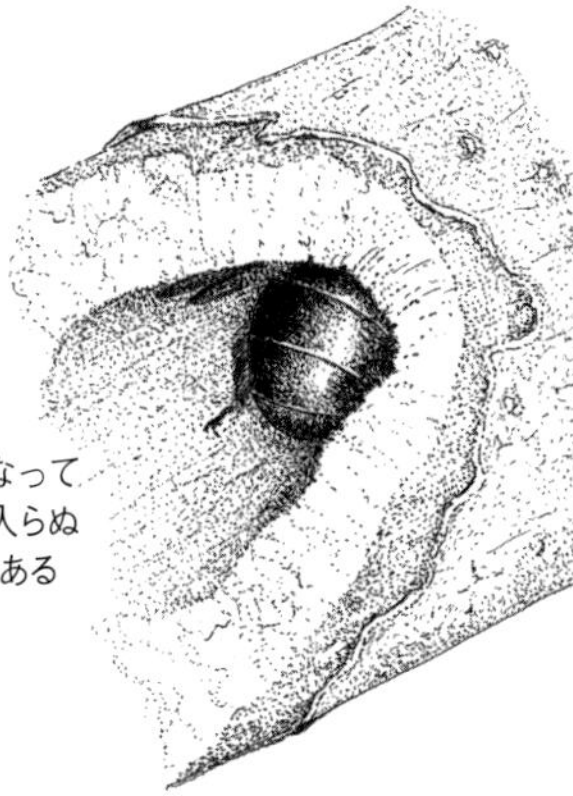
図では巣穴は上面になっているが、本来は雨水が入らぬように、入り口は下面にある

寒さに耐えるクマバチ（性別不明）

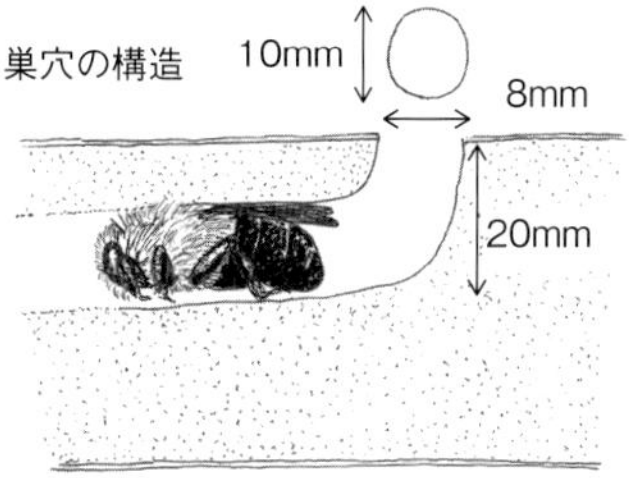
まだ部屋はあるのか？

が、その後も巣穴にとどまって、母親から餌をもらいながら冬の寒さをこの部屋の中で耐えて春を待ち、巣立っていく。母蜂の役目はそこで終わるという。

さて、トンネルの中では奥の部屋の方が先に産卵されているため早く成長する。しかし先に羽化して出ようとすると、手前の部屋の兄弟たちがじゃまになる。どうなるのかと思うが、親は奥の部屋には成長の遅いメスを、手前に成長の早いオスの卵を産み、また先に羽化した奥の部屋のハチは手前の部屋の兄弟が出るまではじっと順番を待っているらしい。いずれにしても羽化してもハチたちは春まではトンネル内に留まるのである。

今回見つけたクマバチの巣でも、この先にはまだたくさんの部屋があり、羽化した兄弟たちが押しくらまんじゅうをして寒さに耐えているのかもしれない。クマバチの幼虫にはヒラズゲンセイという真赤な甲虫《こうちゅう》（珍種だが公園ではこれまで何度か採集した）が寄生するのだが、この巣のハチは無事に成虫になれたようだ。

巣解体調査報告——謎は深まる…

2月28日、城跡の公園から持ち帰ったクマバチの巣をいよいよ解体することにした。果たして巣穴はどれぐらいの深さまで続いているのか？　中に部屋はあるのか？　成虫は何匹いるのか？　今それら全てが明らかになるのだ。暖かい春の朝陽の中で男（私ですね）の胸は期待に激しくトキメいた。

浅はかな理科教師が調査のために折ってしまい、継いでテープ止めしていた部分を外すと黒いハチのお尻が見えた。ヒクヒクと動いている。翅《はね》をピンセットでそっとつまんでハチを外へ引き出した。さて奥にはまだハチがいるのか?と覗き込んだ男の細い目は点になった。なんとトンネルはすぐに行き止まりになっている！　つまり、この巣穴にはこのハチ1匹だけが越冬中であり、その奥行きもトンネル入り口からの水平部分は約6㎝しかなかったのである。また花粉団子やサナギの抜け殻、部屋の仕切りの壁などの残骸はなく、全く新築の家のようにきれいな状態であった。

昆虫

クマバチ　熊蜂

〔科名〕ミツバチ科

〔学名〕*Xylocopa appendiculata*

越冬中に引っ張り出されたハチは脚を広げて身体全体を細かく振るわせている。永らく動いていないのと、寒さで身体がこわばっているのか動きは緩慢である。身体を激しく震わせるのは筋肉を動かして体温を上げようとしているのかも知れない。このハチは触角が短く複眼も普通の大きさなので、おそらくメスであると思われる（オスはメスを見つけるために？触角や複眼が発達している）。巣穴の写真を撮る間、ハチは仮の巣として紙で作った筒に一時入れておいたが、撮影後もう一度巣穴に戻して再び元の状態にテープで止めておく。そして後日、再び公園の雑木林の元の場所にもどしておいた。

さて、クマバチの巣の中での成虫の羽化・巣立ちの謎だが、私の持っている古い小学館の学習図鑑（１９７０年発刊・『昆虫の図鑑』Ｐ22）には図Ａのような絵が描かれている。また、中山周平著『庭・畑の昆虫』（小学館１９７６年）にも同じように出入り

図A

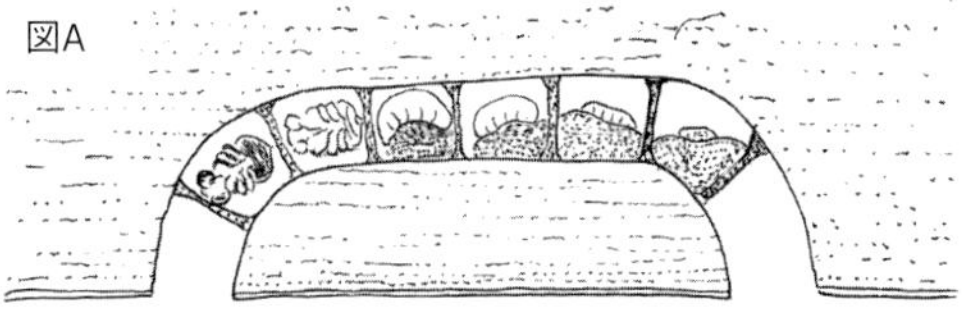

図B

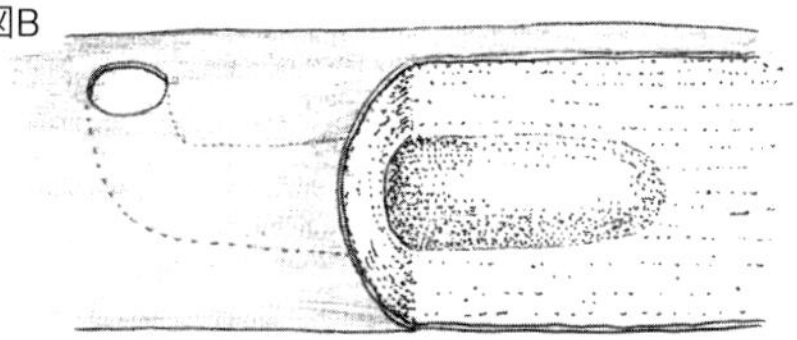

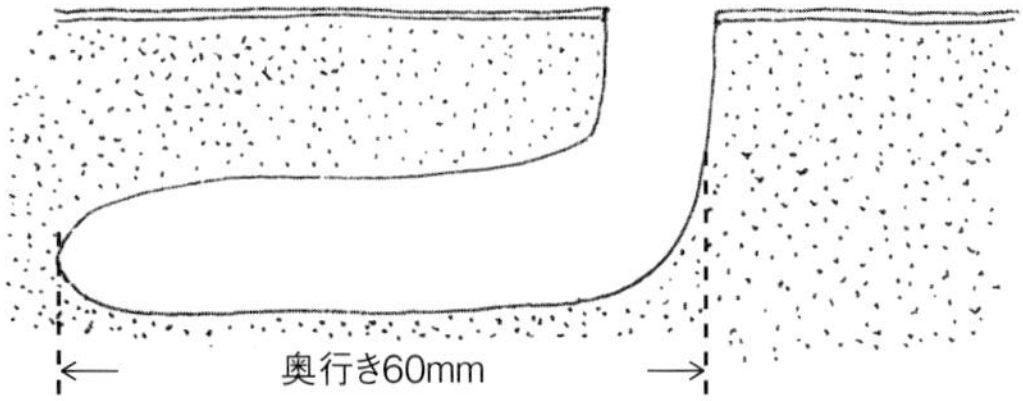

行き止まりであった

今回見つけたものは
冬越し用のねぐらなのだろうか?

口が2つある巣が描かれている。もし巣穴が双方向に出口を持っていれば奥の部屋で最初に成虫になったハチから奥の出口から巣立てばよい。しかしこのような出入り口がトンネルの両方にあるタイプは、この図鑑でしか見たことはない。また『庭・畑の昆虫』にはクマバチの越冬用の巣穴（図B）も描かれており、これが今回見つけたクマバチの巣と大きさや構造が全く同じであった。

田中義弘著『校庭の昆虫』によれば、成虫で越冬したメス（母蜂）が、5月に巣を作り（自分が育った巣を再利用することもある）蜜をためて幼虫を育てる。この幼虫は7月に羽化する。この子どものハチたちは巣立ち、母蜂は8月に2回目の巣作りをして幼虫を育てる。この幼虫は9月に成虫になるが、そのまま巣の中で越冬し翌年の春に巣立つという。

では単独で冬を越していた今回のハチは何なのか？母蜂は冬を越して翌年も生きて巣をつくるのか？　そして7月に羽化した成虫はどのようにして出てくるのか、やはり全部が成虫になるのを待つのか？…と、まだ解決しない問題が多い。今後は中に羽化した成虫が冬を越している巣や、出入り口が2か所ある巣を探して解体してみる計画である。

だまって食うな、よく見ろ!

魚介類

チリメンモンスター①

カニ（メガロパ幼生、ゾエア幼生）、カニダマシ（ゾエア幼生）

ゾエア、メガロパ、これを聞いて何のことかわかる人は生物への造詣が深い。これらはウルトラマンの兄貴や土星の衛星のことではない、カニの幼生の名前なのである。

カニの卵は孵化すると、初めからカニの姿をしているわけではない。まずヒシの実のように棘《とげ》が四方に伸びたゾエア幼生期を10日間ほど過ごし、その後脱皮してザリガニのようなメガロパ幼生になる。そして1週間前後で稚ガニとなる。これはエビやシャコにも見られる変態であるが、このように大きく姿を変えるのには何らかの生活上の事情があるのだろう。

ゾエアやメガロパを観察したければ、乾物屋でチリメンジャコを買ってくればよい。乾燥したものでも良いが、湯がいて完全に乾かしていない白い釜揚げの方が観察には良い。皿に広げてよく観察すると、うす桃色や褐色の小さな節足動物が見つかる。チリメンジャコを捕獲する際に、混ざって網に入った混獲生物である。前後に細長い棘を持った、カニのゾエアに似た不思議な生き物もよく混ざっているが、これはヤドカリの仲間のカニダマシのゾエア幼生である。

他には半透明でカマ脚と細長い胸部を持つシャコの幼生や、イカの子ども、エビのような姿のオキアミの仲間が混ざっていることもある。時には見当もつかない珍種が見つかることもあるので、ルーペを片手に捜索してみよう。

昔はこれらの混獲生物はチリメンジャコの中に普通によく見つかったのだが、最近はこういう楽しい生き物を異物としてほぼ取り除いてしまうらしいので、なかなか出会うことができない。残念である。

これら甲殻類の幼生は海中を漂いながら、徐々に脱皮変態して成長していくのだが、その途中でほとんどが小型の魚類に食われてしまう。無事に親に成長して産卵することができるのは、数万分の1にも満たないのではないだろうか。もっともそうでなくては海がカ

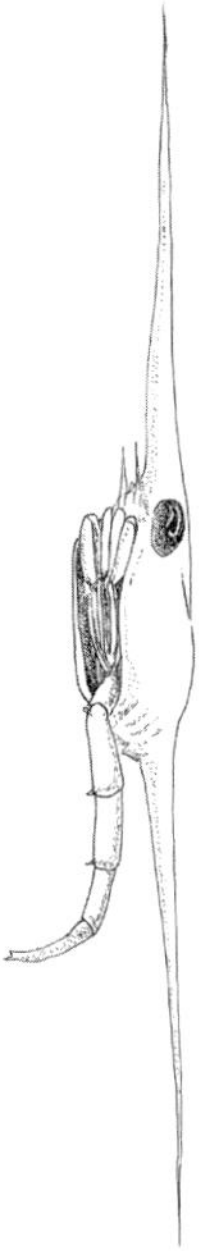

カニダマシのゾエア幼生
体長17mm

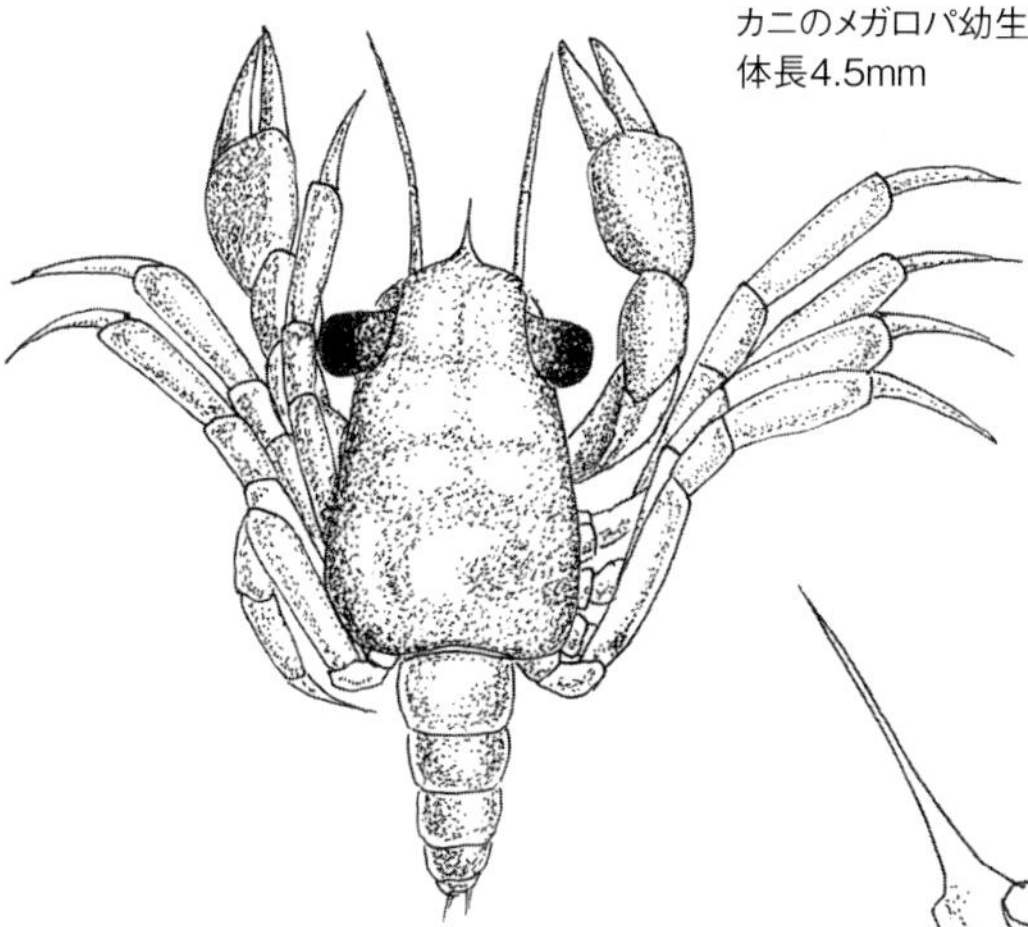

カニのメガロパ幼生
体長4.5mm

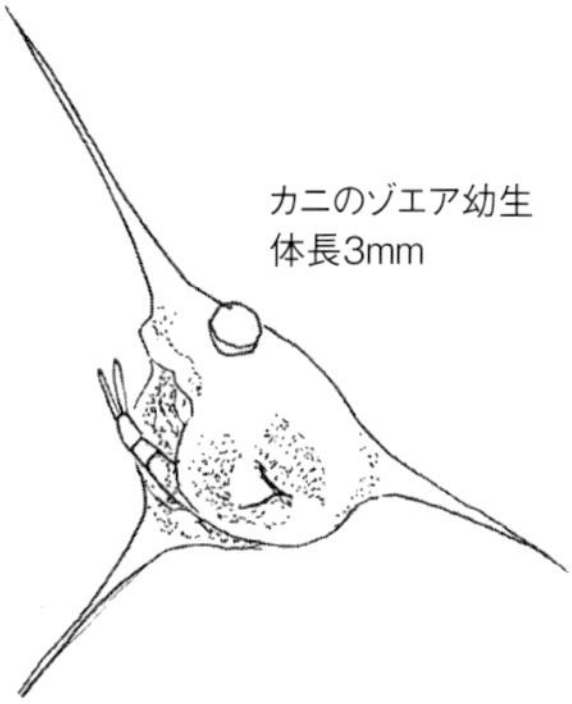

カニのゾエア幼生
体長3mm

ニヤエビで埋まってしまうが。

チリメンジャコはイワシの稚魚《ちぎょ》だが、そのほとんどはカタクチイワシの稚魚で、紛れているマイワシやウルメイワシの稚魚は1％以下である。毎日天文学的な数のチリメンジャコが捕獲されているが、イワシはいなくなってしまわないのだろうか。食物連鎖の下位にいるこれらの生き物は、たくさんの子を産むことで絶滅を逃れているのだが…（最近イワシの漁獲高が急激に減少しつつあるらしい）。

ところでよく見ると、イワシの稚魚以外に異なる形の稚魚も混ざっている。腹に黒い点が並んでいるのはかまぼこの原料として利用されるエソの稚魚、薄っぺらで帯のように細長いのはアナゴの稚魚、眼が大きく細長いのはタチウオの稚魚である。ほかにアジやイカナゴ、フグ、シラウオなどの稚魚が混ざることも多い。チリメンジャコの小さな世界の中には広大な海の生態系の一部が隠れているのである。何も考えず食っていた罰当たりな人は、今度はじっくり観察して海の生き物たちの命について考えてみよう。

小さきモノたち胸を張れ

私はこれまでも警告してきたのである。「黙って食うな、よく見ろ」と。チリメンジャコは海洋博物館であると。

チリメンジャコはカタクチイワシの幼魚である。目の細かいネットを船で引っ張って採集する。この時、海中を浮遊している様々な小型生物が混獲されてしまう。そしてそのままゆでて乾燥されてチリメンジャコとして売られてゆく。混獲されるのはエビやカニの幼生、タイやフグ、カワハギ、ヨウジウオなどの稚魚、タコ、イカの幼体。ときにタツノオトシゴも混じる。これらはチリメンジャコを製品にする際に異物としてほぼ取り除かれてしまう。

同じ学年のT先生が2月に、このチリメンジャコ混獲生物を観察するという面白い選択授業を行った。和歌山県にある、この混獲物（チリメンモンスター、略してチリモン）を除去していないチリメンジャコを売っている店から、混ざりもののたっぷりのそれを取り寄せたところ、チリメンの他に、混獲物ばかりを集めてトレイに入れたものも一緒に送られてきた。その中に怪しげな薄ピンク色のセロファンのような物体が入っていた。「こいつは！」。男は（私だ）T先生の机の上のトレイを見て叫んだ。「伊勢エビの幼生フィロソーマだ！」。

そいつは乾燥して縮んではいたが、プロの理科教師の眼はごまかせない。後日その物体をもらい受け、濡らしたティッシュの上に置いて30分放置し、柔らかくなったものをピンセットで広げた。

それまでは鼻をかんだ後で座布団の下敷きになったティシュのようだったモノが、大きく手足を広げ胸を張って、息づいているかのように少しずつ生前の姿に戻ってきた。そしてついにエイリアンのようなその全貌が現れた。半透明で薄い紙のような体をしたこんなモノが海を漂っているのだろうか、想像するだけで不思議である。どうやらその形はイセエビではなくウチ

魚介類

チリメンモンスター②

ウチワエビ（フィロソーマ）

〔学名〕*Ibacuc ciliatus*

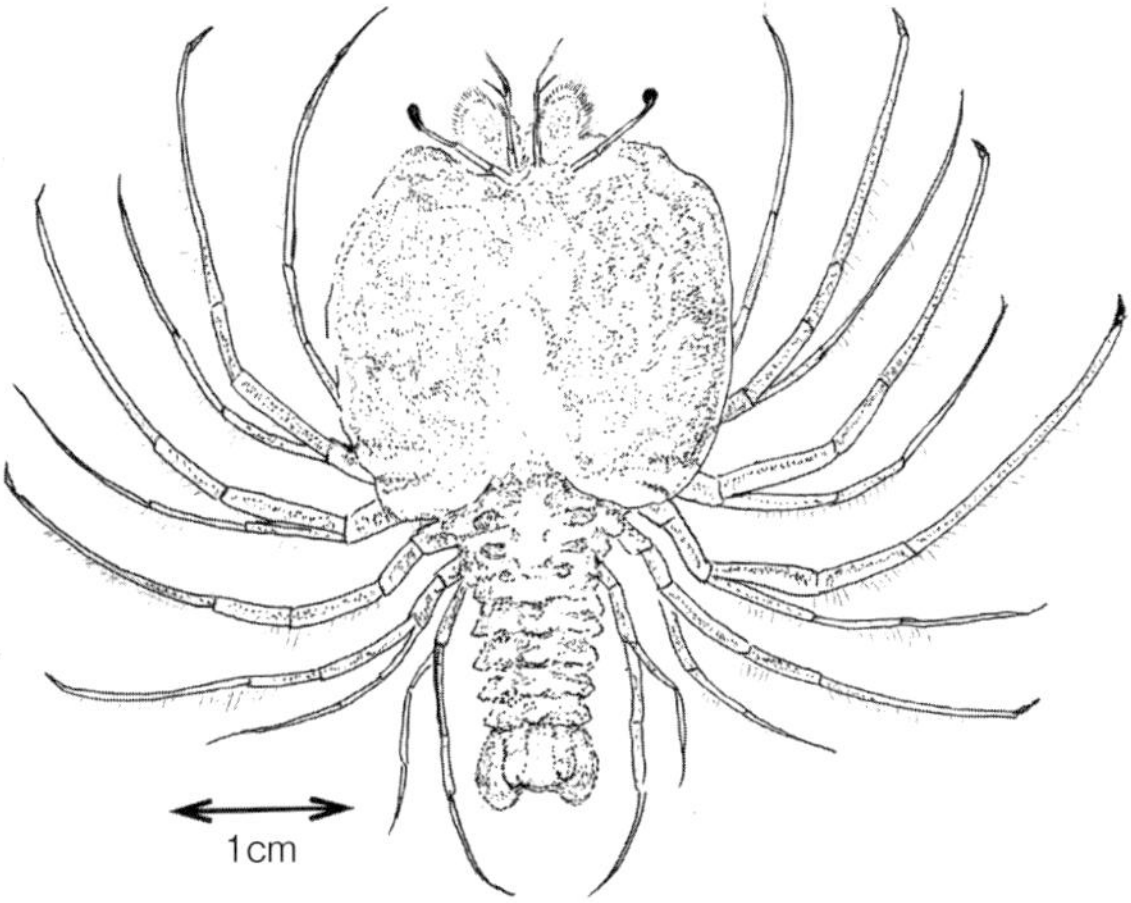

ウチワエビのフィロソーマ
生きているときは半透明で乾燥したものは薄桃色
甲幅21mm

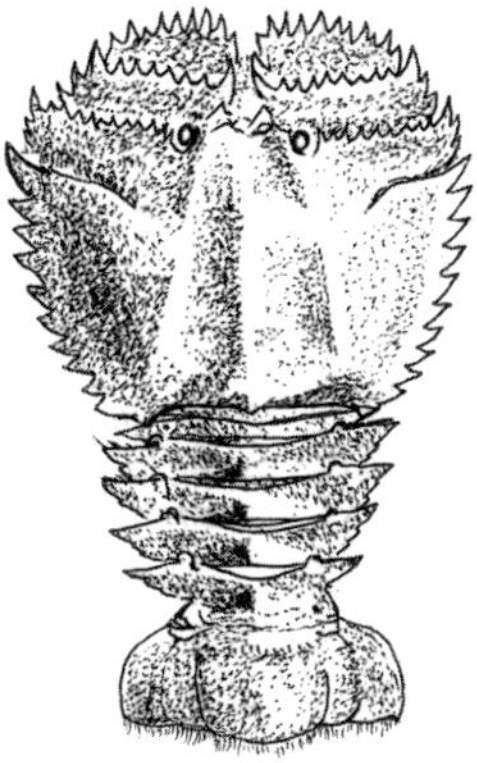

ウチワエビ（セミエビ科）
体長15cm

9歳の頃、三木市のどこかで食べた記憶がある。あの持ち帰った殻はどうなったのだろう。

ワエビのフィロソーマであることがわかった。

エビの仲間の幼生はゾエアといい、甲羅の棘が前後に長く伸びた形態をしている（こいつもチリメンにはたくさん混ざっている）。しかし、イセエビ、セミエビ、ウチワエビの仲間はそれとは全く異なるフィロソーマという幼生の時期が約1年もあり、その間に25回あまりも脱皮を繰り返しプエルルス幼生になりその後2週間で稚エビになる。

この時のフィロソーマからプエルルス幼生への変態は劇的で、全く姿が変わってしまうらしい。文献によれば、ウチワエビのフィロソーマはチリモンとしてはかなり珍しいものであるようだ。

前置きが長くなったが、チリメンジャコには思いもよらぬ海の生き物が混ざっている。ルーペとご飯を脇に置いて、よく観察しながら科学的な食事をし、海の生態系への関心を高めつつ、おびただしい命をもらって自分が生きていることを確認してほしい。

魚介類

チリメンモンスター③（軟体動物編）

イカ、タコ、巻き貝、イソギンチャク？

海の世界の「ああ無情」

和歌山県湯浅の業者から特別にチリメンジャコを取り寄せた。こいつは市販品と違い、チリメンとともに捕獲された雑多な生物（いわゆるチリメンモンスター）が取り除かれていない、いわゆるオマケ付きチリメンである。

さて、どんな珍種やお宝が見つかるかと期待しながら皿に広げると、様々な稚魚や甲殻類の幼生が混ざっている。その中から今回はタコやイカなどの軟体動物を紹介する。

まず目立つのはイカである。小さい頃食べたチリメンにもよくこれが入っていて、見つけると真っ先に口に放り込んだが、塩味が効いてうまかった。最近のチリメンは異物の選別技術が進んだせいか、ほとんど見ることがなくなった。そしてこれまではタコだと思って食べていたが、そのほとんどはイカであるらしいことが分かった。チリメンに混入したタコとイカの見分け方は、イカは頭部（本当は胴）を包む外套膜が腕部と完全に離れているが、タコでは一部で腕部と一体になっている。また、タコは腕が外向きにカールしているのも特徴である。今回見つけたタコを顕微鏡で観察すると、8本の腕には赤紫色の色素の斑点があり、生意気に吸盤もついていた。超ミニサイズだがタコ焼き屋台の看板になりそうな立派な姿をしている。

スケッチが終わると口に放り込む。やはりうまい。メスのタコは岩の隙間やタコツボに産んだ卵が孵化するまで、餌も食わずにこれを守り続けて、稚タコが孵化した後、死んでしまう。孵った稚タコもそのほとんどが他の魚に食べられたりチリメンに混獲されたりして、親になるのはごくわずかである。まさに「タコの世は無情！」なのである。

次に見つけたのは薄っぺらで透明な巻き貝である。アンモナイトのように平巻きで、中に干からびた貝の身体が渦巻き状に入っている。『チリモン博物館』という本には、クチキレウキガイ（口切浮子貝？）と記

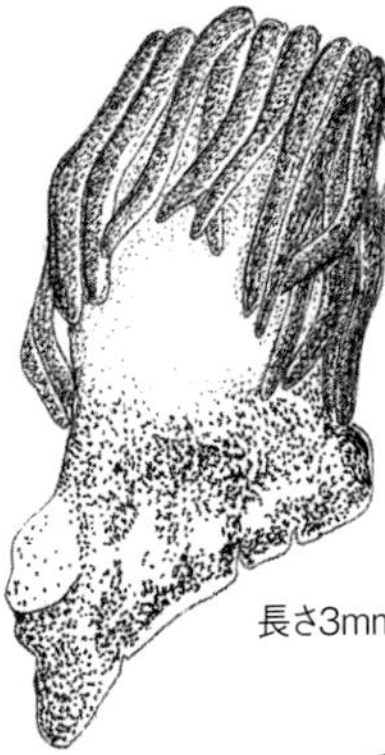

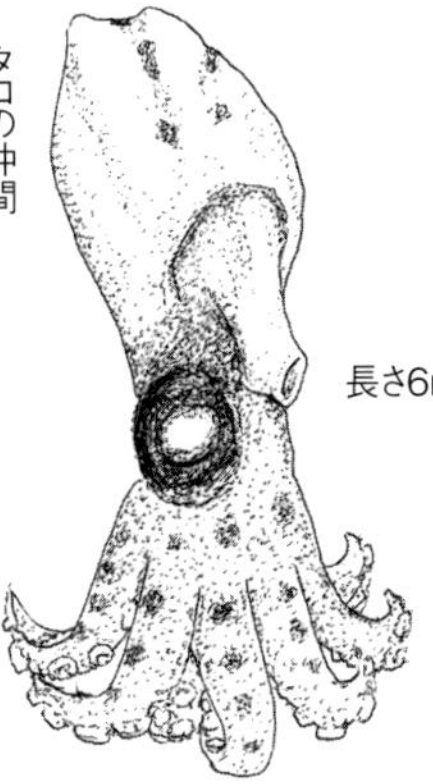

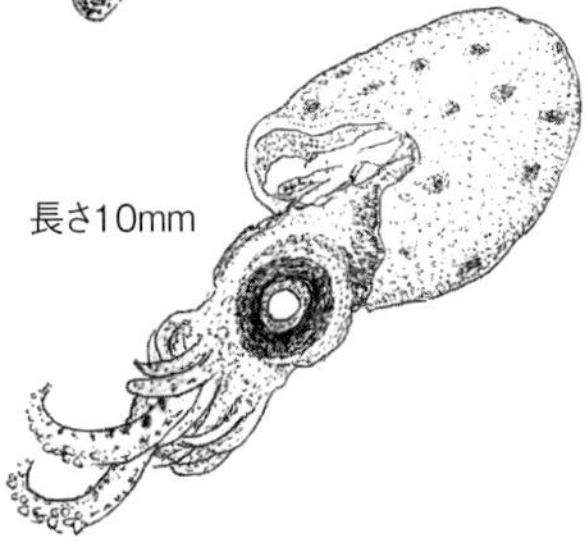

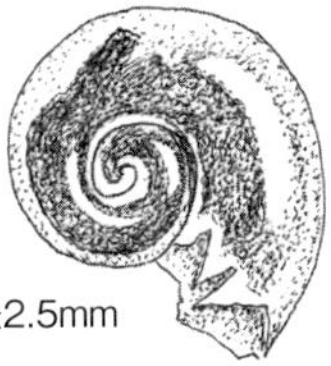

されている。殻はセルロイドのように透明でツヤツヤしている。殻の直径はわずか2・5㎜しかないが、これは稚貝なのか、それとも完全に成長してもこのサイズなのだろうか？

一通り混獲生物を拾い上げ、チリメンも取り出してみると、最後に皿の底に黒いカタマリが1つ残っていた。アジなどの魚の内臓かと思ったが、顕微鏡で見るとモップのようなものが先端についている。水に入れてふやかしながら針でほぐすと、モップに見えたのは青紫色の触手のようなもので、薄黄色の胴がその下についている。そして胴の下端は岩に固着するような吸盤型をしている。確信はないがこれはイソギンチャクの仲間の幼生だと考えられる。このようなものまでチリメンと共に混獲されているのだ。

我々はこれまでも知らずにチリメンと一緒にイソギンちゃんを食ってしまっていたのかも知れない。イソギンチャクはクラゲと同じ腔腸動物だから、クラゲと同じように幼生は水中を漂っているのだろうか。そしてこんな小さいときから親と同じ姿をしているのだろうか。

食べることは命のバトンを受け取ること

チリメンジャコの混獲物（一緒くたに捕まってしまった気の毒なモノたち）調査の報告続編である。チリメンジャコはカタクチイワシの稚魚である。カタクチイワシは「いりこ」として、出汁を取るのに使われる。この小さな稚魚を目の細かいネットで捕獲するときに、他の種類の稚魚もネットに入ってしまう。多く見られるのは、ヨウジウオ、タチウオ、アジ、マダイなどの稚魚である。他にカワハギや珍しいところではタツノオトシゴも見つかる。何気なく食べているチリメンジャコだが、実に様々な魚類が混ざっているのだ。

顕微鏡下で見ると、ミイラの様になった魚の稚魚たちは、みんな大きく口を開けて白い目玉を飛び出させ、「うお〜！　なんで生まれてすぐにワシらが死ななあかんねん」と大阪弁で（和歌山沖の大阪湾の稚魚なので）怨嗟の叫びをあげているかのようだ。実際に見てみると、恐ろしくて食うのをためらう人が出てくるのは間違いない。

魚介類

チリメンモンスター④（魚類編）

タツノオトシゴ、カワハギ

今回、200gの袋入りのチリメンの中から3匹のタツノオトシゴが見つかった。これが魚類であることを知らない人が多いが、こいつはタツすなわち龍の子ではない。ヨウジウオ科の魚なのである。うろこが変化した骨片で身体が被われていて、頭に角があり、とがった口がユーモラスである。小学生の頃にも、チリメンジャコの中に混ざっているのを発見して、綿を詰めたケースの中に大切に保管しておいた標本がまだ家にある。

タツノオトシゴはオスの腹部に育児のうという袋があり、この中にメスが卵を産み付け、孵った稚魚を袋の中でオスが保護する。これはヨウジウオにも見られる性質だ。

形のおもしろさではカワハギが一番だ。唇をとがらせて白目をむいたようなその表情は、なんだかアカンベーをしているみたいだ。身体に比べて頭部がアンバ

タツノオトシゴ（ヨウジウオ科）
体長14mm

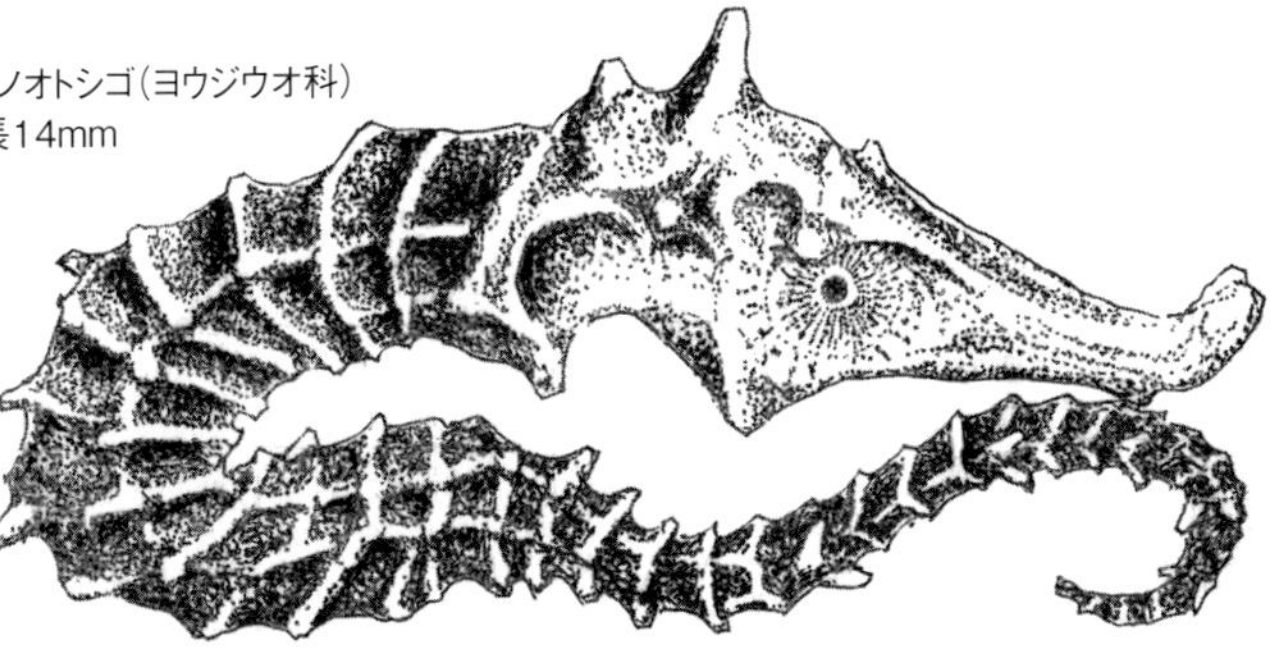

カワハギの仲間
体長7mm

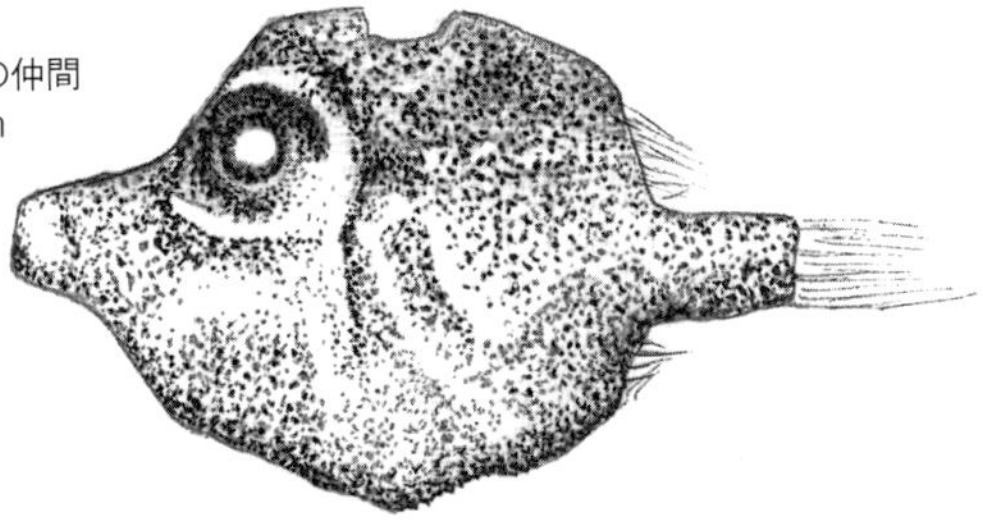

ランスに大きくユニークだ。

カワハギもタツノオトシゴもヨウジウオも成魚はみんな海底の藻場や岩礁帯に生息しているが、卵から孵ったばかりの稚魚は他の稚魚と共に表層付近や中層を漂いながら小さなプランクトンなどを食べ、遠くまで運ばれて生息域を広げていく。ちなみにプランクトンといえば、顕微鏡で見る小さな水中の生き物というイメージがあるが、一般には水中を浮遊する生物を示す言葉であり、クラゲなども含まれるので、大きさとの相関はない。

結局海の中では、これらの多くの稚魚はそのほとんどが他の魚の餌となって、それらの魚類を養うという役割を担っている。我々は「幼いチリメンちゃんを食うのはかわいそう。もっと大人の大きな魚を食べる方がいいのでは？」とも思うが、大型の魚を食うということは、それらに食われたおびただしい量のチリメン関係者を間接的に食っていることになる。

命のバトンの最終走者、マグロは幾多のチリメン、小魚、中魚の命の結晶なのだ。心して食おう。

魚の耳はどこに？ 魚類の耳石《じせき》発見！

魚介類

タラ 鱈

〔科名〕タラ科
〔学名〕*Gadus macrocephalus*

タラの頭が売っていたのでタラ鍋にして食べた。多くの場合、魚は頭やヒレの周辺などの、いわゆる粗《アラ》といわれる部分がうまいのだ。

タラの頭は煮くずれて簡単に分解できたので、身をこそげ取りながら骨片を皿に並べていく。うまく油分やタンパク質を取り除けば頭骨の骨格標本ができそうだが、組み立てが大変そうである。

やがて樹脂のようにやや透明感のある軟質の骨の中に、白い磁器のような硬い骨が見つかった。他の骨とつながっていた痕跡はなく、小判型のそれはタラが間違って飲み込んだ異物のように見える。実はこれはタラの耳石《じせき》なのである。

その2か月後、私は魚釣りに半生を捧げた古老から、明石沖で釣れた天然ヒラメの頭をもらった。このヒラメはなんと体長が60㎝以上もあったらしい。頭を煮付けて食べたが、鋭い歯がノコギリ状に並んだアゴの骨を標本にしようと思い、きれいに身を食べながら骨をばらしていった。その時、見慣れない硬い骨が見つかった。大理石のように艶やかで硬いが、頭を出刃包丁で切ったときに割れてしまっていた。これも耳石だと思われる。相当な大きさであった。

耳石とは何か、そもそも魚に耳があるのか？

外見上、耳の穴はないが、魚にも耳はある。我々と同じような鼓膜や耳小骨などの中耳の組織はなくて、頭骨の中に内耳のみがあり、コイなどは腹の中の浮き袋に伝わった音の振動を、骨を通してこの内耳に伝え、音として感じているという。

耳石はこの内耳の中にある硬い石灰質の粒で、魚が姿勢や平衡感覚を保つための働きをしているという。普通は数㎜の小さなものだが、イシモチというスズキ科の魚は特に耳石が大きく、それがこの魚の名前の由来になっている。

さて、この耳石は魚が成長すると共に日々大きくなり、その成長の跡が線（日輪）になっていく。身体が

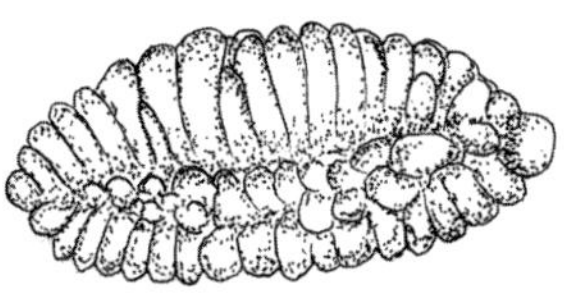

タラの耳石　14mm
耳は2つなので、耳石も2つあった

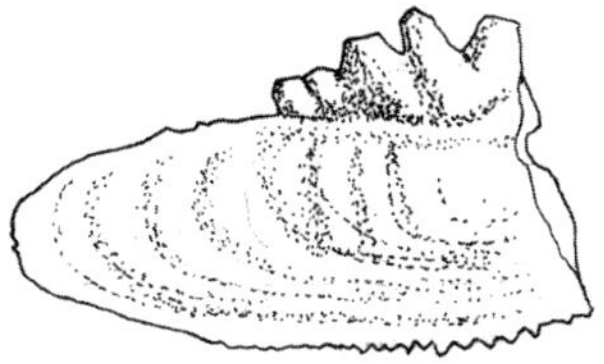

ヒラメの耳石　18 mm
調理の際に割れた

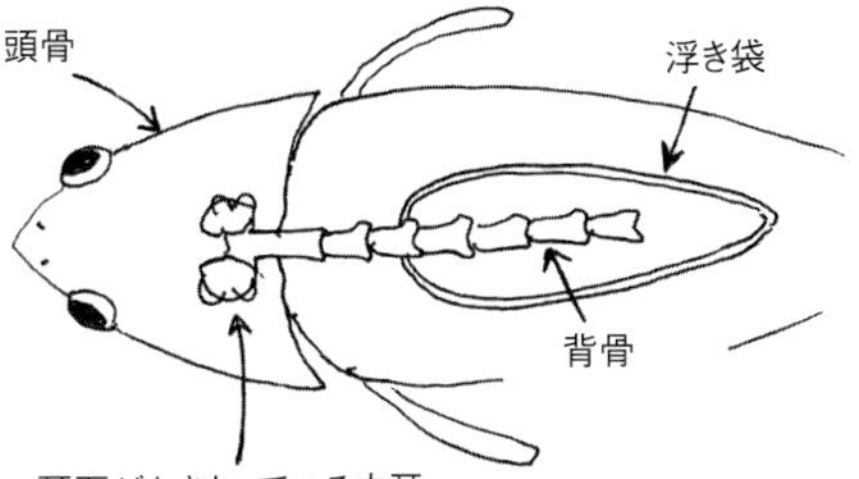

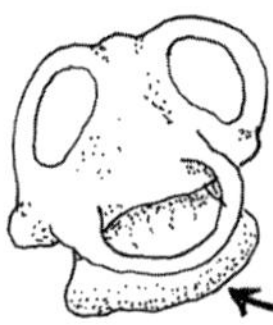

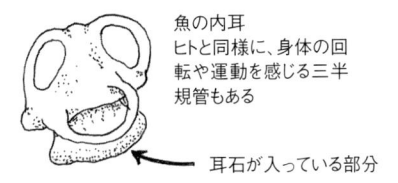

魚の内耳
ヒトと同様に、身体の回転や運動を感じる三半規管もある

よく成長する夏にはこの線（日輪）の間隔も大きいが、成長が止まる冬には間隔が狭くなり、線が密集する。ちょうど樹木の年輪ができるのと同じである。したがって耳石の年輪の数を数えれば、魚の年齢がわかってしまうのである。

　人間にも耳石はある。内耳の三半規管の付け根に前《ぜん》庭《てい》という袋があり、その中には神経につながった繊毛が絨毯のように生えている。その上に耳石に相当する小さな石灰質の粒子（聴砂）が乗っていて、身体が傾くとこの粒子が重力によって繊毛を一方に押す。その刺激を脳が身体の傾きとして感じるのだ。

　重力のない宇宙ではこれら聴砂が浮き上がってしまい、神経が混乱して宇宙酔いになったりする。耳は音を感じるだけでなく、自分の姿勢を保つためのセンサーでもあるのだが、それが魚類にも人にも共通しているということに、同じ脊椎動物としての親しみと進化の道のりを感じる。

魚類骨格解剖実習兼夕食「顎骨標本製作」

魚介類

ヒラメ　鮃

〔科名〕ヒラメ科
〔学名〕*Paralichthys olivaceus*

11月中旬、私は釣り名人の古老から巨大なヒラメをもらった。これまで古老が釣った中でも最大級、68㎝の大物であった。早速食べたが、播磨灘の天然ヒラメの刺身は歯ごたえがあり、その美味さに椅子から転げ落ちそうになった。残った頭も煮付けて完全に食べ尽くしたが、その際2㎝もある釣り針が出てきて、危うく針を飲み込むところであった。アゴの骨と鋭い歯があまりに見事だったので取り出して標本を製作した。

歯の鋭さではタチウオも相当なものだが、ヒラメの歯はさらに恐ろしげである。魚というよりティラノサウルスなど肉食恐竜のようである。下アゴの骨は4つの骨が靭帯や軟骨でつながっており、獲物を飲み込む際に大きく広がるようになっているようだ。元々大きな口はさらに大きく広がり、相当な大きさの獲物も一飲みできるだろう。棘のように長く尖った歯は内側にカーブし、くわえた獲物が逃げようとするとより深く食い込むことになる。ヒラメが貪欲な肉食魚であることが実感できる。

ヒラメやカレイは海底の砂地にはりついて暮らしている。タイのような縦に背の高い魚が死んで海底に横たわったような形になっているのだ。しかしその状態では下側になった側の目が役に立たないので、上の側に移動させているのである。したがって正面からヒラメの顔を見ると口の向きと目の並びに違和感があり、なんとも不細工である。卵から生まれた稚魚は他の魚と同じく、身体の左右に1つずつ目を持っているが、成長と共に片方の目が少しずつ上に移動し、頭の頂点を超えてもう一方の目の横にやってくるらしい。我々人間には考えられない形態変化で、まさに進化の不思議としかいいようがない。

この目の移動方向はヒラメとカレイでは異なっており、魚の腹を手前にして置いたとき、目の並んだ頭が左側に来るのがヒラメで、右に来るのがカレイである。しかしカレイ科のヌマガレイは頭が左に来る異常

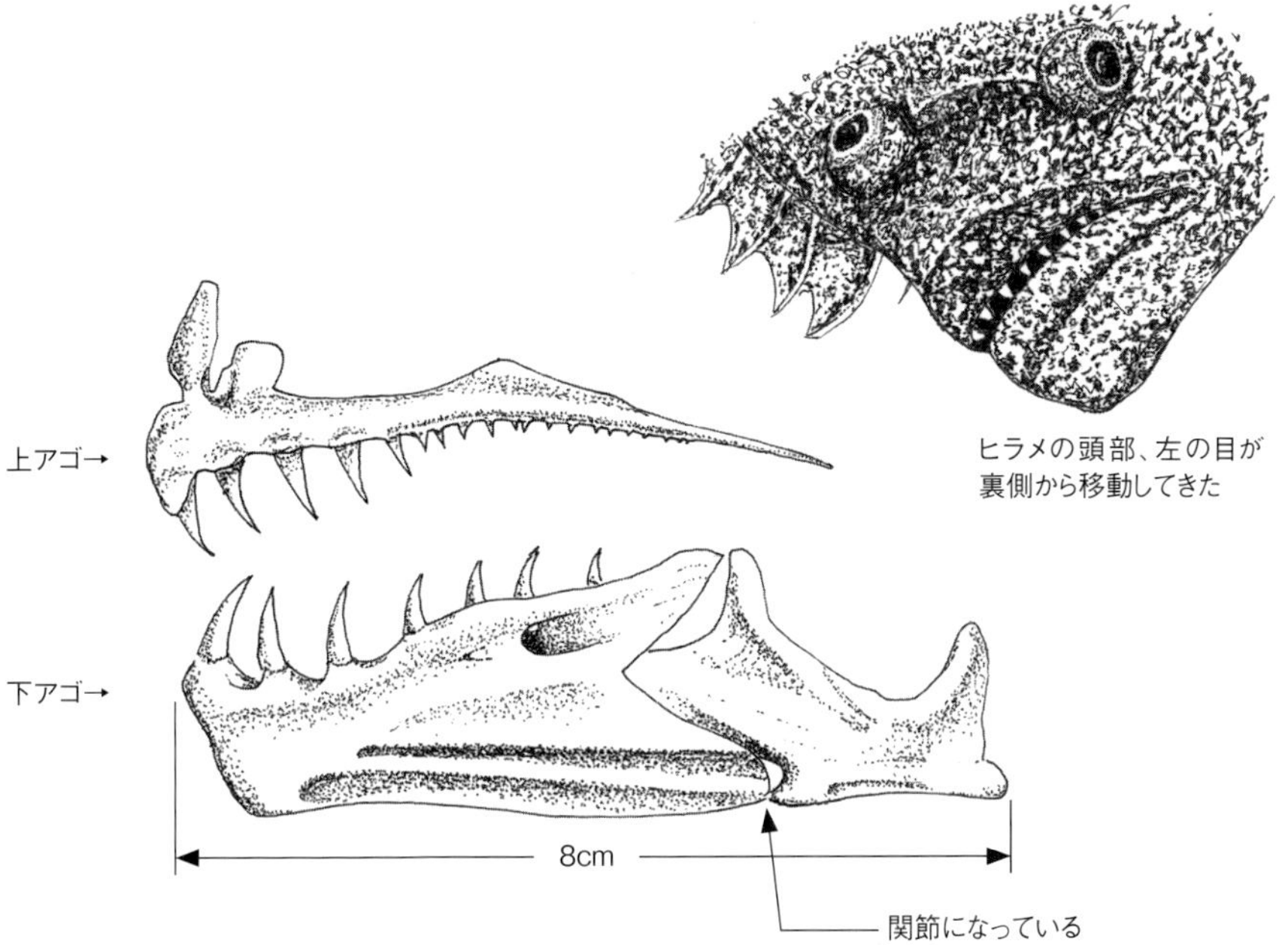

ヒラメの頭部、左の目が
裏側から移動してきた

型が結構な頻度で出現し、日本付近で獲れるヌマガレイに至ってはほとんどがヒラメ型になっている。

古生代の魚類はアゴが無く、ヤツメウナギのように吸盤状の口で吸い付いて血を吸ったり、相手を丸呑みにしていたようだが、アゴの骨と歯を獲得してから、大きな獲物も食いちぎったりできるようになり、また攻撃する武器としても有効であったことから、以降アゴを持った魚類が大繁栄をするようになり現代に至っている。我々哺乳類がもつアゴも、このとき魚類が獲得したアゴにその起源をたどることができる。

人間は火の使用や品種改良、調理などで柔らかなものを食べることができるようになり、アゴが小さくなる傾向にあるらしい。大きな大臼歯が生える場所がなくなり、大人になってアゴの骨が成長してようやく無理やり生えてくる第３大臼歯が親不知である。せまいアゴの骨の上に生えるので、まっすぐに生えず抜かざるを得なくなる厄介者である（私は上下４本しっかり正常に生えているので、ものを食うのが速いのが自慢である）。このままではせっかく獲得した顎や歯を失い、吸盤状の口に戻る日が来るかもしれない。歯ブラシ製造関係者及び歯科医の方々は転職を余儀なくされるだろう。

大塩浜潮間帯生物調査（晩飯探索）

魚介類

マダコ　真蛸
〔科名〕マダコ科
〔学名〕*Octopus vulgaris*

11月末、姫路市東部に広がる砂浜の海岸を訪れた。これはあまり知られていないが、実は私は世界の海洋生物の調査を目的として、この小さな浜の生物や漂着物の調査を勝手に行っているのである。

その日はいつになく大きく潮が引いており、干潟が広がって調査には最高の状況だった。岩礁帯では多くのバフンウニやクボガイが見つかった。アカニシも多数採集できた。他には青い斑紋のあるウミウシ（フレリトゲアメフラシ？）を採取できた。波打ち際にはアオサが打ち上げられて堆積しており、以前に比べてきれいに見えるこの海も、リンや窒素などでかなり富栄養化していることがうかがえる。

目的のナマコが打ちあげられていないかと波打ち際を歩いて行くと、灰白色の物体がアオサの間に横たわっているのを発見した。一瞬ふやけたシップ薬かと思ったが、タコだった。「おおっ、晩飯発見！」と思ったが、どうもそいつは確実に死んでいるようだった。「う～ん、惜しいな」。しゃがんで未練がましくタコを見つめていた男（私だ）は、指でそいつを突いてみた。その瞬間タコは「ウニッ」と身体を縮めたのだった。「おおっ、生きてる！　こいつはでかした」。男はほほえみ、かつ素早く砂まみれのタコをつかむと海水ですすぎ、ビニール袋に入れて立ち上がった。

播磨灘には明石ダコで有名なマダコをはじめ、イイダコ、テナガダコなどタコのオールスターが多数生息している。以前この浜の沖に浮かぶ無人島へ渡り、磯で素潜りをして、岩の下にいたマダコを捕まえたことがある。そしてその場ですぐにガブリとかじって足を食った。軟体動物であるタコには骨がないので、アゴと歯を持つ脊椎動物の私は、この勝負においては圧倒的に有利である。脊椎動物の優位さを確認すべく、以前からこの無制限一本勝負がしてみたかったのだが、予想通り私は完全なる勝利を勝ち取った。相手が3m以上もあるミズダコが相手の場合、勝負は少し考えさ

全長38cm
この後すぐ、ゆでて晩飯の一品になった

せてもらいたくなるが、幸いミズダコは北太平洋に生息しており、瀬戸内海にはいない。

タコの頭に見える部分は内臓の詰まった胴であり、その下の眼のついている部分が頭である。従って足は頭についている。そのため軟体動物の中でもタコやイカの仲間を、頭足類と呼ぶ。タコの仲間は例外なく肉食で、魚や二枚貝、カニ、エビなどを捕食している。タコは骨を持たないが、8本の足の中心部に固いくちばしのような口があり、固い殻を持つカニなどの甲殻類も噛み砕いて食えるのだ（後で知ったが、タコは毒のある唾液を獲物に注入して麻痺させるらしい。人も噛まれると痛みが長く続くというから、安易に勝負してはいけないのだ）。タコは初夏から秋に岩の下などに数万個の卵を産み、メスは餌も食べずこれを守る。そして約1か月で卵が孵化すると、メスは衰弱して死んでしまうらしい。つまりタコは一生に1回しか産卵せず、その寿命は2年余りといわれている。

この日の夕食はアカニシの塩ゆでと、浅ゆでのマダコの刺身で大いに満足した。それにしてもこのタコはどうして陸に上がったのだろう。ぼんやりしていて波に打ちあげられたのか、浜辺で日光浴していたのか、食べ物を探すために上陸したのか…謎だ。

みんな何かを背負って生きている

魚介類

ヨツハモガニ　四歯藻蟹

〔科名〕クモガニ科
〔学名〕*Pugettia quadridens*

1月中旬、一人の男が姫路市東方の砂浜を訪れた。いつものことで晩酌用に天然ナマコを手に入れるためだ。最近は収穫なしの日が続いていたが、この日は運良く強い波に打ち上げられていたナマコを5匹拾うことができた。そして男はその晩にすべてをたいらげてしまった。こんなにナマコを食うとは、他に何も食うものがなかったのだろうか。

その1週間後、再び浜に男はやって来た。休日だが他に行くところがなかったのだろう。暦では海は小潮だったが潮はよく引いていた。しかしナマコは見つからず、男は肩を落としうつむいて波打ち際を歩いていた。やがて男は立ち止まり、しゃがみ込んだ。そして何かを拾って立ち上がった男の表情は明るく輝いていた。

男が拾い上げたのは小さなカニであった。甲羅はごつごつしていて厚みがあり、その表面には海草がこびり付いていた。この浜では初めて見るカニだった。他にもいくつかの貝殻とバフンウニとオカメブンブクの殻、珪化木のような木の化石に似た不思議な石を拾った男は、満ちてくる潮に追われるように浜を去った。お気付きとは思いますが男とは私です。

見つけたカニはクモガニ科のヨツハモガニであると思われる。北海道以南の磯や浅い海に生息するという。背中の甲羅にたくさんの硬い毛のような突起があり、そこに海草を自分でくっつけて外敵からカムフラージュする習性があるらしい。見つけたとき海草がこびり付いていたのは、そういう習性によるものだ。身体の色は周りの海草の色によって変わるという。このようにクモガニ科の仲間には背中や脚にたくさんの海草や海綿をくっつける習性のものがいる。水族館で色とりどりのモールや毛糸を与えられて、それをくっつけてなんだか気の毒なことになっているカニを見たことがあるだろうか。あれもクモガニ科の仲間のモクズショイ（藻屑背負い）というカニである。

そういえば世界最大のカニのタカアシガニもクモガニ科だが、藻屑は背負っていない。あいつが藻屑を背負うと極めて不気味である。カイカムリというカニの仲間は名前の通りで、背中に二枚貝の殻を背負ってぃる。カニの仲間は強力なはさみ脚を持ってはいるが、海ではイカやタコなどの格好の餌食になる。そこで何とか身を守るために様々な工夫をするようになったのだ。典型的なものはヤドカリである。これはカニの仲間だが、巻き貝の殻を使って身体を守っている。これも背負うといってよいのだろうか？

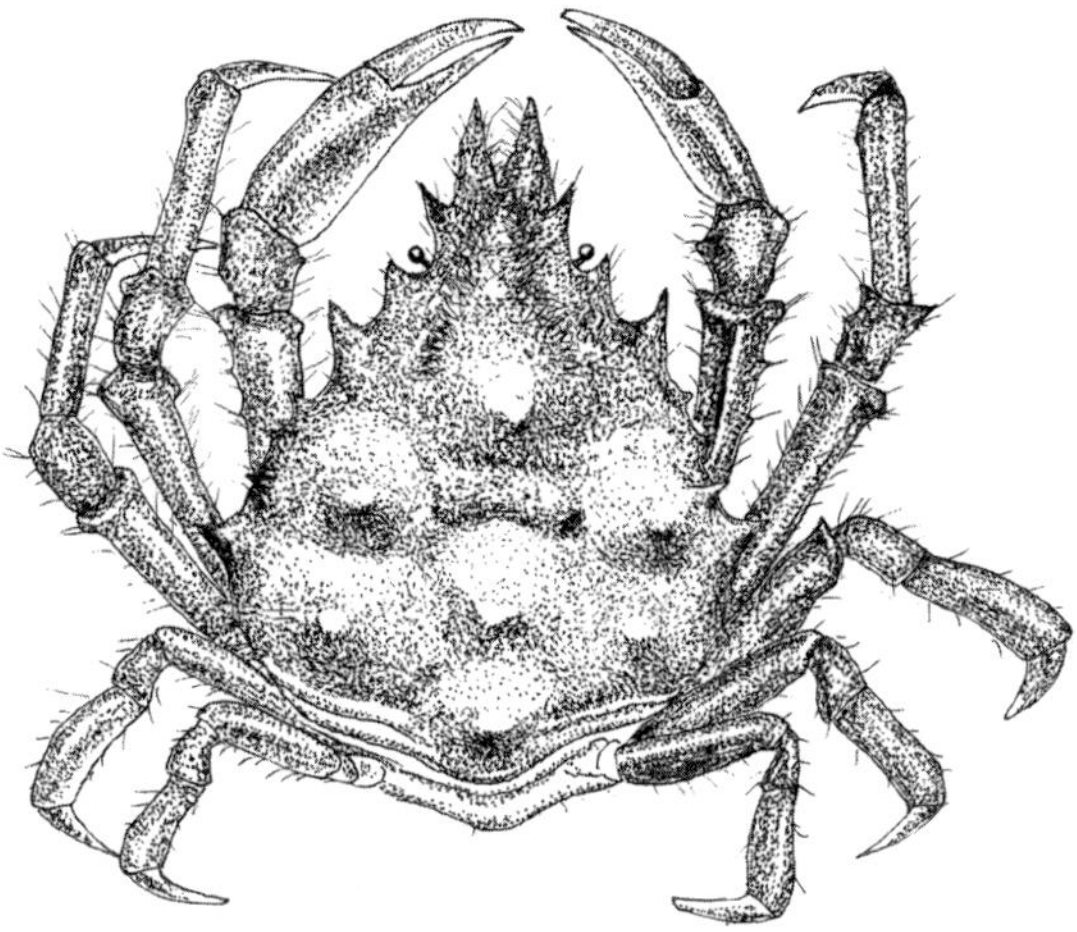

甲長25mm　甲幅20mm

我々も期待や使命、過去や借金など様々なものを背負っている場合が多いが、それは身を守るという点では役に立っているように思えない。かといって藻屑や貝殻を背負っていると「非常に過酷な運命を背負っていらっしゃる」と思われるだろう。

浜には10㎝もある大きなガザミやタイワンガザミ（ワタリガニ科）のはさみ脚や甲羅が打ち上げられていた。まだ新鮮な肉をつけたものが多い。打ち上げられた後で鳥についばまれたものが目立つ。この浜ではよく見かけるが、どういう訳で死んだのだろうか。

この日拾ったキヌタアゲマキガイという二枚貝は、小さい頃小学館の図鑑で見て、貝のふちが薄い桃色できれいだったので、勝手に「好きな貝ベスト3」に選んでいた記憶がある。この浜では他にはタイラギガイ、マテガイ、アカニシ、ツメタガイなどの殻がよく見つかる。

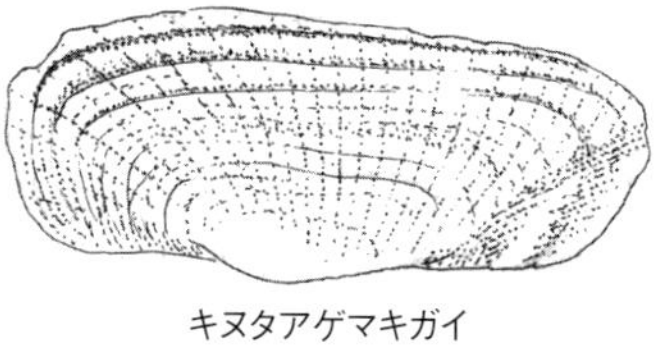

キヌタアゲマキガイ

宿を借りないヤドカリ

3月7日、姫路市東部の海岸に漂着物の観察に出かけたが、寒の戻りの曇り空からは小雨も降ってきた。潮はよく引いていて波はおだやかだが、波打ち際に打ち上げられているものは少ない。アサリやマテガイの殻に混じって、目立つのはワタリガニ科のガザミの仲間の甲羅である。大きなものは15㎝以上ある。他にはバフンウニやブンブクチャガマの殻もたくさん打ち上げられている。誰もいない浜をうつむいて歩いていると、人は「わびしい」とか「むなしい」とか「かなしい」とかの形容を当てはめたがるが、当人は波打ち際のゴミの中から、「Oh! God!」というような驚くべき発見が今にもありそうで、気分は高揚しており、むしろ「楽しい」「うれしい」のである。

足元に大きなカニの甲羅が転がっていた。淡紅色でおにぎり型のそいつはなんとズワイガニの甲羅だった。幅が8㎝もあるオスガニだ。ズワイガニは日本海で獲れる冬の味覚、いわゆる「マツバガニ」である。生息地は本州の日本海側の海と北日本の太平洋側なので「なんで瀬戸内海の浜にマツバガニが？ これはもしかして画期的な大発見か！」と思ったが、どうもこいつは、カニ鍋やゆでガニとして食べた後の台所ゴミが、何らかの経路で海に流れ込んで来たものと考えた方が良さそうだ。

魚介類

コブカニダマシ（瘤蟹騙?）

〔科名〕カニダマシ科
〔学名〕*Pachycheles stevensii*

帰り際、流木の上に小さなカニの死骸がひっくり返っているのを見つけた。コブだらけの大きなはさみは左右で大きさが違っている。よくみると眼のすぐ脇から長い触角が伸びている。これは以前、赤穂の磯で見つけたカニダマシに特徴が似ている。持ち帰って図鑑で検索すると、やはりコブカニダマシというカニダマシの仲間であった。コブカニダマシは貧弱な身体に比べて一方のはさみ脚がアンバランスなまでに発達しており、なんだか鍛え方をまちがったボディービルダーのようである。カニの仲間のシオマネキのように左右のハサミの大きさが異なっているのだ。見つけた

甲幅10mm
コブカニダマシ（カニダマシ科）

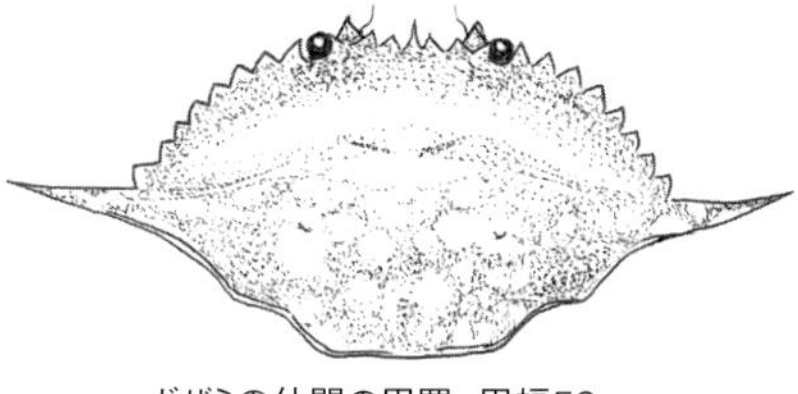

ガザミの仲間の甲羅　甲幅50mm

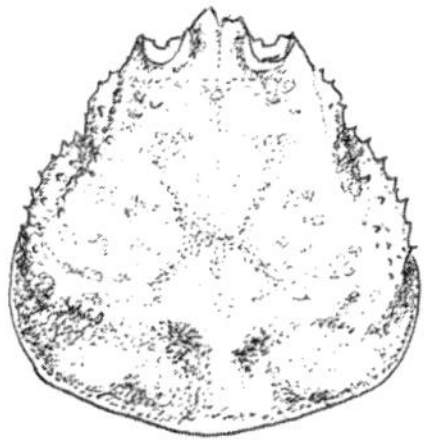

ズワイガニの甲羅（クモガニ科）　甲幅80mm

個体は左のハサミ脚が大きかったが、全ての個体が左の方が大きいということではないようだ。カニダマシはカニ類ではなくヤドカリ類に属している。ヤシガニやタラバガニもカニと名乗りながら、実はヤドカリの仲間である。これらはみな貝殻に入ったりせず、カニのように磯の岩の下などに棲んでいる。宿を借りない無宿者のヤドカリである。

　カニダマシはカニに似てカニにあらずということで、思い出したことがある。「ほぼカニ」である。これは大手の水産加工食品会社が販売しているカニ風味かまぼこの名前だが、この命名は非常に的確である。しかもパッケージの横に小さく（カニではありません）と明記している所も好感が持てる。

　この浜は決して豊かな自然が保たれているとはいえない。むしろ工業地帯に挟まれた脆弱な自然環境である。しかし、よく探すと様々な生物に出会える。カニの仲間だけでもモクズガニ、キンセンガニ、ナガコブシガニ、マメコブシガニ、イワガニ、ヒライソガニ、オウギガニ、ヤマトオサガニ、ジュウイチトゲコブシガニ、え～他にもあったが忘れた。いつかはカブトガニに出会えはしまいかと、気長に海岸線の放浪観察を続けている。

柳に風、波に…ナンジャコリャ！

近所の人に海で採ったたばかりの生ワカメをもらった。そのワカメをよく見ると、何やら小さなゴミのようなものが付着していて、そいつがユラユラ動いている。「ナンジャコリャ！」とつまんで手にのせてしげしげと観察する。長さ2㎝ほどの褐色の糸くずのようなそれはワレカラであった。

こいつは海にすむ節足動物で、細長い身体をしているが、カニやエビなどと同じ甲殻類の仲間なのである。こいつにそっくりな昆虫を森の中で見かける。そうナナフシである。全く類縁はないが似ている。

ワレカラという名前にはどういう意味があるのか？生き物の名前はカタカナで読んでも意味不明なものが多く漢字表記にしてようやく意味のわかるものが多い。ワレカラ…「我から！」という主体的にして率先自立型の非常に前向きな生き方からついた名前かというと、どう考えてもひたすら揺れているだけのようなこの生き物には当てはまりそうにない。

魚介類

トゲワレカラ

〔科名〕ワレカラ科
〔学名〕*Caprella scaura*

実はワレカラは「破れ殻」と書くらしい。甲殻類の仲間であるが、ゆらゆらと軟弱なので、「ったく、甲殻類のくせにくにゃくにゃしやがって、殻が割れてるんじゃねえの！」ということで着いたネガティブな名前だという説がある。

ワレカラはワカメやオゴノリなどの藻類の上に後ろ脚でしがみつき、頭に付いた足を使って尺取り虫のように移動する。海草などの表面に付着している小さな生き物やその死骸を餌にしているらしい。

ワカメに付いていたワレカラを集めてみると、2種類あることがわかった。体長2・8㎝で細長く赤褐色をしたものはトゲワレカラ、そして淡褐色で体長1・8㎝、腹部に丸い袋状のものが付いているのはマルエラワレカラであると思われる。こういう小さな生き物にもきちんと名前を付けて分類しているその道のヒトビトは偉いと思う。なんでもすぐに「たぶん」とか「だいたい」と妥協する私からすると、顕微鏡でしか

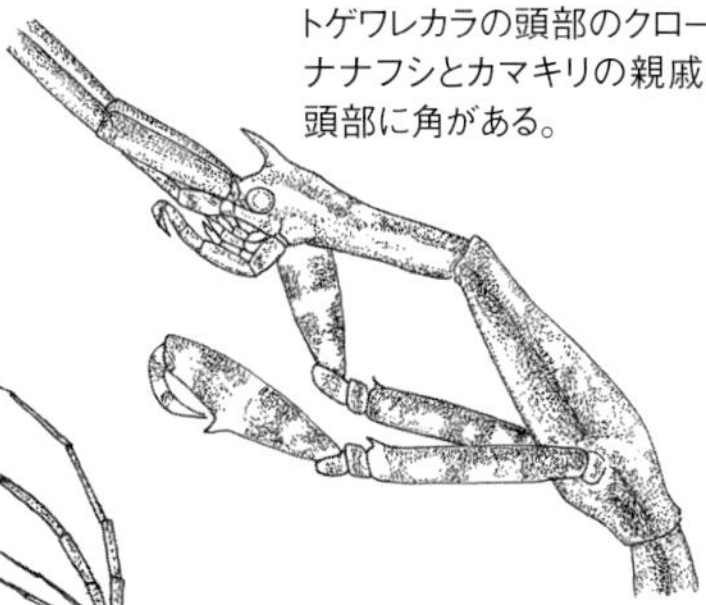

トゲワレカラの頭部のクローズアップ
ナナフシとカマキリの親戚のようだ。
頭部に角がある。

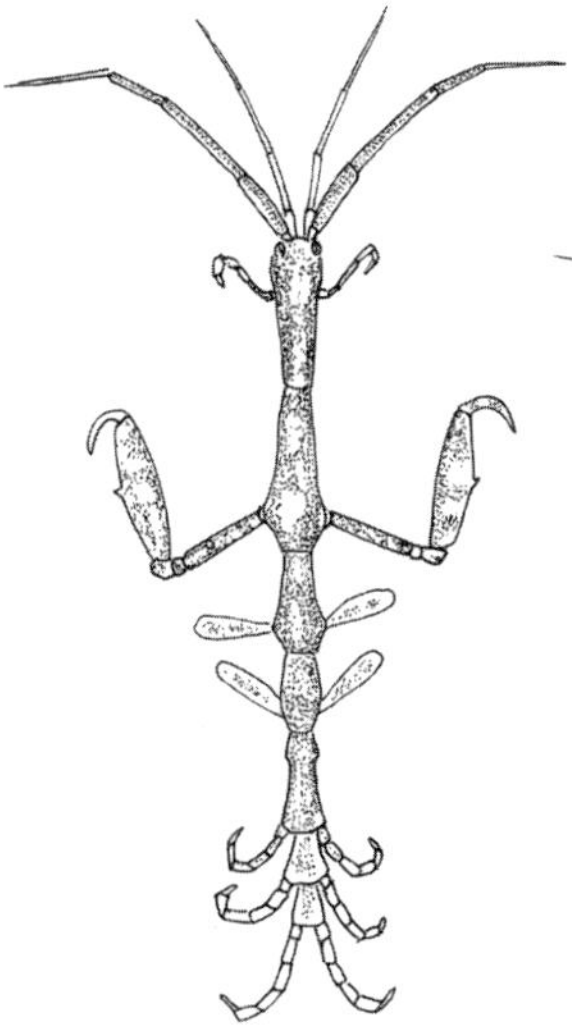

トゲワレカラ　体長28mm

マルエラワレカラ
体長17mm

見えないような微細なプランクトンやダニにも名前を付けて、「そこはやはりはっきりさせておかないと」と人生をかけて研究しておられる学者の方々を尊敬せずにはおられない。

マルエラワレカラの袋は、メスが持っている保育嚢《ほいくのう》である。この中で卵を孵し幼生を保護しながら育てるという。タツノオトシゴとよく似た生態を持つが、タツノオトシゴは魚類であり、また保育嚢はオスにあって、メスがその中に産卵する点も異なる。

ワレカラに出会ったのはこれが初めてではない。初めて見たのは兵庫県の西部、相生市のある漁港だった。漁船が引き上げた網の表面にわらわらとたくさんのワレカラがはい回っていた。水に濡れた半透明の身体が光に輝いて美しかった。大きな海の中には、実にたくさんの小さな命がひっそりと、それでいてしっかり自分のポジションを占めて生きているのだということに感動した。

水の動きに合わせて揺れるワカメの上で揺られるに任せているだけの、極めて受動的でのんびりして見えるワレカラの日常だが、実際には生物間の厳しい食物連鎖の中で、子孫を残すための真剣勝負に明け暮れているのだ。

貝殻に見る不都合な真実

魚介類

アサリ　浅蜊

〔科名〕マルスダレガイ科
〔学名〕*Ruditapes philippinarum*

年々、サクラの開花は早まっている。サクラの咲く頃のアサリはうまい。私は20年以上前からいろんな場所でアサリ掘りをしている。最初は芦屋浜、そして姫路市や加古川市の大小河川の河口など、あまり人のいないところで掘り続けてきた。先日姫路市の浜に注ぐ水路で採ってきたというアサリをある人からもらって食っていると、殻がひどく変形したものが目についた。

以前芦屋浜でも変形したアサリは多かったが、それは小石やれきが多い砂浜で石の間に挟まれて変形したもののようだった。しかしこの水路は砂泥地である。なぜ変形してしまったのか。よく見るとその変形には共通点があった。アサリの殻は蝶番（靭帯《じんたい》）の部分を起点にして外へ外へと成長してゆく。その時の跡が輪脈という年輪のような線になる。

変形したアサリを見ると最初は順調に成長しているが、どれぐらい経ったときか分からないが、急に順調な成長を止めて全く異なる成長を刻みはじめている。その境目はちょっと信じられないほどの異様な段差となり、まるで小さな貝の中から大きな貝がはみ出してきたかのように見える。たまたま一つの貝にそのような変形があっても「へぇ〜」で終わるのだが、多くの貝に同じような変形が現れているのを見ると「ややや っ！　これはいったい？…」と、男（私だ）は困惑と驚愕の表情で箸を持ったまま、途方に暮れるのである。

樹木の場合、その年輪の間隔の違いは当時の気候の変動を表しているというが、貝の殻に見られるこの成長線も過去の環境の変化の記録をとどめている。今から5億年前、地球の1日は21時間で1年は410日間であったという。どうしてそんなことが分かったのかというと、貝の成長には1日の潮の干満や月の公転に伴う大潮の周期が影響しているため、太古の二枚貝の化石の成長線を微細に調べると、そこから推定できるという。すごい話だ！
「う～ん…何が…ずるっ…あったんかな？　これは…チュイッ…たとえば海水温や淡水の流入の変化なんか…ずずずっ…影響してるんと違うか？」とひたすら

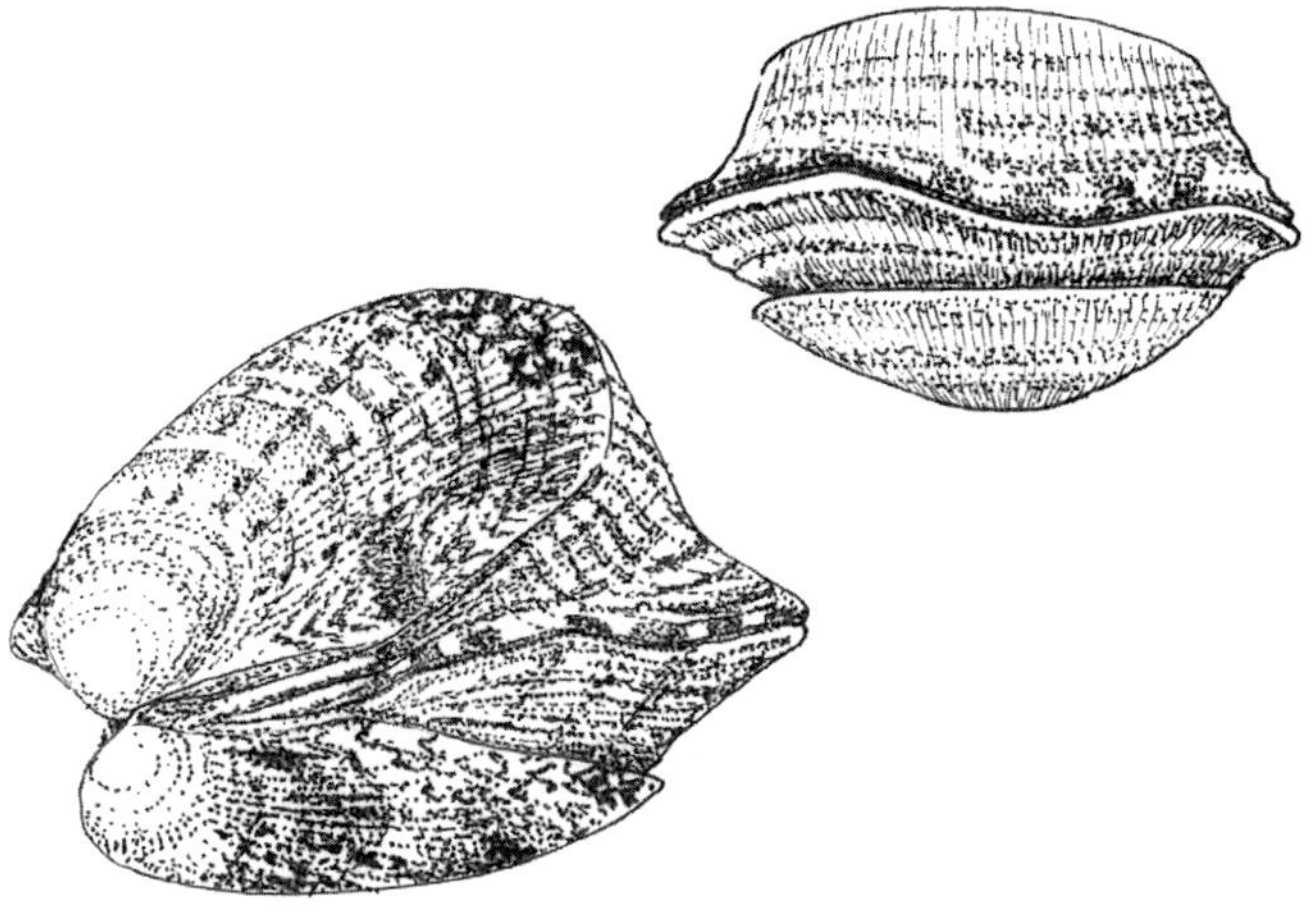

殻長25mm
殻の模様には様々な個体差がある。5月から12月までが産卵期。
摂取したプランクトンによって毒を持つことがある。

貝の身をすすりながらも色々思案する。途中までは全く正常なのだが、ある時期から成長の方向が変わってしまっており、貝殻の色や模様などの性質が一変してしまっている。まるで一軒の家を匠《たくみ》が「なんてことでしょう」と強引にリフォームしたみたいだ。数万年後、この貝が化石として出てきたとき、（まだ人類が生存していれば）調べた人は「ただならぬ環境大異変があったようだ！」と眉間にしわを寄せるに違いない。

　このアサリたちの生息環境を見てみると、水路の周辺には産廃処理場や工場、過密な住宅地や農地があり農薬や多様な化学物質が流れ込んでいることも考えられる。生活排水によって常に低酸素状態になっている可能性もある。自然を犠牲にした過剰に便利で豊かな生活の中で、我々の環境はひたひたと確実に破局に近付いていることはもはや隠しようもない。

「今はいいけど…ずるっ…このまま食い続けると、何年か先に…チュイッ…この貝と同じようにわしらの体にも異常が起こるかもしれんな…ガリッ…砂っ！」と、食卓はやや沈んだ雰囲気に包まれていった。

（だったら食わなければいいのだが）。

水たまりで見つけたアンモナイト？

９月９日、明石市北部の公園にあるビオトープ池の畔に私はしゃがみ込んでいた。残暑が厳しく、直径４mほどの浅くて小さな池の水は湯のようになっていたが、メダカやカワムツなどが元気に泳いでいた。ゲンゴロウやヤゴなどの水生昆虫はいないかと水草や水底を探していると、黒く丸いカタマリが転がっているのに気付いた。何かの植物の種子かと思ったが、それは平巻きの巻き貝であった。

淡水にすむ巻き貝といえば、カワニナやタニシのように螺旋状にとがった殻を持ったものが普通である。このように蚊取り線香状に平べったく巻いた巻き貝はあまり見たことが無い。いや、記憶の中にあった。小学校2年生の時に買ってもらった、１９７０年発行の小学館『魚貝の図鑑』に載っていたはずだ。家に帰って調べると「ヒラマキミズマイマイ」という名でやはり記載があった。それによるとヒラマキミズマイマイは殻の直径が５㎜程度で小さい。ところが公園の池で見つけたヒラマキガイは直径が15㎜もある。いろいろ調べた結果、どうやらこれはアメリカヒラマキガイという外来種であるとの結論に至った。こいつは熱帯魚などの水槽に入れるための水草に紛れて日本に持ち込まれ、各地の池や水路などに生息域を広げているらしい。外国からの外来種には天敵などがいない場合が多いため、爆発的に増えて同じ生息域にいる在来の類似の種を圧迫し、生息を脅かすことになる。ジャンボタニシことスクミリンゴガイや、ミシシッピーアカミミガメ然りである。

普通の巻き貝のように螺旋ではなく、渦巻きのように平たく巻いた殻を見て、すぐに思い浮かぶのは、7千万年前まで生きていたアンモナイトである。私は大阪の和泉山脈の麓で20年以上化石掘りをしているが、このヒラマキガイは白亜紀のゴードリセラスというアンモナイトによく似ている（アンモナイトはタコなど頭足類の仲間である）。

魚介類

ヒラマキガイの仲間

アメリカヒラマキガイと思われる

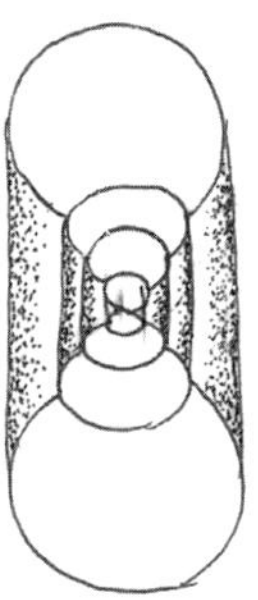

殻の断面図
円盤状に巻いている

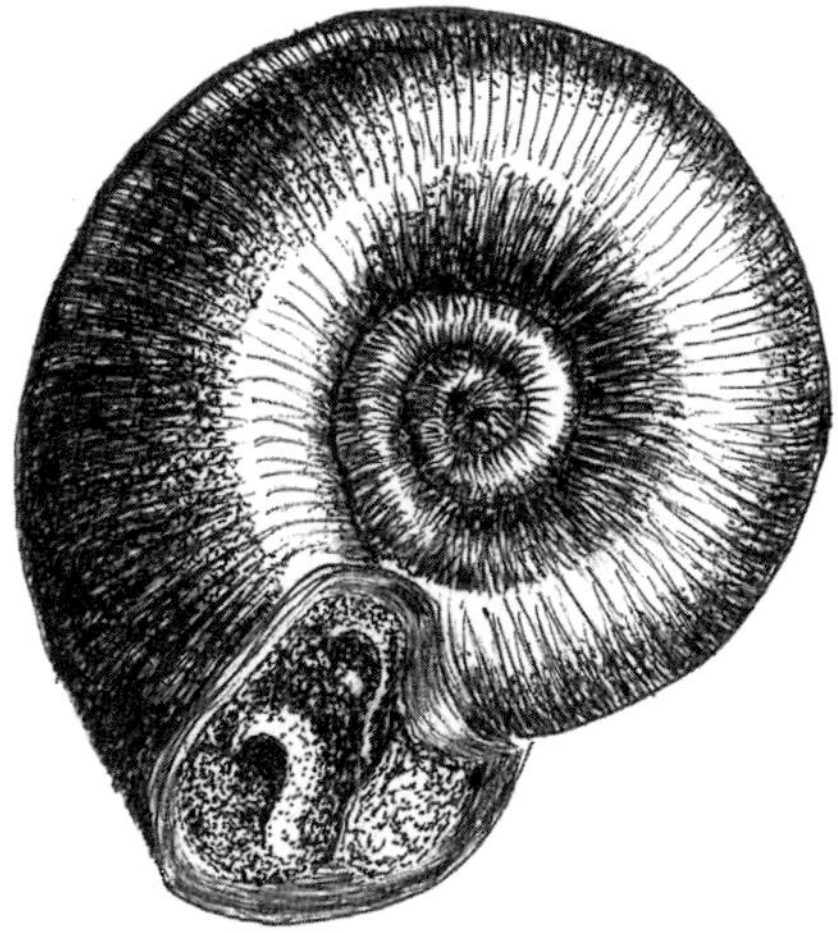

淡水産　殻径15mm

巻き貝は細長い管の中に身体を入れている。管を巻かずに真っ直ぐなままにしているツノガイというヤツもいるが、多くはこの管をグルグル巻いて小さくまとめている。その方が動き易いとか、隠れるのに都合がいいとか、強度が増すとか理由があるのだろう。では巻きの中でも、平巻きと螺旋ではどんな違いがあるのだろうか。進化の過程でそれぞれ最適な殻の形になったのだろうが、そこにはどのような環境への適応があったのだろう。

　ヒラマキガイの仲間は有肺類といい、水中に棲みながらエラではなく肺で呼吸する。時々水面で直接空気を取り入れるらしい。またタニシのように殻口にふたを持たない。この仲間は地域によっては住血吸虫という寄生虫の中間宿主となるものがあり、注意が必要である。ヒラマキガイは草食性で、水中の植物や落ち葉や藻類などを食べるようだ。9月に採取してきた個体はプラスチックの容器に水とともに入れておいたが、容器の壁に発生した緑色の藻類をなめ取って食べ、盛んにフンをしていた。餌もやらず全く世話もしなかったが、文句もいわずに4か月以上も生き続けている。飼育動物としては手がかからない優良な種だが、このしぶとさで生息域を広げていったに違いない。

淡水棲二枚貝調査報告「忍び寄る危機」

魚介類

タイワンシジミ　台湾蜆

〔科名〕シジミ科
〔学名〕*Corbicula fluminea*

1月下旬、移動性高気圧に覆われて、快晴の城跡公園は春の陽気だった。珍しい野鳥、もしくは冬越し中の昆虫、もしくは夕食用のキノコを求めて園内を探索したが、めぼしい収穫はなかった。

以前ホタルの幼虫を見つけた北部の水路を訪れ「なんかおらんかいな」と水底の落ち葉を力なく探っていると、淡水巻貝のカワニナに交じって、砂底に裏返ったシジミの殻がいくつも落ちているのに気付いた。

「シジミがおるのか?」と落ち葉の下の砂泥を探ると、シジミの小さな稚貝がたくさん見つかった。拡幅は5㎜から17㎜と様々だが、10㎜未満の小さなものが多い。色は栗色や白っぽい黄土色のものが多く、シジミといえば暗褐色や黒色というイメージとは異なる。食べるには小さすぎるが、気になるので詳しく調べるために持ち帰った。

シジミには汽水域(海水と真水が混じる河口域など)に生息するヤマトシジミと、川や池などの淡水に生息するマシジミとセタシジミがある。セタシジミ(瀬田蜆)は琵琶湖水系に分布する種である。食用に流通しているのは宍道湖などで採れるのと同じヤマトシジミである。

公園の水路は当然淡水であるから、マシジミが生息すると考えられるのだが、今回見つけたものはタイワンシジミという外来種であると思われる。タイワンシジミは中国から食用として輸出されたものが、アメリカやヨーロッパなど世界中に広がっており、日本では1985年前後に見つかったが、その後猛烈な勢いで全国に広がっているらしい。マシジミとの違いは、殻の色が薄く殻の内側の紫色の部分の様子が異なるというが、個体差も大きく判別は難しい。

マシジミやタイワンシジミの受精は特殊で、精子の遺伝子だけが遺伝する。そのためマシジミがタイワンシジミの精子を取り込んで受精すると、その子はすべてタイワンシジミになってしまうのだ。

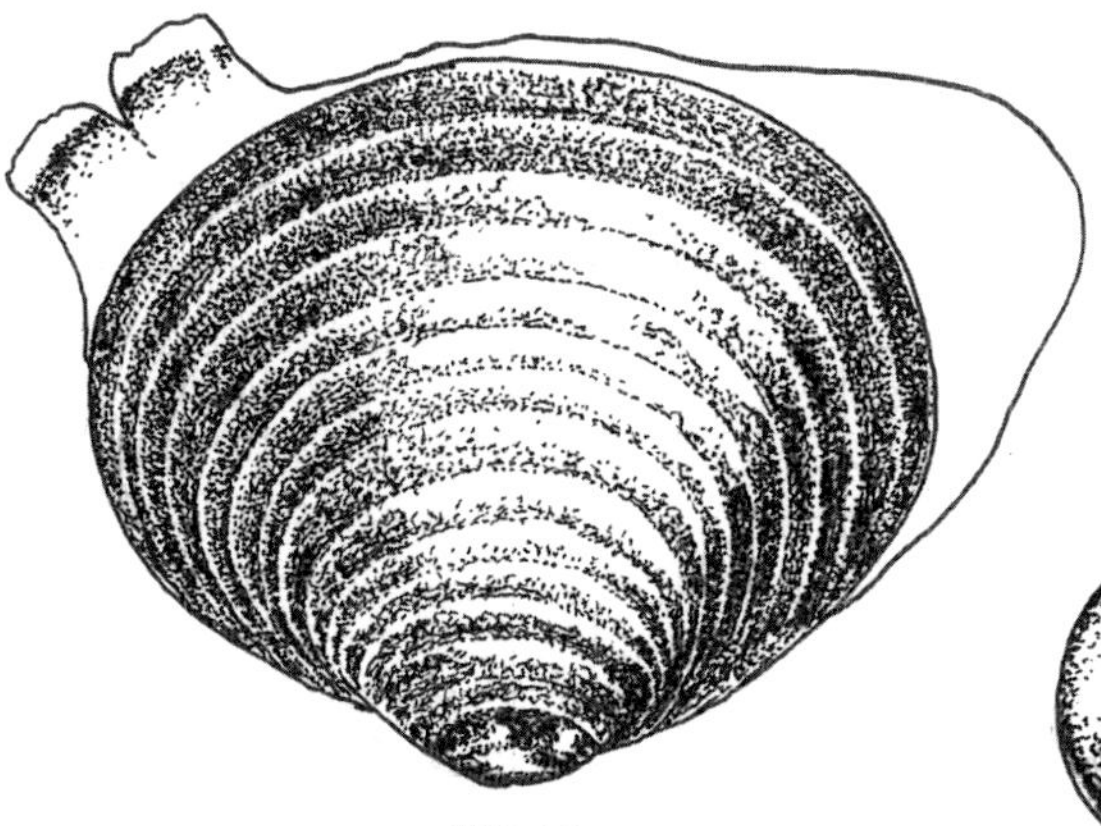
殻径 17mm

殻の内側
殻の内側は全体に濃い紫色のものと、蝶番の部分が紫色のものの2系統がある

タイワンシジミはマシジミよりも多量の精子を放出するため、マシジミの生息する水路に1匹でもタイワンシジミが侵入すると、驚くべきことに数年でマシジミはすべてタイワンシジミにかわってしまうらしい。「家の近くの溝でシジミがたくさん見つかった！　自然環境が回復した」と喜んではいけない。それはタイワンシジミである可能性が高いのだ。家の近所の溝にもシジミが棲んでいるが、これもタイワンシジミである可能性が高い。

ブラックバスやミシシッピーアカミミガメなど、他の外来種と同じように、タイワンシジミも特異な繁殖力で増殖し、その水系の他の生物の生存を脅かし、正常な環境を破壊する恐るべき生物である。日本の小さなせせらぎや池や沼では今大変なことが進行している。

ホタル幼虫の好物
カワニナ

アリストテレスのちょうちん

魚介類

バフンウニ　馬糞雲丹

〔科名〕オオバフンウニ科
〔学名〕*Hemicentrotus pulcherrimus*

1月初旬、姫路市東部の海岸において漂着物の観察を行った。ポケットに手を入れ、首をすくめて猫背になり、黙って波打ち際をトボトボ歩く姿は「苦しいことがあっても、命を大切に。いつか良いこともありますよ」と見かけた人が声をかけたくなるかもしれないが、寒い中で波打ち際に帯状に続く漂着物の観察をすると、自然とこのようなスタイルになるのだ。

やがて打ち上げられた海藻の中にウニの殻を見つけた。波に洗われてトゲはすっかり無くなり、石灰質の殻だけになっており、殻の底の部分にぽっかり穴があいている。この穴はウニの口なのだが、この穴に白い口器が残っているものが見つかった。ウニは磯の岩礁の上に口を押し当てるようにして、そこに生えている藻類を齧って食べている。そのため結構鋭い硬い歯を持っている。5本の爪のような白い歯が口器に収まっていて、ガブリッと海藻を食いちぎるのだ。

この口器をアリストテレスのランタン（提灯《ちょうちん》）という。このことは図鑑などによく載っているが、「なぜウニの口がアリストテレスのちょうちんなんだ！」と言いたくなる。アリストテレスはギリシャの哲学者（紀元前384〜322）である。プラトンの弟子にして、アレキサンダー大王の家庭教師という、なんともスケールの大きな男である。自然科学の分野において天文、気象、動植物などに広く論述が残っている。彼が動物学の研究中、地中海のレスボス島で海棲動物を調べていてウニの口器を発見し、これをランタン（提灯）に例えたことから「アリストテレスのランタン（提灯）」といわれるようになったらしい。

ちなみにウニの肛門は口の反対側、つまり頭のてっぺんにある。そのためそこから出したフンは、火山の溶岩のようにぼろぼろと棘の間をこぼれ落ちていくことになる。ちょっとつらい状況だ。肛門はオリンポスの噴火口とでも名付けたらどうだろうか。見かけはパッとしないウニだが、偉い人に見つけてもらったお

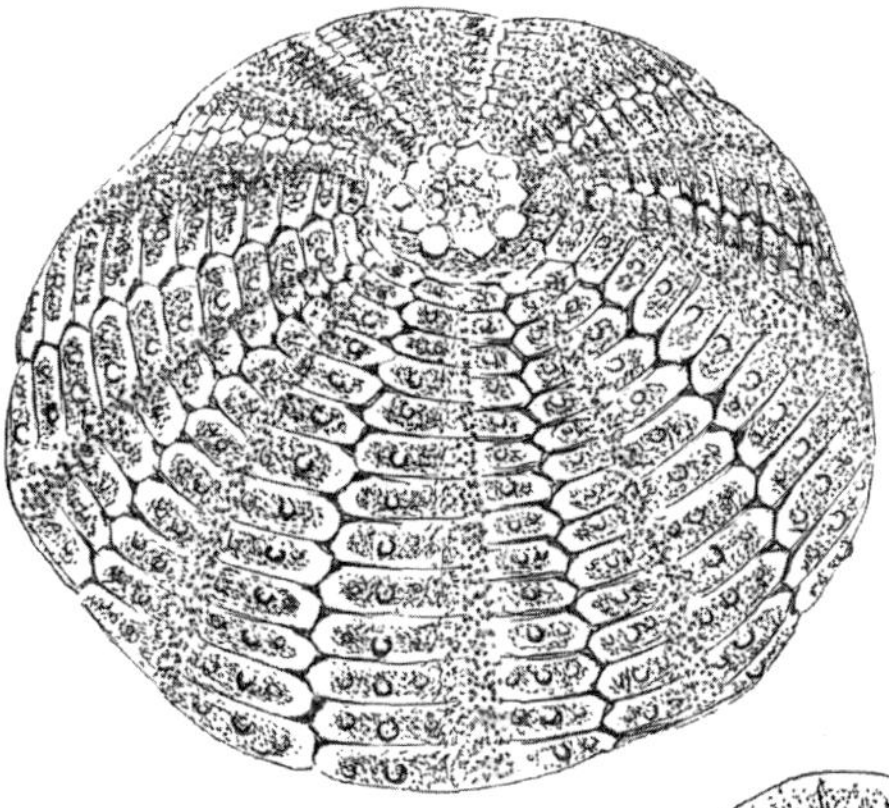

ウニの殻（バフンウニか？）
棘はなくなっている
頂上部に肛門がある
直径40mm

これがアリストテレスのちょうちん
（ウニの口器）　高さ11mm

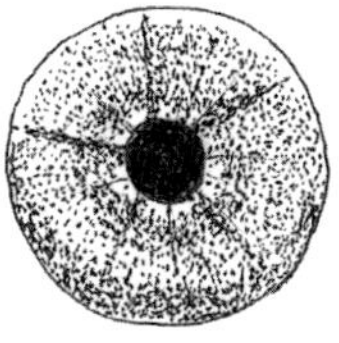

殻の底面
中央の穴に口器が収まる

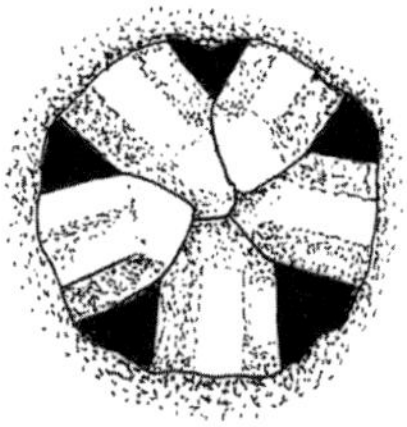

底部の穴の中の口器
5本の歯がある

かげでちょっと自慢できそうである。「なんといってもオレの口はアリストテレスのランタンなんだからな、その辺のヒトデ野郎とは、ちょっと格が違うのよ」というかもしれない。

ウニとヒトデは、実は同じ棘皮《きょくひ》動物に属する仲間である。ヒトデは5本の腕を持つ「5放射相称」という身体のつくりをしている。ウニはトゲだらけの栗のイガみたいで、とてもヒトデとの共通点を見いだせそうにない。しかしトゲが無くなったウニの殻を見ると、表面にはきっちり5本の星形の模様があり、同じく「5放射相称」であることがわかる（口器の歯も5本だ）。ウニは殻のイボの上に生えているトゲを動かして海底を歩く。棘は身を守ると共に足でもあるのだ。またトゲの間からは管足と呼ばれる軟質の触手のようなものが出てくる。殻についている5本の模様は、このトゲと管足が付着するイボの部分が交互に並んでいる模様なのである。この浜にはバフンウニの他、ウニの仲間のブンブクチャガマの殻もよく見つかる。

ウニの英名はSea Urchinという。urchinは「いたずら小僧」または「ハリネズミ」という意味がある。ハリネズミはピッタリだが、坊主頭のいたずら小僧というのもうなずける。

冬の瀬戸内海岸生物調査

12月30日、私及び息子2名は姫路市東部の海岸をさまよっていた。前日、雪を伴った冬型の強い季節風が吹いたので、浜に打ち上げられているに違いない海の生物を調査するのが目的だが、実際は「晩飯用にタダでナマコを手に入れよう」という実利的な活動であった。しかし血マナコでナマコを探したが見つからなかったので、しかたなく本来の目的の生物調査を行う。

　転がっている石をひっくり返すと、おびただしい数のヒライソガニが見つかったが、赤穂で見つけたイソガニダマシはいなかった。息子2号が石の下で、甲羅の幅が7㎝もあるうまそうなイシガニを見つけたので迷わず夕食用に持ち帰る。石の裏にはヒラムシの仲間が見つかった。体長4㎝ほどのオオツノヒラムシと思われる。ヒラムシは見たところ踏みつぶされて黒くなって道に張り付いたガムのようだが、体表面の繊毛を使って石の上を滑るように這い、思いのほか素早く移動する妖しい生き物である。こいつは扁形動物門渦《うず》虫《むし》類、つまりプラナリアの仲間なのである。時たま学校の花壇や公園の雑木林で見つけるミスジコウガイヒルなどは陸生の渦虫類である。

　そのほか海岸の岩にはたくさんのイソギンチャクが張り付いていた。岩の上に張り付いた小さいものは、深緑にオレンジの縦縞のあるタテジマイソギンチャク。岩の隙間について菊の花のように大きく触手を広げているのはヨロイイソギンチャクのようだった。持っていた根掘りでなんとか岩からこそげ取って持ち帰った。今回は観察のためだが、九州にはこれを食べる地方があるはずだ。いつか食ってみよう。

　持ち帰ったヨロイイソギンチャクは海水を満たした容器の中で、ころりんと横になっていたが、翌朝には容器の底に固着して優雅に触手を広げていた。触手はくすんだ昆布色だが、体壁は緑青《ろくしょう》のような鮮やかな色でたくさんのイボが並んでいる。触手をピンセットで

魚介類

ヨロイイソギンチャク　鎧磯巾着

〔科名〕ウメボシイソギンチャク科
〔学名〕*Anthopleura uchidai*

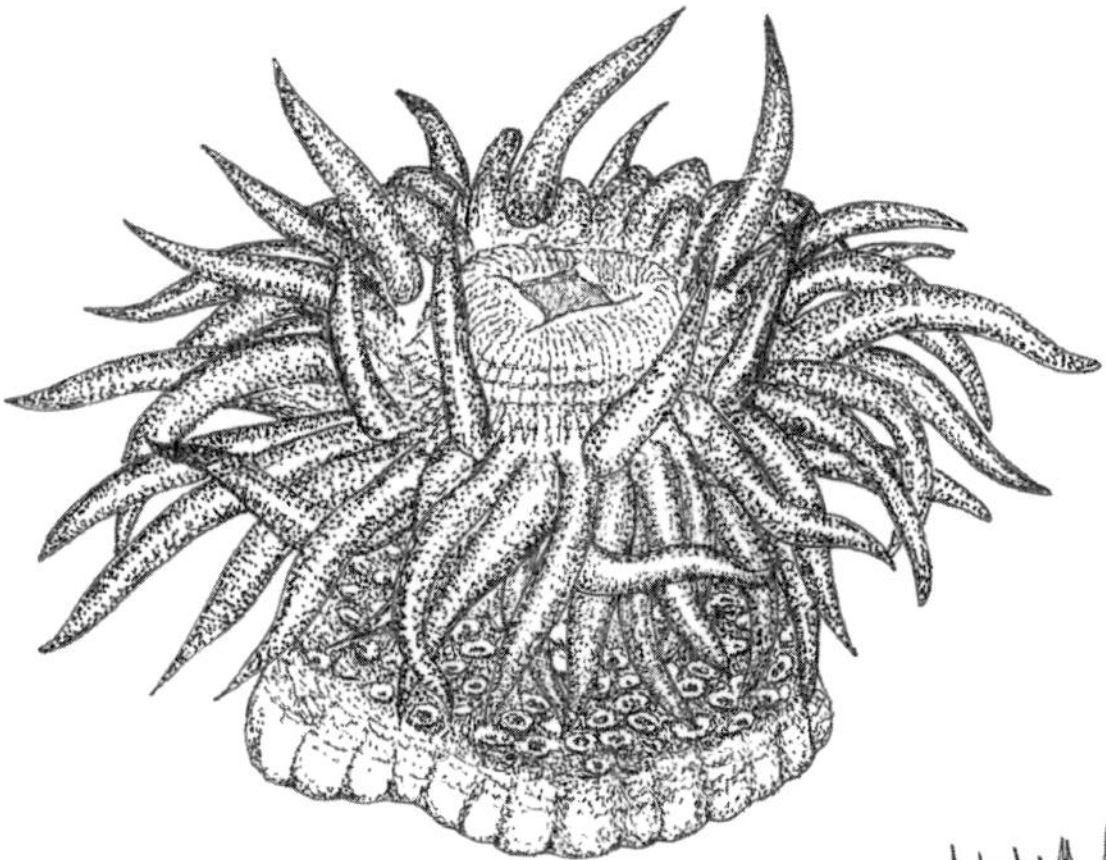

ヨロイイソギンチャク
触手環の直径50mm

ヨロイイソギンチャクの
粘液中の刺胞（600倍）

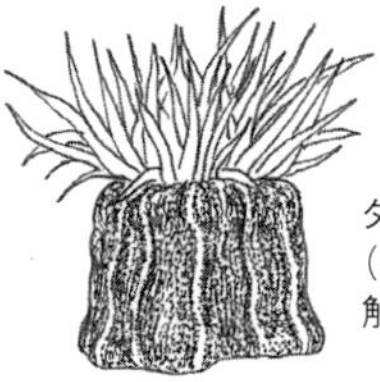

タテジマイソギンチャク
（タテジマイソギンチャク科）
触手環の直径10mm

刺激すると、透明な粘液がからみついたので、押し入れの奥からオリンパスの顕微鏡をとりだしてその粘液を観察してみた。すると刺胞らしき細長い半透明の物体が多数見られた。そこから出ている糸状のものは刺《し》糸《し》だと思われる。

　イソギンチャクやクラゲは刺胞動物と呼ばれるが、この毒針を発射して獲物を捕らえるのだ。クラゲの中には人間でさえも危険なほど強い刺胞を持つものもいるが、イソギンチャクではそんな話はあまり聞かない。もし海にヒトを触手で絡め取ってしまう、2mもあるような猛毒イソギンチャクがいたら恐ろしいが…。

　イソギンチャクやクラゲは腔腸動物の仲間であるから、口と肛門が同じで、消化管は袋状になっているのが特徴である。口から食物を取り入れ、不消化物はやはり口から排泄するのである。人間がもしこうなっていたら、生きているのがいやになると思われる。我々はトンネルちくわ型一方通行方式採用でつくづく良かったと思う。

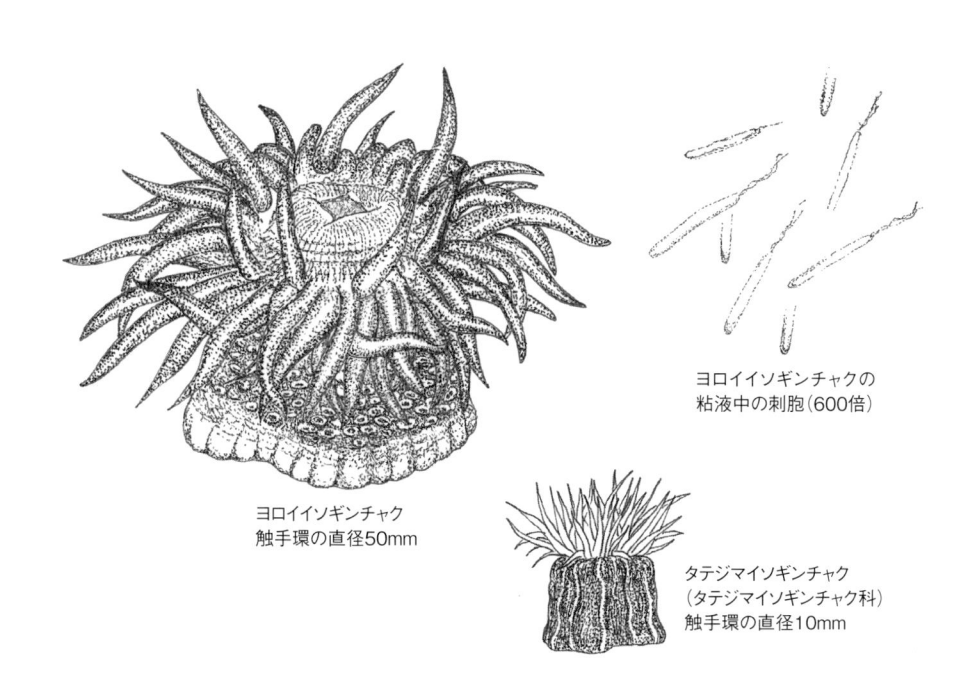

人のご先祖解剖に挑む

元日の午後、姫路市東部の海岸へ漂着物の観察に出かけた。潮間帯の生物調査を表向きの目的としているのだが、西風が強く波が高いので、ナマコの2、3匹でも打ち上げられていれば晩飯に…が本音である。砂浜には分厚くアオサが打ち上げられていた。干からびて時間が経ったものは白くなっている。これほど多量のアオサを、畑の肥料にでも使えればと思うのだが、塩分が多くて難しいだろう。お好み焼きにかけるには多すぎる。

アオサの絨毯の中に白いホヤがいくつも見つかった。この海岸では普通に見られるシロボヤだと思われる。ホヤというのはイソギンチャクのように海底に固着し、2つの穴で海水を循環させて、プランクトンを濾しとり捕食する動物である。日本ではオレンジ色のマボヤが食用にされ、東北地方では養殖もされている。シロボヤも食えなくはないだろうが、とりあえず持ち帰って解剖してみることにする。

魚介類

シロボヤ　白海鞘

〔科名〕シロボヤ科
〔学名〕*Styela plicata*

ホヤは原索動物の仲間で、無脊椎動物が進化して背骨を持つようになる移行期の動物であると考えられている。「こんな出来損ないの壺のようなヤツがどうしてセキツイ動物の祖先なんだ！」と思うが、こいつの受精卵は分裂を初めて36時間後の発生初期には、オタマジャクシのような形の尾を持った幼生になり、魚のように泳ぎ回る、ということを知ると納得できる。この時期には背骨のような脊索や神経管が見られる。脊椎動物では脊索《せきさく》の周囲に脊椎が作られ、神経管は脊髄や脳になる。

ホヤの場合、幼生の頭部にある小さな眼点で光を避けて岩陰などに固着すると、どんどん尾の部分が吸収されて無くなり脊索も失われる。

その後も変態は続き、最後には不気味な壺型になってしまう。構造は茶こしネットを付けたティーポットに似ている。ふたを取って湯を注ぐ部分が入水孔で、その先は大きな袋状の鰓嚢《さいのう》になっている。ここに生え

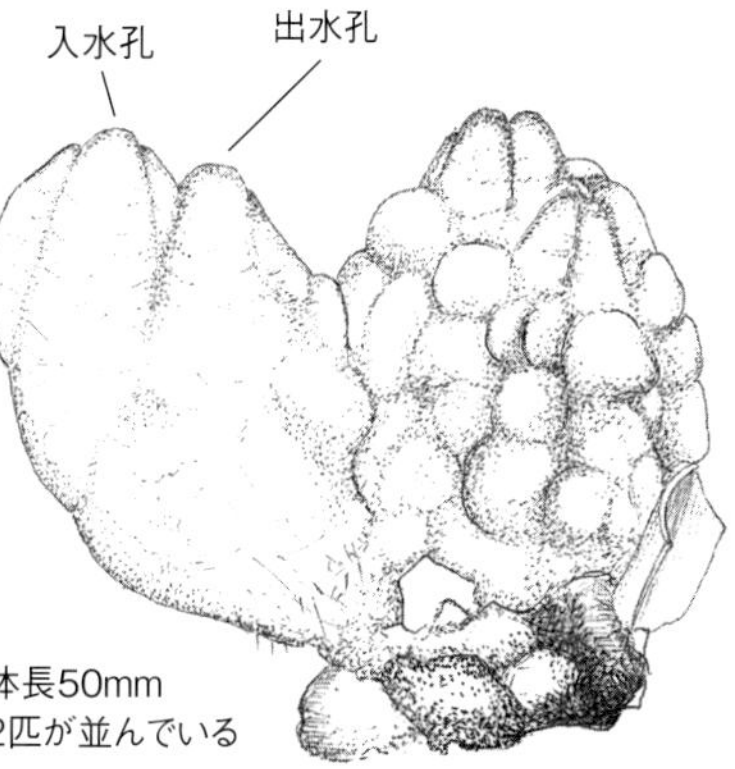

体長50mm
2匹が並んでいる

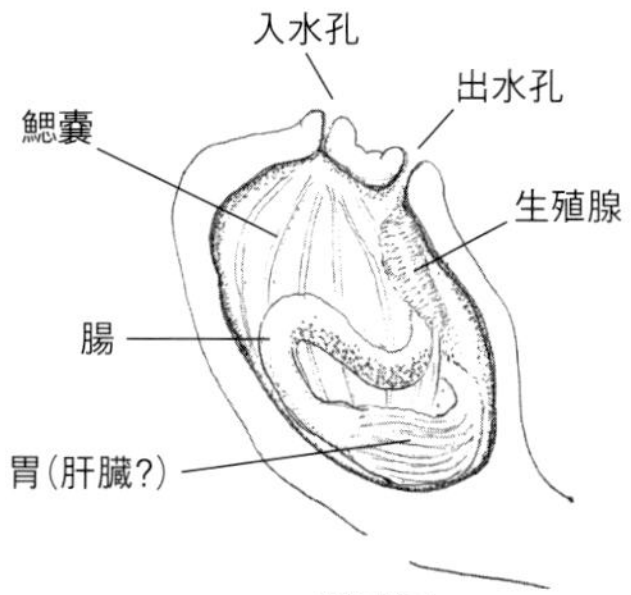

断面図

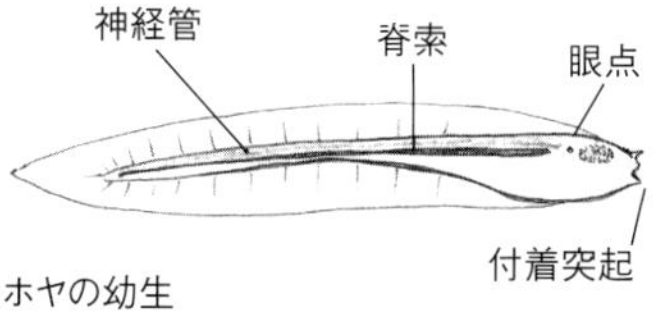

ホヤの幼生
魚類に似ている。この後、岩に固着し変態する。

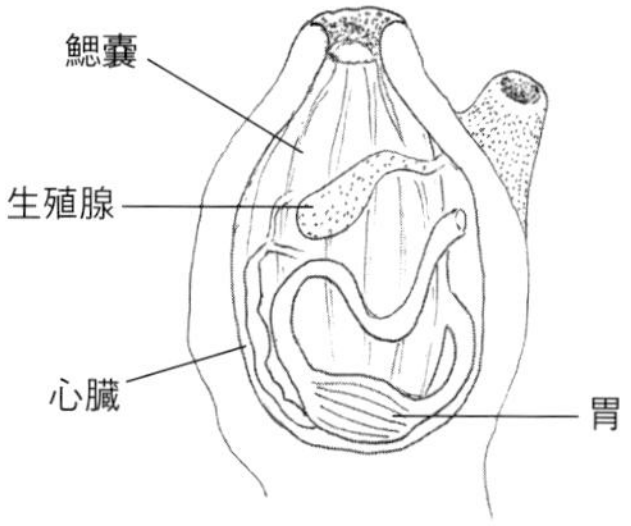

模式図

た繊毛が水流を起こし海水を吸い込む。茶こしネットに当たる鰓嚢でプランクトンをこし取ってそれを消化管に送り消化する。海水はもう一方の穴である出水孔から消化し終えた排泄物と共に外へ排出する。これはポットの注ぎ口にあたる。

イソギンチャクも海底に固着して、触手で獲物を捕獲し口から飲み込む。そして袋状の消化管（管になっていないが）で消化したのち、不消化物は同じ口から排泄する。ホヤと似た生活スタイルに見えるが、これは腔腸動物といい、クラゲなどが仲間である。もちろん脊椎動物との類縁はない。ホヤは我々脊椎動物と同じように消化管は口と肛門をつなぐ一本の管になっており、心臓や血管も持っている。

ホヤは泳ぎ回れる幼生の時期を持ちながら、どうして動物らしい生き方を止めて海底への固着生活を選んだのだろうか。同じ原索動物の仲間のナメクジウオは、海底の砂の中に住むが、この幼生の時期の形のままで砂に潜ったり水中を泳ぎまわったりして一生を送り、ホヤのような固着生活はしない。

淡路島東方沖海洋生物調査・採集顛末記

兵庫県生物学会の高校生物部会から「ナメクジウオの採集調査に行かないか」というメールが届いた。ナメクジなら植木鉢の裏に「どうして？」というぐらいたくさんいるのでわざわざ採集調査などは行わない。ではナメクジウオとはいったい何者なのか？

これは背骨の原形のような脊索《せきさく》を生物の歴史上で初めて持った動物で原索動物と呼ばれる。ウオというが魚類でない。しかし海に棲んでおり、われわれ脊椎動物の古い祖先だと考えられている。大学で生物学の授業で使った、古生物学者・井尻正二著『ヒトの直系』という本にナメクジウオがスケッチと共に載っていた。いつかこの生物に出会いたいと思ったが、どこに行けば見つかるのかわからず、かといって調べることもせず、「いつかはナメクジウオ」と思いつつ今日に至った。

8月1日、私は淡路島にある神戸大学内海域環境教育研究センターに行き、岩屋港から大学の調査船「おのころ」に乗り込んだ。

魚介類

ナメクジウオ　蛞蝓魚

〔科名〕ナメクジウオ科

〔学名〕*Branchiostoma belcheri*

調査船といっても、海洋学者ジャック・クストーの「カリプソ号」や、ダーウィンの「ビーグル号」をイメージしてはいけない。「おのころ」はヤンマー「とびうお」のような小型漁船なのであった。船長にこの船の排水量と出力を尋ねると「本船は580馬力9・5tである」と簡潔な解答があった。

神戸大学理学部の調査船「おのころ」

我々調査隊は淡路島東部の沖合で、ドレッジという「かぎ爪」のたくさんついた器具を海底に沈めた。これを船で引っ張って海底の砂に潜っているナメクジウオを採取するのである。水深4mの海底を1分ほど探って、ウインチでドレッジを巻き上げた。海水を

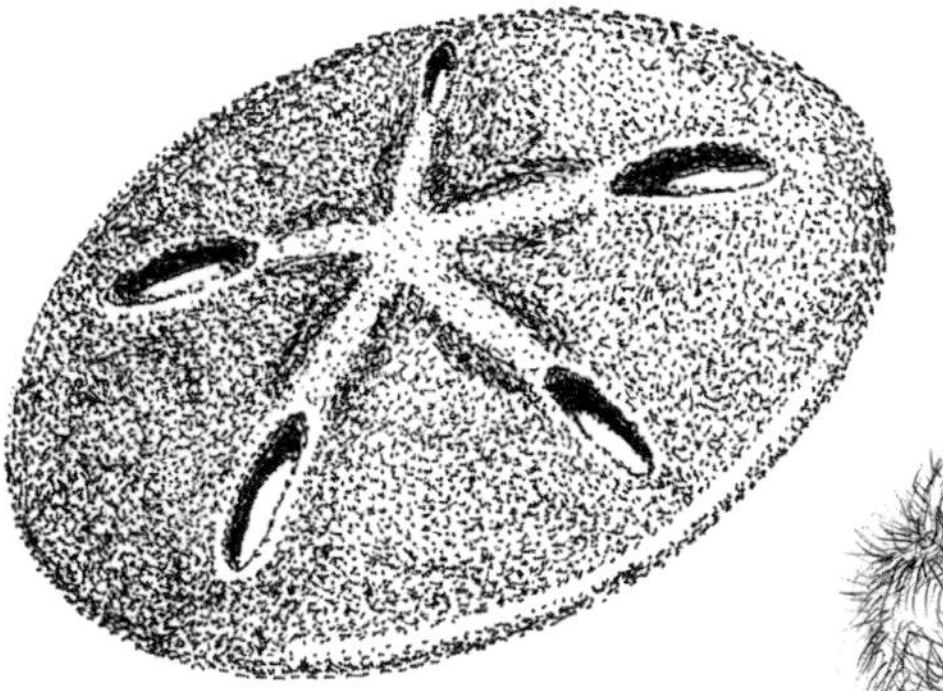

スカシカシパン　直径14cm

ブンブクチャガマ 殻長径5cm

入れたコンテナにドレッジの中身をあけると、砂と共に十数匹の細長い魚が入っている。「おおっ、早くもナメクジウオ大漁!!」。見守る我々は歓声を上げた。しかしそれは釘煮でおなじみのイカナゴの若魚であった。イカナゴもナメクジウオと同じく海底の砂の中に潜っているのだ。

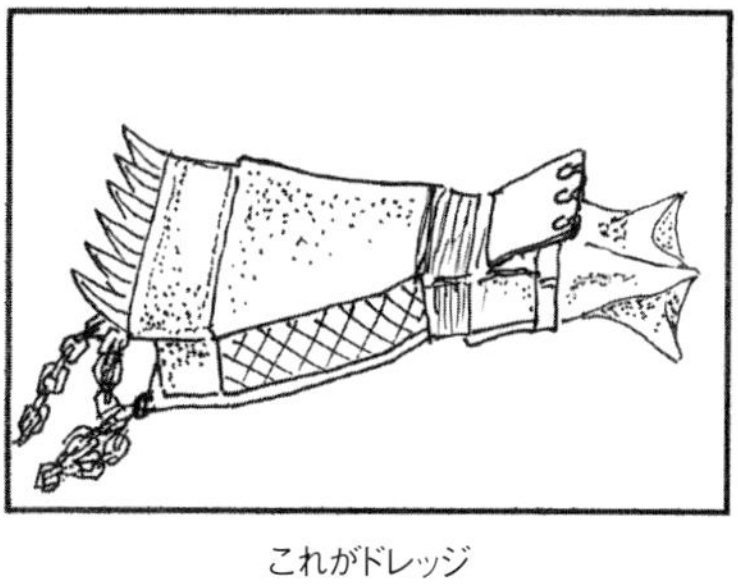

これがドレッジ

　コンテナの中を探ると、直径15cmほどもある丸い褐色の円盤が出てきた。これはウニの仲間でスカシカシパンという、いささか軽薄な名前の生き物である。昔の土器か何かのように見えるが、表面の細かい棘がぞわわわっと動いており、生きていることがわかる。

　次には小さな薄ピンクのハリネズミのようなものが出てきた。「おおっこいつは!!」。私は体をコンテナの上に乗り出した。もちろん海底にネズミはいない。これもウニの仲間でブンブクチャガマというふざけた名前の生き物である。やはり細く長い棘をサワサワと動かしている。死んで棘がすべて取れてしまった殻はよく姫路の大塩海岸で拾うが、生きているブンブクに出会ったのは初めてであったので興奮した。

さて海底から引き上げてきたドレッジの中身をコンテナに移し、砂を海水と共にかき混ぜて探るという単調な作業を繰り返していると、幾度目かに、どちらが頭なのかわからない4〜5㎝ぐらいの細長い魚が砂の上をひらひら泳いでいるのを見つけた。

「おっ、いたいた。ナメクジウオです。2匹います」。砂をかき混ぜていた県立高校の生物の先生が言った。「こいつがナメクジウオか…」。図鑑や本でスケッチを見た感じでは、おそらく体表の繊毛などを動かしてゆっくり海底近くを浮遊しているのかと思ったが、全身をウナギやヒルのようにくねらせて素早く泳いでいた。この日は2カ所で合計10回ほどドレッジを投入し、合計24匹のナメクジウオが採取できた。大きなものは5㎝ぐらい、小さなものは1・5㎝ほどでチリメンジャコ並である。

ナメクジウオは、西日本沿岸の、砂の堆積した浅い海底に生息している。全体に身体は透明で、エラや消化管や黄色っぽい卵巣、そして薄いピンク色の筋節などが透けて見えている。身体の先端に口があるが、アゴなどはなく、海水と共に植物プランクトンなどを取り入れる穴にすぎない。泳いでいる姿はウナギのようであるが、目はもちろん、頭部というものが無いため、これが我々脊椎動物の祖先といわれても違和感がある。我々の身体も母親の胎内で受精卵から発生していく過程で、脊索という脊椎の基になる部分ができる時期がある。ナメクジウオはまさに背骨ができつつある状態までで進化を止め、そのままの姿で今に生き残っている生物である。

ナメクジウオと同じ原索動物の仲間にホヤがいる。こちらも幼生期には脊索を持ち、オタマジャクシのような身体で泳ぎ回ることもできる。この時期の生態はナメクジウオに似ている。違うのは、やがて岩などに固着してツボのような形になり、もはや移動することはなくなり脊索が消えてしまうという点である。これはもはやどう見ても脊椎動物の祖先には見えない。言い換えれば、ナメクジウオというのは成長しても岩に固着せず、海底を徘徊することを選んだホヤといえるかも知れない。

採取したナメクジウオ（2匹）はホルマリン液に漬けられて、私の机の上で標本ビンの中に横たわっているので、時々このご先祖様に手を合わせ、遥かな進化の時に思いをはせている。

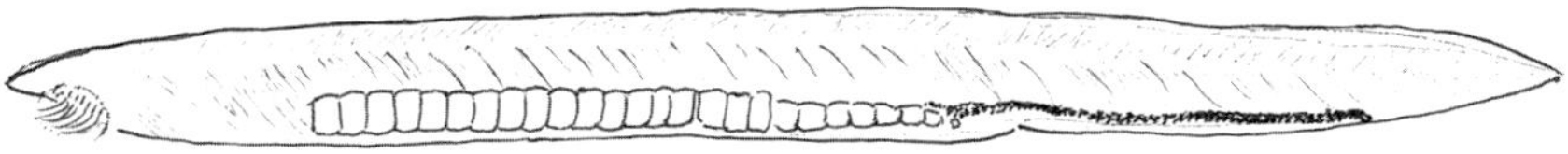

ナメクジウオ（原索動物）　体長45mm　雌雄異体
日本近海では激減しているが中国ではこれを食する地域もあるらしい

ナメクジウオ体内形態図

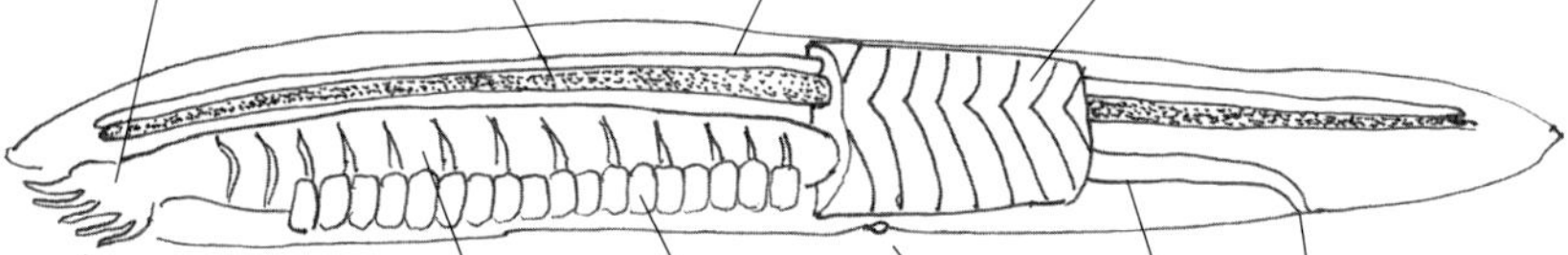

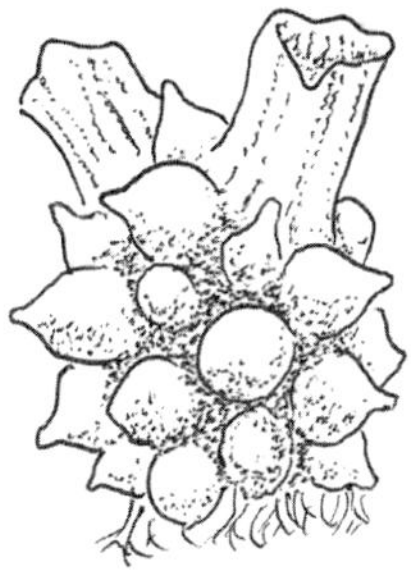

ホヤ（原索動物）

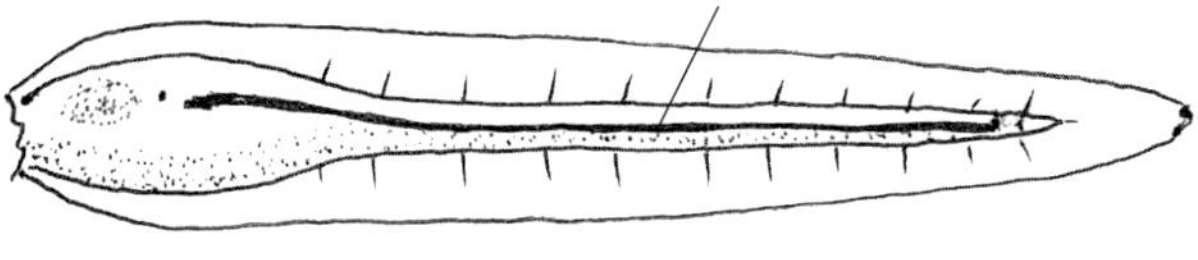

ホヤの幼生期

話を調査船おのころに戻す。

「では、次に海のプランクトンを採集します」ということで、我々は調査場所をもう少し水深の深いところに移動した。水深20ｍの海底にプランクトンネットを沈め、そのまま水面まで垂直に引き上げて、水底から水面までの浮遊生物の採集を行った。何もいないように見える海水だったが、引き上げられたプランクトンネットの先端のガラスの容器に溜まった海水には、薄い褐色に色付いて見えるほどナニモノカが入っている。そのほとんどが小さな植物、動物プランクトンである。赤潮というのは、この容器の中のようにプランクトンが大発生し高密度に集まった状態で、海水が赤く染まって見えるのである。

何回か採集を繰り返し、得られた試料を持って実習センターに戻った。センターの実習室の高性能双眼実体顕微鏡で観察すると、ケイソウ、錨の形をしたケラチウム、甲殻類の幼生、夜光虫等が見られた。植物プランクトンの表面には、さらに小さなたくさんのツリガネムシが付いていて、盛んに屈伸運動を行っている。顕微鏡の視野の中で不思議な微生物が、夜空の星のように散らばり動いている。私が知ろうと知るまいと、美しい小さな生物たちが無数に生きている。たった一滴の海水中にも、我々が意識を持つようになるはるか数億年も前から…。

こんなちっぽけな生き物に何か意味があるのか？と思ったが、それは人間も同じである。人間も生きる意味を探しながら生きている。しかし意味があるかどうかというよりも、生き物は命が尽きるまで生きるのである。自然の一部として存在し、その必然として食ったり食われたりしながらそれぞれのスタイルで進化していくのである。

１９７０年代には生活排水や工場排水で瀬戸内海はもっと汚れていた。近年、下水道の普及や工場排水の規制などが進み、やや水質は改善したようだ。しかし海面を漂うゴミの多さにはあきれるばかりである。大量生産と大量消費で成り立つ社会は多量のゴミを産みだす。それは我々のモラルの低下により無秩序に捨てられ、川に流れ込み海に集まる。海面を漂うペットボトルやビニール袋は誰のせいでもない、我々の生活から出たゴミである。

我々は微量であっても漏れ出る放射能を恐れる。放射能の危険さからいって当然のことである。しかし一方でゴミを加速度的に増やし続け、放出していることに対して寛容過ぎはしないだろうか…。

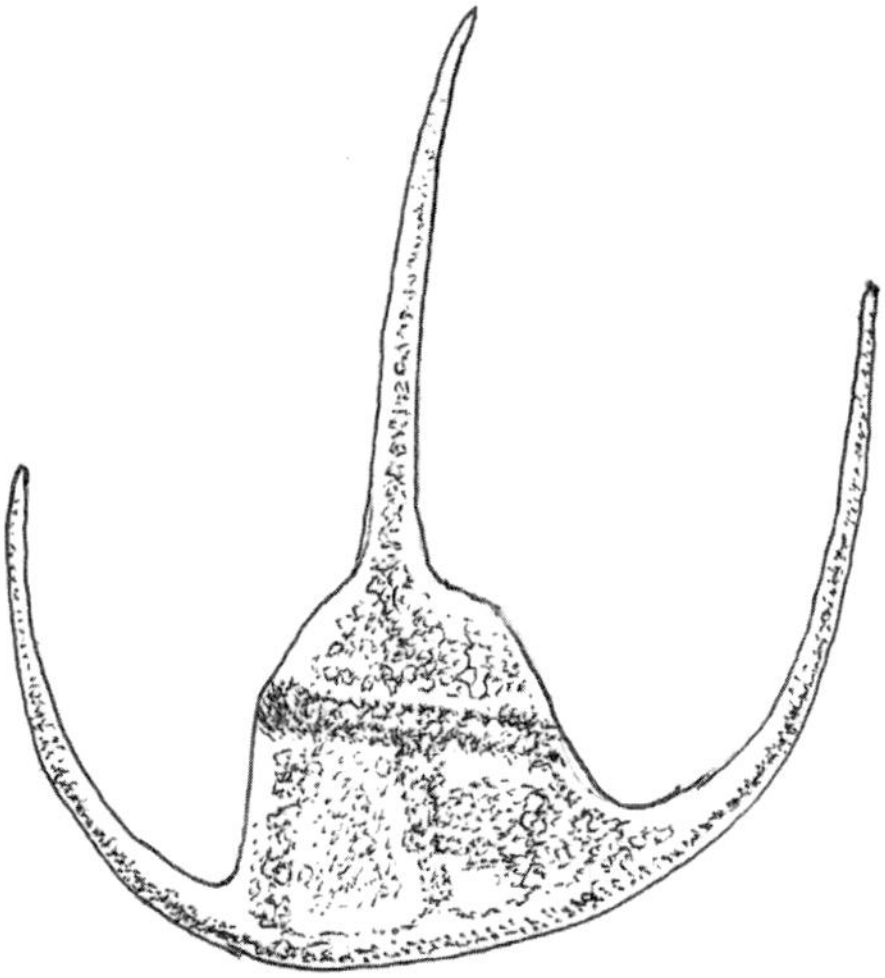

ケラチウム（ウミツノウズオビムシ）
渦鞭毛藻類　100μm
植物プランクトンだが、鞭毛を持っていて泳ぐ

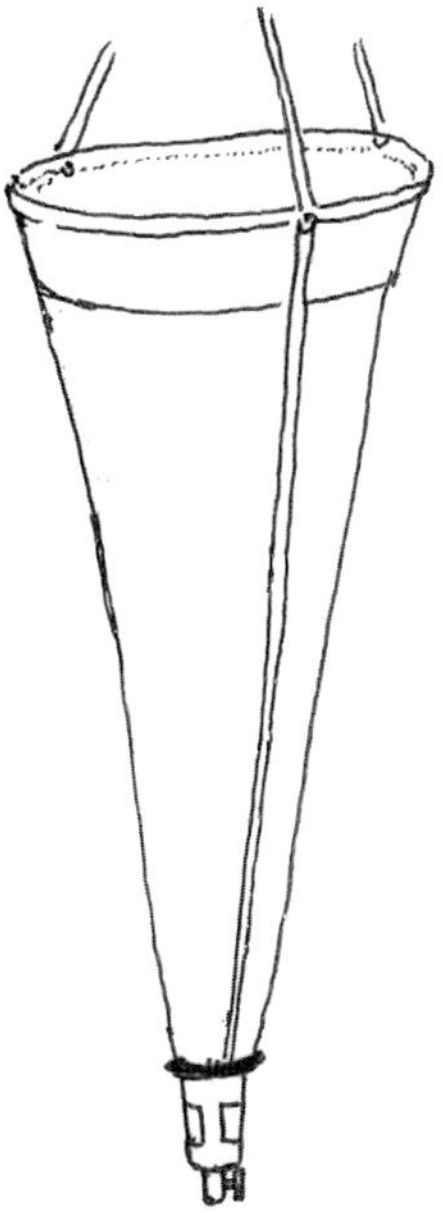

プランクトンネット

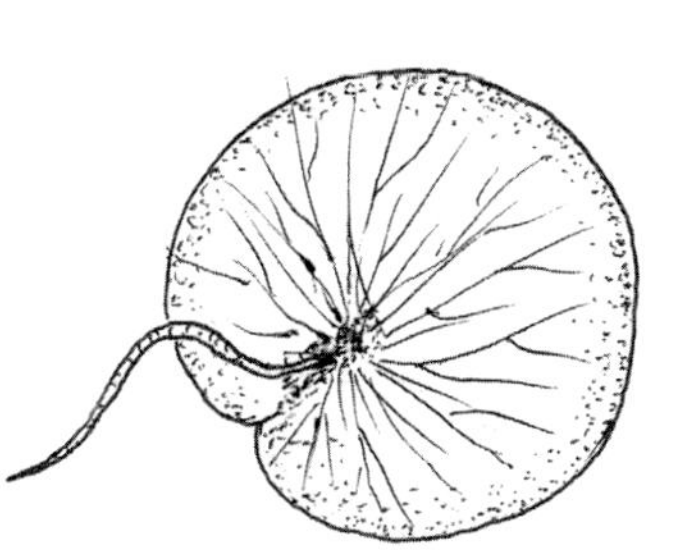

ヤコウチュウ（夜光虫）
40μm　発光する
多量に発生すると赤潮になる

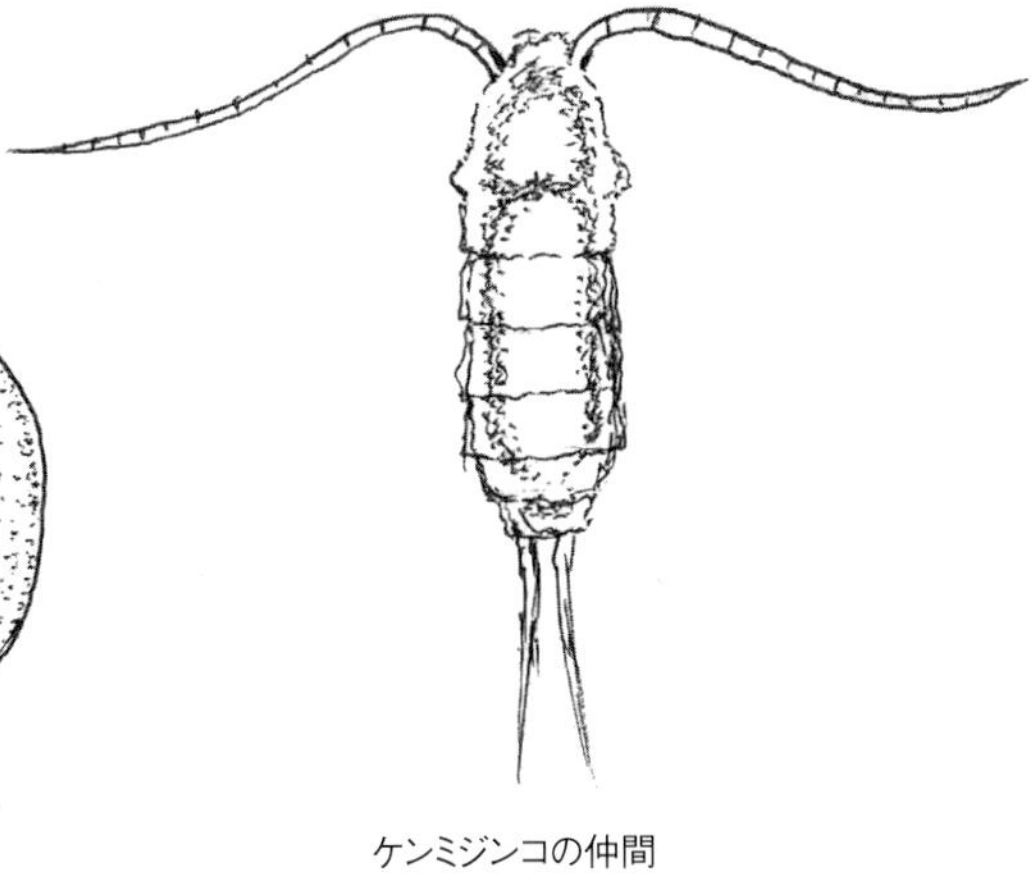

ケンミジンコの仲間
パラカラヌス 40μm

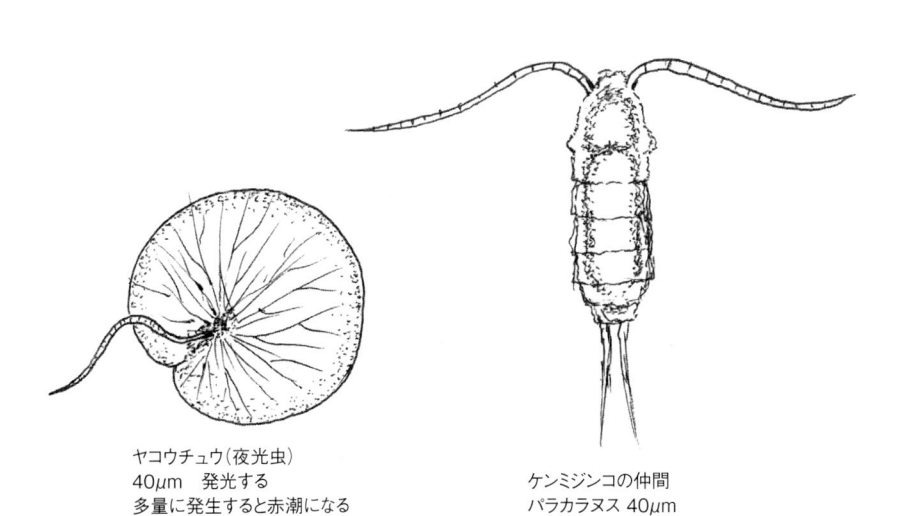

計算された偽りの葬儀
～全身骨格標本製作プロジェクト～

爬虫類

スッポン　鼈

〔科名〕スッポン科
〔学名〕*Pelodiscus sinensis*

我が家には現在飼育している生物はいないが、2012年の11月までスッポンを飼っていた。これは2007年に当時勤めていた中学校の生徒が理科室に持ってきたもので、体長5cm程の子どもだった。理科室で飼育していたが、スッポンには理科室の夏場の高温は耐えられないと考えて、夏休みに自宅に持ち帰った。そして結局そのまま家で飼い続けることになったのだ。

以来5年近く、エサは冷凍イトミミズのみで、暑さ寒さに耐え、スッポンは体長20cm近くに成長した。初めは「どのぐらいの大きさになったら鍋にしようかなぁ」などと家族に話していたが、小太郎と名付けて飼ううちに徐々に愛着も深まって、いつしか「食うのは無理」となった。そんな中、11月3日の朝、小太郎は死んでしまった。水槽の水面に四肢を垂れて浮かんでいたのである。原因は不明だが、ひょうきんで癒しを与えてくれたのにかわいそうなことをしたと思い、庭の隅の小さな畑の土に埋めてやった。

それからほぼ1年が過ぎた10月末の午後、私はスコップを持って小太郎の墓の前に立っていた。「もうそろそろいいだろう……」。私は注意深く土を掘っていった。やがて褐色の小さな骨が出てきた。小太郎は完全に骨になっていた。

スッポンの全身骨格標本製作プロジェクトは小太郎が死んだその日から始まっていた。以前製作したアオサギの骨格標本に続いて、スッポンの骨格標本を製作すべく小太郎は計画的に埋葬されたのである。

ゴビ砂漠の恐竜化石発掘隊の気分で畑を掘り進めることとしばし、やがて頭骨、脊椎、大腿骨など見つかったが、甲羅の骨質板や肋骨らしき薄い骨はボロボロになっていた。酸性度が強くいつも湿っている畑の土のせいで、一部が溶けてしまったようだ。

掘り出したすべての骨を水洗いして乾かしてみたが、とても組み立てることは出来そうになかった。無

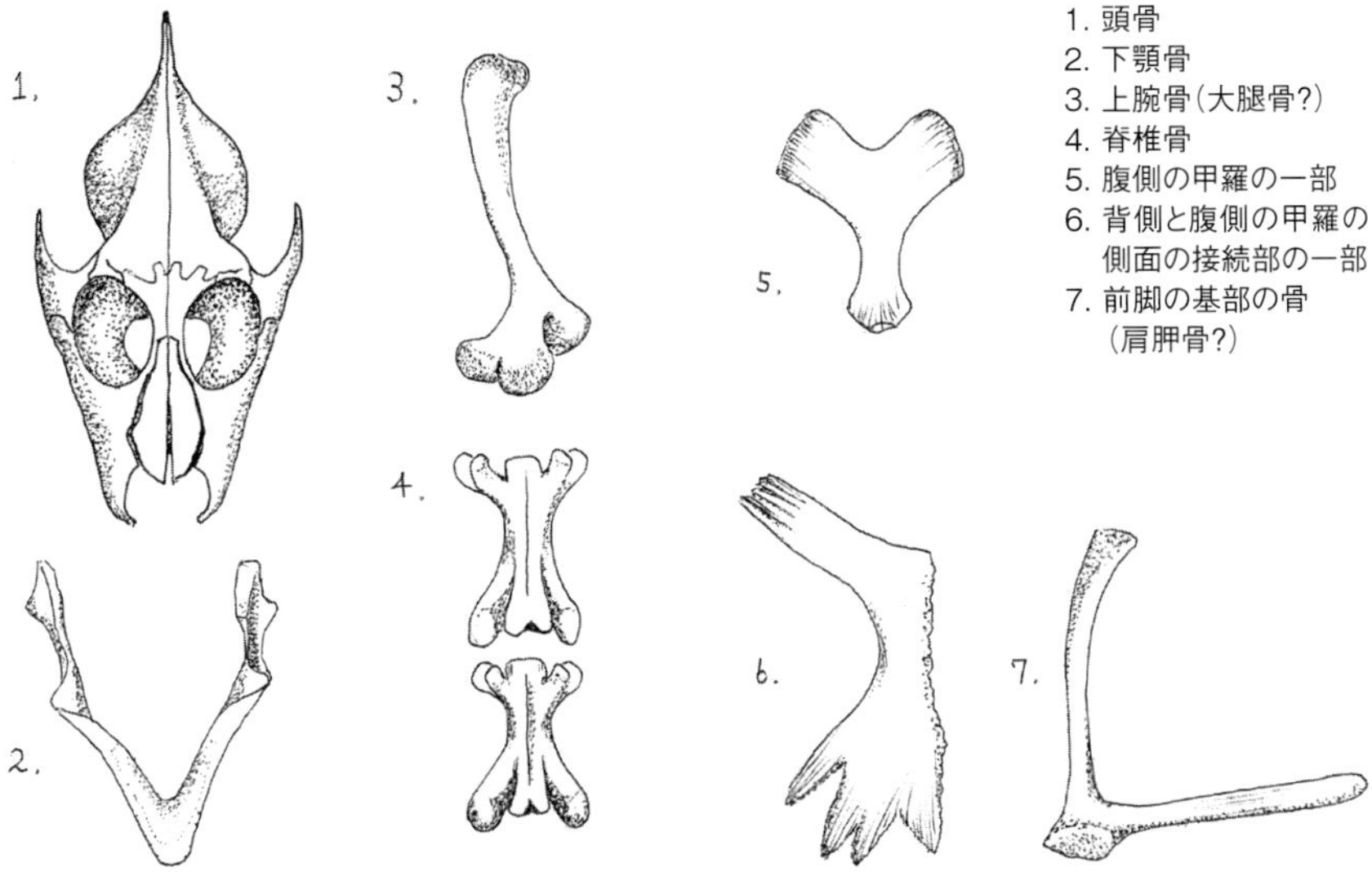

1. 頭骨
2. 下顎骨
3. 上腕骨（大腿骨?）
4. 脊椎骨
5. 腹側の甲羅の一部
6. 背側と腹側の甲羅の側面の接続部の一部
7. 前脚の基部の骨（肩胛骨?）

念である。スッポンの骨は柔らかくて、土に埋めて肉を腐らせて取り出す方法には向かないようだ。しかしながら頭骨や下顎骨、脚の一部の骨などは完全に残っていたので採取した。

スッポンは甲羅が柔らかいのが特徴である。普通の亀は身体を守るために骨質板という皮膚や肋骨が変化した骨でできた固い甲羅を持っている。スッポンではこの骨質板が退縮していて表面を柔らかい皮膚で覆っている。スッポンは水中生活に適応していく過程で脚の水かきを発達させて、同時に甲羅を軽く柔らかくして活発な運動に適する方向に進化していったのである。脚をヒレに変えて、水中生活により適応したものにはウミガメがいるが、スッポンもいつかウミガメのような姿になるかもしれない。

熱帯の一部地域ではカメは食用になっていると思うが、先進国においてはカメを食う文化をあまり聞かない。そんな中、カメ（スッポン）を養殖して、高級料理としておいしく食べる日本文化はかなりクールだと思う。

キツツキは脳震盪《しんとう》に強いか？

5月16日の昼頃、美術の先生がダンボール箱を持って理科室にやって来た。ふたを開けると、背中や羽に白い斑模様がある小さな鳥がうずくまっていた。「さっき廊下で見つけたが、弱っていて死にそうだった」らしい。

「この白い斑模様はコゲラでしょうな、キツツキの仲間ですが、まだ若鳥のようです。窓ガラスにぶつかって脳震盪《しんとう》を起こしたのでしょう」と、何でも知っている余裕の理科教師を演じていると、いきなり箱から鳥が飛びだした。「あわわわっ」いきなり狼狽する理科教師となって後を追うが、鳥は理科室を横切りベランダ側の窓ガラスにぶつかって床に落ちた。

「……再び、脳震盪を起こしたようです」。落下して動かないのを見れば誰でもわかるのだが、行きがかり上説明する。高速でクチバシから激突したのだから、首や脳に激しい衝撃を受けたはずである。拾い上げると、首を少し曲げて震えている。「う～ん部屋の中でふたを開けたのはちょっとうかつだった」。せっかく元気になったのに、死ぬかも知れないなと思いつつ、落胆した理科教師は鳥を箱に戻して様子を見ることにした。

鳥類

コゲラ　小啄木鳥

〔科名〕キツツキ科

〔学名〕*Picoides kizuki*

掃除の時間に箱を覗くと幸い元気になっていたので、ふたを開けて写真を撮った。とたんにまたしても飛び出した。あわてて手で捕まえたが、手の中で激しく脚を突っ張り、口を大きく開けて悲鳴を上げて抵抗する。これはもう放しても大丈夫だと思い、ベランダに出て「ほれっ」と手で放ってやると、元気に東の竹藪の方に飛んでいった。

播磨地方で見られるキツツキの仲間には、コゲラの他、アオゲラ、アカゲラ、オオアカゲラなどがあり、雑木林でこれまで幾度か見たことがある。特にコゲラは学校や自然公園の樹木にもよく見られる。これらのキツツキは渡りをしない留鳥で年中見られる。

森の中で「トラララララ」とクチバシで木の幹をリ

キツツキの英名は「ウッドペッカー」　漢字では「啄木鳥」
Japanese Pygmy Woodpecker

キツツキ科の鳥の脚指は2本が前に2本が後ろに向いていて、垂直な木の幹にしっかりとまることができる。短くて硬い尾羽が身体を支える。

手の中で羽毛を逆立て激しく鳴く

ズミカルに叩く音（ドラミング）が聞こえてくることがある。これは営巣時期の縄張り宣言らしい。また木の幹や枝をクチバシで叩きながら、その音で中に巣くうカミキリムシなどの幼虫を探知し、クチバシで穴を掘って長い舌で幼虫を取りだして食べる。他にもクモや昆虫、木の実も食べ、花の蜜も吸う。

クチバシで激しく木の幹を叩くと、頭部に強い衝撃が伝わり、脳が崩れてしまいそうに思うが、丈夫な頭骨でショックを吸収するらしい。窓ガラスに激突しながら驚異的に快復できたのも、キツツキの特殊な身体の構造のせいかもしれない。普通の鳥では脳震盪どころか、頸椎や頭骨の粉砕骨折などで間違いなく即死であると思う。「いやいや、わてらは、日頃からキツ〜に木をつつき倒して鍛えてますさかいになんともおまへん。そんなんで脳震盪おこしてたら仕事になりまへんわ。はははっ、さいなら〜」。さすがキツツキである。

学校では窓ガラスへの激突による事故死や重傷の鳥が年に数羽見つかる。透明な窓ガラスは鳥にとっては見えない凶器である。

襲撃者はハヤブサか？ハトの遺骸は語る

鳥類

カワラバト　河原鳩

〔科名〕ハト科
〔学名〕*Columba livia*

連休明けの朝、理科室へ行くとドアの前にちり取りが置いてあった。その中には青灰色の鳥の翼と胸骨の残骸が入っていた。「鳥の死骸です、良かったら使ってください。卓球部一同」とのメモがあった。

「…う〜むハトか。さ〜て、どう使うかな…」。理科教師の宿命か、私の元にはいろんな珍奇な生き物や死骸が持ち込まれる。あるいは「先生！　早く来てください」というスクランブルがかかることもある。行ってみるとたいていオオゲジ、ムカデ、オオスズメバチなど御三家の乱入である場合が多い。しかし、これは生徒の探求心や主体的な学習姿勢の発現と捉え、喜んで受け取って活用、または捕獲、またはこっそり廃棄するようにしている。

記憶をたどれば、昆虫以外ではゴイサギの幼鳥、イエコウモリ、シマヘビ、ヤモリ、カナヘビが持ち込まれ、それから死体としてはモグラ、タヌキ、イタチ等、加えてネコ、イノシシ、シカ、カエルの頭骨、イヌの骨盤、さらに各種野鳥の死体、え〜まだあったと思うが忘れた。

持ち込まれたハトの翼は上腕骨の筋肉や胸骨の筋肉がすっかり削ぎ取られており、明らかに何かによって食われたようだが、胸骨の一部に歯でかみ砕かれたよう痕があったことから、カラスなどの仕業ではなく、ネコなどの獣が食べたのではないかと推測した。地上に降りたところを襲われたのか、それとも何かの理由で死んでから食べられたのかわからない。

その後、全く同じような食われ方をした鳥の翼の残骸に出会うことが何度かあったので、詳しく調べたところ、それはハヤブサなどの鷹の仲間によるものであるらしいということが判明した。猛禽の中でもオオタカやハヤブサなどは、自然環境の脆弱な街中でも、そこに棲み着いているハトなどを餌にして生きていけるらしい。

学校というところは鳥の死骸がよく見つかるところ

校内で見つかったハトの翼と胸骨

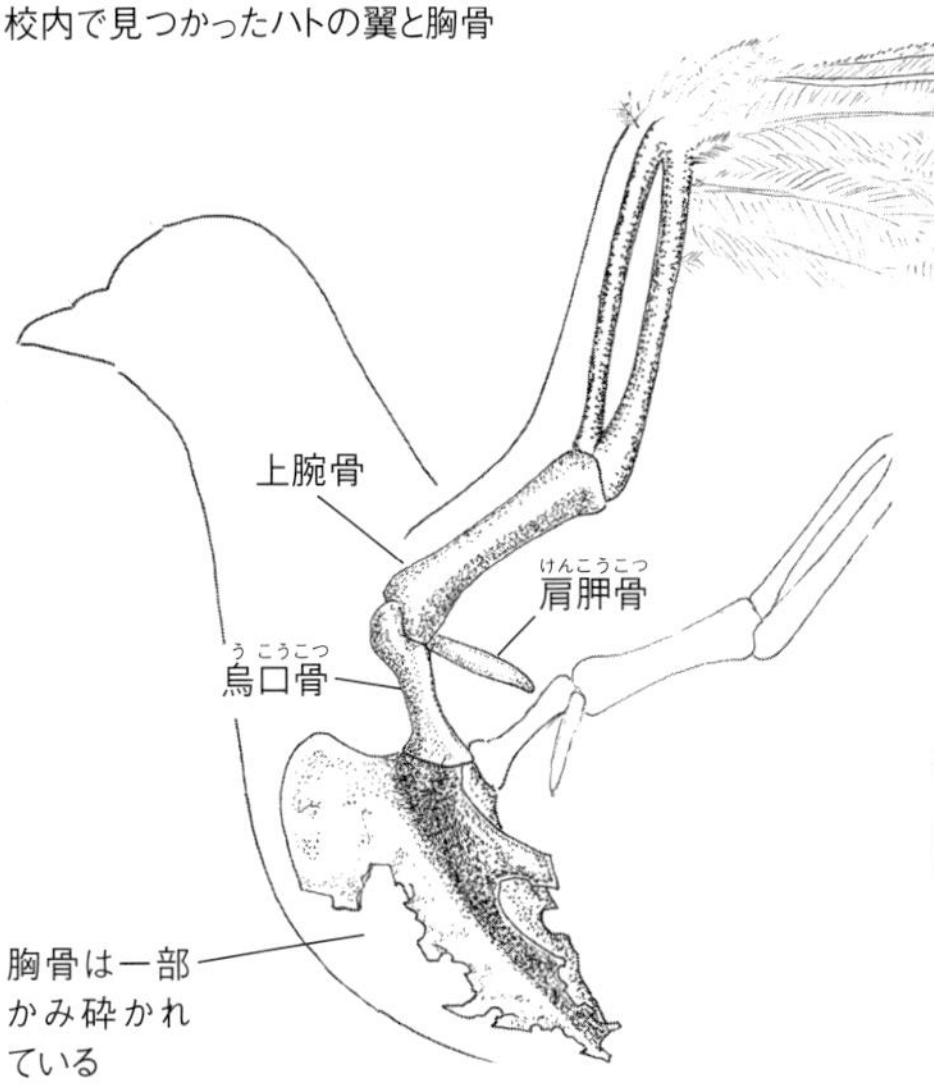

鳥の翼の骨格と、人の腕の骨格の対比

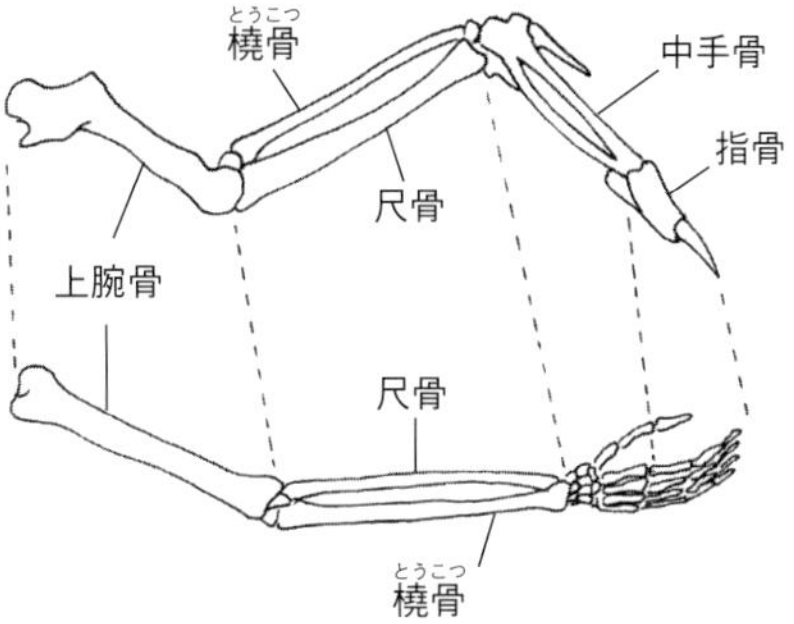

である。比較的樹木が多くあり、鳥が集まりやすい上に、校舎の窓ガラスは飛んできた鳥にとっては見えない壁となり、これに激突して死ぬものが多いのだ。そして今回のように食い荒らされて胸骨や翼だけが残っていたハトの死骸が見られることも少なくない。

鳥の体は飛ぶという目的のために大改造されている。骨は中が中空できわめて軽く（人では体重の約18％が骨の重さだが、鳥では体重の5％である）、重い歯は捨ててくちばしにした。爬虫類のうろこが変化した羽毛は体温を維持すると共に翼の面積を広げて大きな揚力を生み出した。

今回見つかった翼の骨を観察すると、上腕骨が1本、その先に橈骨《とうこつ》と尺骨が平行に並んでいる。機能は大きく異なっても、基本構造は他の哺乳類や爬虫類と同じである。コウモリの翼は指の間に発達した皮膜であるため、まさにコウモリ傘のように皮膜を指の骨で支える構造になっているが、鳥の翼では指の骨は退化し、3本のみが前縁部にその痕跡をとどめている。鶏の手羽を食べるときに注意深く観察してみよう。

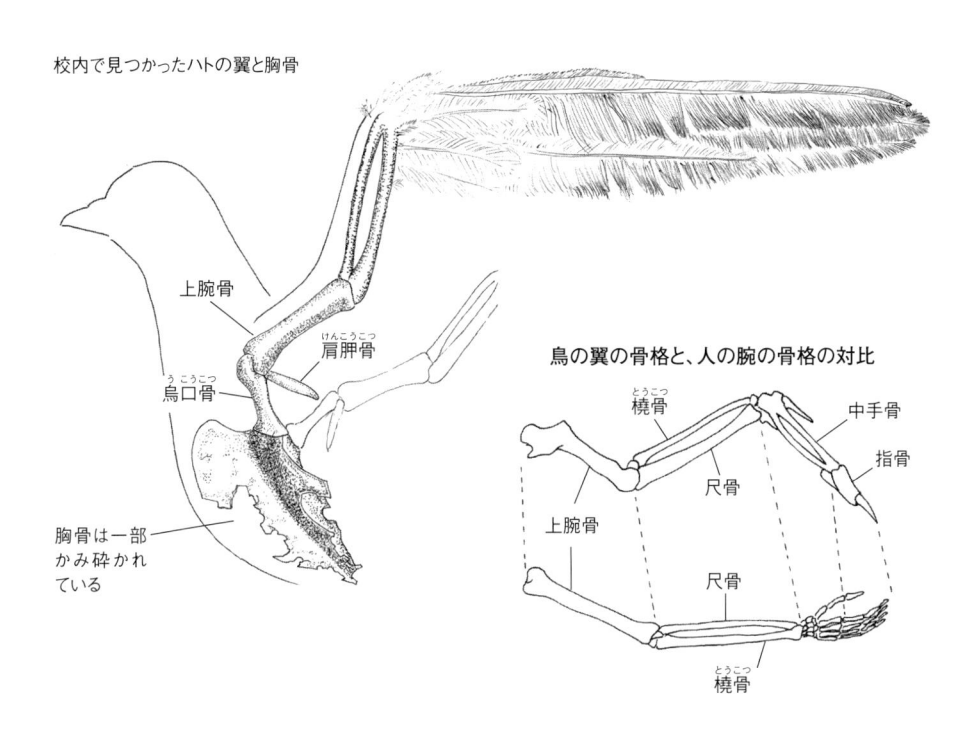

伊達男、恋のさえずりも命がけ

5月12日朝、鳥のさえずりで目覚めた。「なんとも優雅で清々しい朝ではないか！」と起きだした。鳥が鳴かなくとも、いつもの習慣で目覚めは早いのだが…。

新聞を読んでいる間も、その美しいさえずりはずっと聞こえていたので、寝間着のまま外へ出て鳥を探した。電線にとまって鳴く小鳥を発見したが、遠すぎてよくわからなかった。翌日もまた朝から同じ電線で鳴いていたので、今度は双眼鏡を持ちだして観察した。下から見上げると8倍の双眼鏡の視野の中に、胸から腹が黄色い小鳥がいる。よく通る美しいさえずりから「キビタキではないか」と予想したのだが、見事に的中した。腹があざやかな黄橙色をしているのはオスだ。メスは全体にくすんだオリーブ色で目立たない。

メスは卵を産み育てるうえで敵に襲われないように、目立たない姿をしているのが一般的である。ではなぜオスは目立つ体色の上、自分の存在を誇示するように鳴くのか。敵に襲われる可能性が高くなるばかりである。一説には、このように目立つ状態であるにも関わらず、生き残っているのは、それだけ危険をかわす力（生きる力）が強いということであり、メスはそのような強い性質の遺伝子を持つオスを我が子のために選ぶらしい。そこでオスはメスに選んでもらえるように「こんなに美しく目立ってるのに、生きてます。さすが俺。でしょっ！」とアピールしているのだという。生きる力は学習指導要領にも明記されているように、非常に大切なのだ。人間の場合もイケメンの男がモテるが、これはちょっと意味が違うのではないだろうか。

キビタキはヒタキ科の渡り鳥で、夏鳥として5月ごろ南方から日本に渡ってくる。北海道から沖縄まで広く見られ、夏に繁殖し、秋には東南アジアなどの暖地へ移動し冬を越す。鳴き声がきれいでよく響く。こんなに小さな身体からどうしてそんな声が出るのか不思

鳥類

キビタキ　黄鶲

〔科名〕ヒタキ科
〔学名〕*Ficedula narcissina*

英名:Narcissus Flycatcher
体長13cm　スズメよりやや小さい
英名のナルシサス・フライキャッチャーは飛んでる虫を捕食するナルシストという意味

議である。

さえずりも様々なパターンがあり、ちょっと言葉で表現しにくいが、「チュルリイ、ピュリリリイー、ピィーピリ、ポピピィー」と甲高く響く。図鑑によればオーシツクツクとセミの鳴き声や、ケロロロとカエルの鳴き声をまねたりもするらしい。

キビタキという名は黄色いヒタキという意味だが、ヒタキというのは、この鳥の鳴き声が火打石を打つ音に似ているから「火焚き」というらしい。それってどんな音だ？

このキビタキは6日ほど、家の近くの電線やナンキンハゼの梢で鳴いていた。渡りの途中で繁殖の相手のメスを探していたのだろうか。その後姿を消したのは、メスと巡り合って新しい命を育てるために、山地の森などに移っていったのかもしれない。もしかすると「こんなに美しく目立っているのに、生きてまっ…あっ！　ぎょえー…」とタカなどに襲われてしまったのかもしれない。無事でいてほしいが…。

猛禽の縄張りに暮らすスリリングな日常

鳥類

チョウゲンボウ　長元坊

〔科名〕ハヤブサ科
〔学名〕*Falco tinnunculus*

北校舎の西の非常階段には、小鳥の羽がよく散らばっている。ナニモノかが小鳥を捕まえて食べた跡だと考えられる。他にも2年生の廊下前のベランダではスズメと思われる鳥のちぎられたくちばしが見つかり、体育館への渡り廊下付近ではコウモリの片腕が、まだ切断面に新鮮な血を付けて落ちていた。平和であるはずの学校になんとも恐ろしい光景が広がっている。どうやらこれらは「チョウゲンボウ」の仕業であると思われる。

初めて姿を見たのは２０１５年の8月7日であった。南校舎の3階の庇の上に見慣れないハヤブサのような鳥がとまって、何かを食べているのを目撃したのだった。すぐ下のベランダを調べるとセミの頭部ばかりが8つ見つかった。その後もセミの頭部は毎日のように見つかった。時にはチョウゲンボウに捕まったオスゼミの「ギギギギッグギィッ」という断末魔の悲鳴を聞くこともあった。

そういえば２００８年の8月に、以前勤めていた中学校の理科室前のベランダでも同じようにセミの頭部だけがいくつも落ちているのを見つけたことがある。その時はいったいナニモノがそんな無残なことをしたのかわからなかったが、どうやらそれもチョウゲンボウの仕業だったのかもしれない。

小型のタカの仲間であるこの鳥は、セミやコウモリ、小鳥の他にも、資料によればカエルやミミズなどの小動物も食べるようだ。チョウゲンボウはホバリング（空中停止）が得意で、羽ばたきながら尾羽根でバランスを取り、じっと空中でとどまることができる。その状態で獲物を見定めて一気に襲い掛かるというテクニックで狩りをするらしい。

翌年の6月10日には2羽が校舎の屋根にいるのを見かけた。オスとメスのペアである可能性が高い。初夏が繁殖期なので、セミやカエルを主な餌として、どこかに巣をかけてヒナを育てているかもしれない。どう

屋根の上を飛ぶ姿

体長　オス33cm　メス38cm

も学校の屋上にある給水タンクの塔屋が怪しいと思った私は、死ぬ思いで（高い所は苦手である）塔屋のはしごを昇って調べたが、営巣は確認できなかった。同じ個体かどうかは分からないが、その年の夏から秋にも学校でチョウゲンボウは頻繁に目撃された。

チョウゲンボウの名の由来には諸説あるが、九州にはトンボのことをゲンザンボーという地方があって、この鳥がホバリングする様子がトンボに似ているので、鳥のゲンザンボーで、鳥ゲンザンボー、すなわちチョウゲンボウとなったという説がある。

私の勤める学校は、チョウゲンボウにとっては獲物を狙う狩り場である。私たちはチョウゲンボウの縄張りの中で、その鋭い眼で見つめられながら日常を過ごしているのだ。ふと頭の上に気配を感じたら見上げて探してみよう。チョウゲンボウがこちらを見下ろしているに違いない。自宅の机の上には学校の中庭で拾ったチョウゲンボウの美しい初列風切り羽が飾ってある。

中庭に落ちていたチョウゲンボウの羽

幸せの青い鳥見つけた…けど……

2015年の10月14日、1年生の教室（南校舎）の外に鳥が死んでいるとの連絡を受け、現場に向かった。その前日にも薄いオリーブ色の小鳥（おそらくメボソムシクイ）が、ほぼ同じ場所に死んでいたこともあり、鳥インフルエンザの感染も疑われた。ここは敏速に処理せねばという訳で、ゴミばさみとちり取りを持って駆け付けた私は、現場で細い目を見張った。そこには秋の陽射しを受けて美しく輝く「青い鳥」が横たわっていた。

ムクドリより一回り小柄で、両翼と尾羽が鮮やかなコバルトブルーに輝いており、胸から頭部にかけてはくすんだオリーブ色である。初めて見る美しい鳥に思わず見入っていたが、すぐカメラをとってきて撮影した。美しい羽を残すため、はく製にするという方法もあったが、絶対に失敗しそうだったのとウイルス等の心配もあるので、撮影後しかたなく埋葬した。

図鑑で調べると、これはオオルリのオスの幼鳥であることが分かった。オオルリは中国東北部、朝鮮半島や日本で繁殖し、東南アジア、フィリピンなどに渡って越冬する。日本には夏の渡り鳥として4月下旬ごろに渡来する。平地から山地の樹林帯に生息するが、渡りの時期には市街地や公園でも見られるという。10月には温かい東南アジアやフィリピンへ渡ってゆくので、今回死んでいたのは、夏に生まれて巣立った若鳥で、南へ向かう渡りの途中で遭難したものと推測される。

さて、オオルリの死因だが、おそらく教室の窓ガラスにぶつかった事故死だと思われる。学校では校舎の窓の下で鳥が死んでいるということは珍しくない。透明なガラスは角度によっては鳥には見えず、高速で飛んできて激突してしまうようだ。これまでもいろんな学校で、シロハラ、スズメ、メジロ、キジバト、ノゴマ、ムクドリ、メボソムシクイ、アカハラなどが死亡していた。小型のキツツキのコゲラは失神していたが、数分後に回復し飛んで行った。

鳥類

オオルリ　大瑠璃

〔科名〕ヒタキ科
〔学名〕*Cyanoptila cyanomelana*

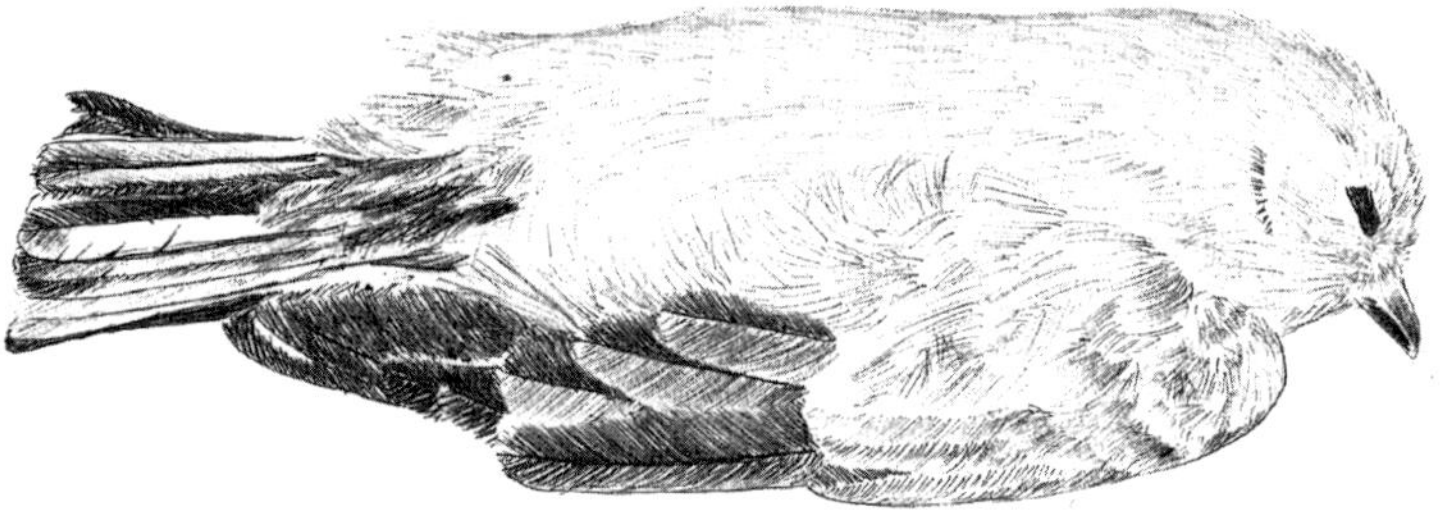

英名　Blue and White fly catcher
カラーでないのが残念

青い鳥といえば、オオルリの他に、コルリ、ルリビタキ、カワセミ、イソヒヨドリ等がいる。カワセミはその色から翡翠《ひすい》という漢字を名前にあてる美しい鳥である。明石市の城跡の公園にある堀で以前よく見かけた。また高砂市の低山ではルリビタキを見かけた(遠目であったので不確かであるが小型の青い鳥だった)。イソヒヨドリはややくすんだの青色だが、城跡の公園の他、学校や街でもたまに見かける。

十数年前、夢前町の雪彦山へ息子たちと登った時、渓流のほとりに一人でじっと座っている人がいた。「オオルリが来ているのです」とその人は静かに樹冠を見上げていた。オオルリはウグイス(鶯)、コマドリ(駒鳥)と並んで日本三鳴鳥といわれ、その美しいさえずりが有名である。その人はオオルリの鳴き声に静かに聞き入っていたのだ。ところが我々がドヤドヤやって来て「おっ、ヤゴ発見。うわわっ、見ろ！　イシビルがおるぞ！」など渓流でバチャバチャと大騒ぎをしたために、幸せの青い鳥は逃げてしまったのだった。「おまえらうるさい、騒ぐでない！　愚か者め」などと罵倒することもなく、静かに立ち去ったその人に謝りたい。そして…生きてさえずるオオルリを、幸せの青い鳥をぜひ見てみたい。

水田の見張り番だから鷭《ばん》

鳥類

オオバン　大鷭
〔科名〕クイナ科
〔学名〕*Fulica atra*

12月4日の朝、快晴の校門で気持ちよく朝の挨拶をしていた。登校中の男の子が「鳥が死んでる」というので見に行くと、校門前の家のガレージ前に黒っぽい大きな鳥が死んでいた。

ハトよりもひとまわり大きく、羽毛は全体に灰色で頭と尾は黒い。身体と不釣合いに脚は大きく、長い指の一本一本にひれ状の膨らみがついている。これはカイツブリなどの水鳥の特徴であるが、体の大きさや羽毛の色がカイツブリとは異なる。

身体に目立った傷はないが、口からは少量の血液が出ている。死んだ野鳥は鳥インフルエンザなどの感染も疑われるので、触らず写真を撮ってから埋葬することにした。用務員さんがカナバサミではさんで袋に入れてくれたが、その際に口ばしの上から額にかけて白い額板があるのが見えた。これで名前がわかった。「これはオオバンですな、明石のため池では割とよく見かけます」と、何でも知ってます理科教師型ドヤ顔で用務員さんに話した。

オオバンは南北アメリカを除くほぼ全世界に生息しており、日本では夏に北海道、本州、九州で繁殖し、冬季になると本州以南で越冬する冬鳥、または留鳥とされている。足指の特徴的なひれは弁足と呼ばれ、水かきは持たないが巧みな潜水を可能にしている。水中や水辺の植物を餌とし、昆虫や魚を食べることもあるらしい。水辺に積み上げた水草の巣の上に10個前後もの卵を産んで温める。

日本では希少種だったが、最近は特に琵琶湖で著しく増えているという。加古川でもよく見かける。中国の環境汚染から避難してきたのが増えた理由ではないかという説もあるが、どうだろう。

明石市の親水公園のため池では、同じクイナ科のバンを見かけたことがある。これはオオバンと違い額板が赤いので一目で見分けられる。また同じクイナ科であるが、なぜかオオバンのようなひれが足指についてい

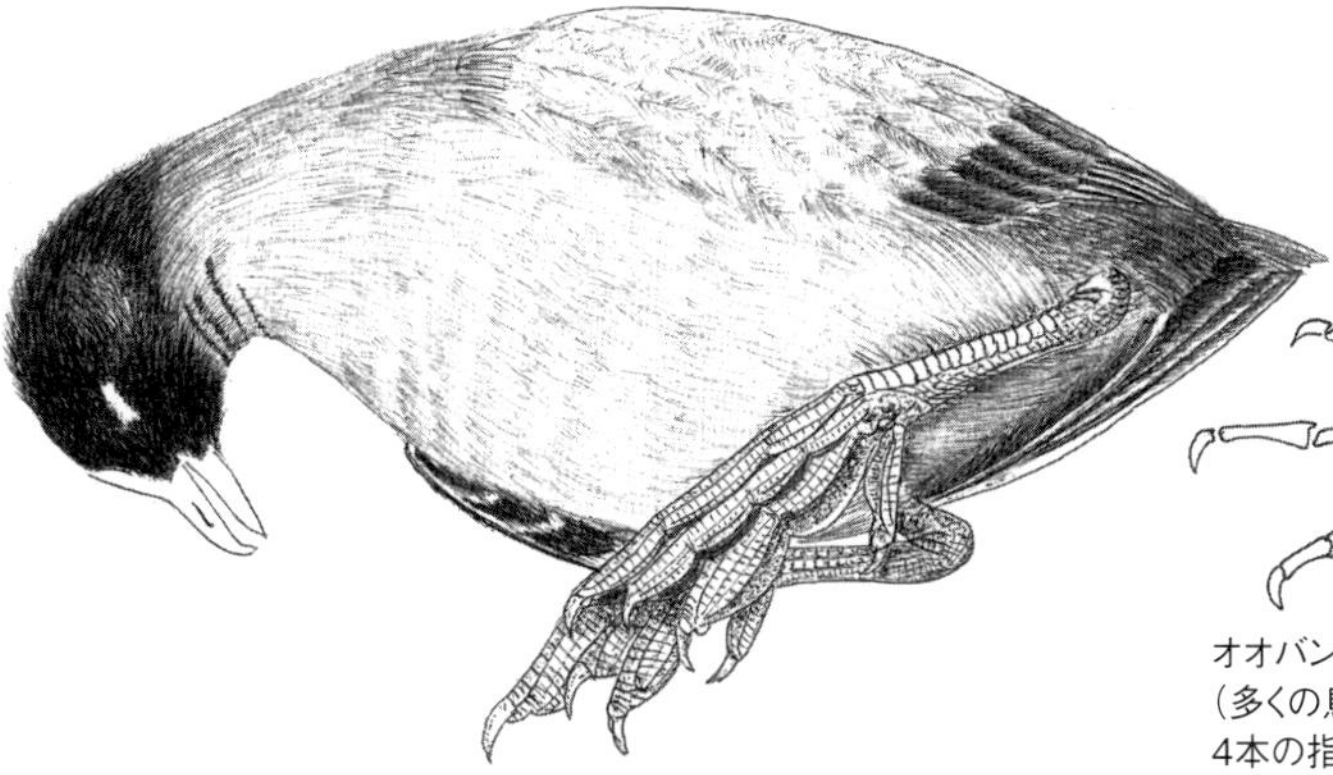

雌雄不明　体長 約31cm
学名は「すすけた黒」という意味　英名Coot
身体に比べて脚が不釣り合いに大きい

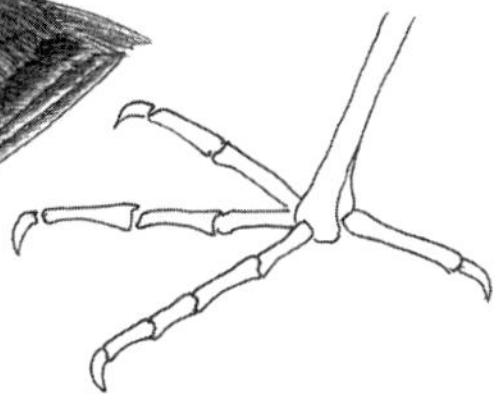

オオバンの脚の指の骨の様子
（多くの鳥類はこの形）
4本の指すべての骨の数が違う!
ヒトの場合は親指のみ2つ、他の
4本は3つの骨である

いない。水かきもなく足指のひれもないのに、泳ぎや潜水が得意だという。

ちなみに、オオバンやバンはその生活スタイルも容姿もカモにそっくりだが、これらはカモ目ではなく、なんとツル目に属しているのだ。足指に水かきがないのも、そういう素性に関係していそうだ。しかしながら、どうしてもあの優雅なタンチョウヅルとオオバンを結びつけるのは困難である。

さて、バンという名前だが、「水田の番をする鳥」ということから鷭《ばん》となったという説がある。少しもひねりや驚きが感じられない命名である。最近の不可解な子どもの名前よりもいいか…。

死因不明のオオバンは写真撮影し、体長を計測した後で学習園の隅に埋葬した。夏ごろには掘って頭骨標本を作製したい。

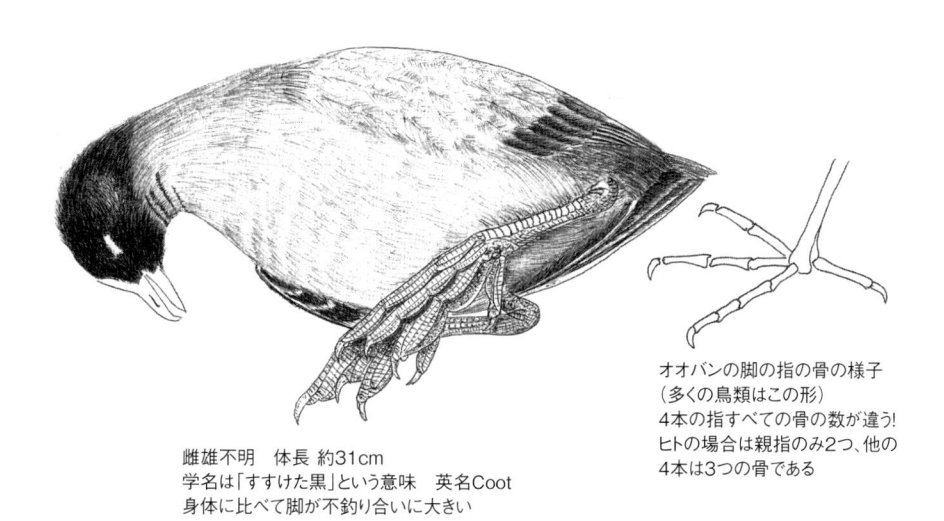

謙虚な賢さ忘れていませんか？

鳥類

コウノトリ　鸛

〔科名〕コウノトリ科
〔学名〕*Ciconia boyciana*

12月30日の新聞に、加古川の溜池に飛来したコウノトリのことが載っていた。記事によれば、10月26日に3羽が飛来し、1羽が残っているらしい。この1羽は、豊岡の県立コウノトリの郷公園が放鳥したものが、自然の中で繁殖した野外第三世代、つまり孫に当たるという。早速新聞記事を頼りに現地を訪ねたが、この日はいたずらに付近を走り回り、結局目的の溜池にたどり着けず撤退した（我が家の車にはナビシステムは無い）。

年明けの1月2日に一家で再びコウノトリ観察に出かけた。今度は加古川市北部の溜池に無事たどり着き、コウノトリに出会えた。池にはすでにカメラを持った人が数名、コウノトリを撮影中だった。ダイサギやアオサギなどのサギ類も十数羽いたが、人を警戒して対岸に遠く飛び去っている。ところがコウノトリだけは我々がいる池の岸のすぐ近くの浅瀬で魚を探してゆっくり歩き、全く人を警戒する様子が無い。さすが特別天然記念物様である。

２００７年の夏に兵庫県北部の豊岡市のコウノトリの郷公園を訪ねたことがある。ケージの中にはたくさんのコウノトリがいたが、この頃から野生への試験放鳥が始まり、一度は絶滅した野生のコウノトリを復活させる試みが今も続けられている。この時見たケージのコウノトリや標本はとても大きく感じたが、目の前の池にいる個体はダイサギなどとあまり変わらないように感じた。復活プロジェクトの成果でコウノトリは増えて、野外には１４０羽（２０１８年７月現在）がいるが、そのほとんどは豊岡市付近にいるらしい。

コウノトリは江戸時代には日本各地にいたが、大名などの特権階級以外の猟は制限されていた。明治になりそのような制限が無くなると、羽を採って輸出する目的でハクチョウやツル、トキなどと共に多量に捕らえられ、ほぼ絶滅してしまった。つまり武士の社会の崩壊と共に滅んだのである。

兵庫県の豊岡のみに少数が生き残れたのは、江戸時代の藩主がコウノトリを霊鳥として保護し、その風潮がこの地の人々に伝わり、明治以降も大切に保護した

全長112cm
1956年特別天然記念物に指定
コウノトリはくちばしは黒、脚は鮮やかな紅色。
ヨーロッパに生息する亜種はくちばしが赤く
シュバシコウ（朱嘴鸛）という

からである。しかし近年の農薬の使用や、餌がとれる水田が減ったことでコウノトリは徐々に数を減らし、時たま大陸から渡って来るものを除いて、1971年に野生の個体はついに絶滅してしまったのである。

今は豊岡では農薬の使用を制限したり、水田に水を張ってコウノトリの餌になる小動物を増やしたりして、コウノトリを野生で増やすための活動を行っている。人間が自分たちに都合良く自然を改変し、大きな負担をかけ続けるならば、今後も多くの生物が姿を消してしまうだろう。そしてその復活が容易なことではないことを、コウノトリは教えてくれる。

日本にはたくさんの渡り鳥もやってくるが、これ以上人間本位の開発が続くと、やがては渡り鳥たちからもこの国は見限られてしまう。半年ぶりにはるばる数千キロの旅をして日本の干潟や湖に渡ってきた旅の鳥たちが、すっかり埋め立てられて太陽光発電パネルが並んでいるのを見たとき、おそらく人を恨むことは知らないだろうが、もうそこにやって来ることはないだろう。

環境に手を加えようとするとき、人間以外の生物の存在にも思いを巡らせる謙虚な賢さを、我々はずいぶん前から忘れてないだろうか。

緊急速報！明石川にクジラ漂着!?

5月7日、授業後の理科室で、一人の男子生徒が重要な情報をもたらしてくれた。「海岸でクジラが打ち上げられているのを見た」というのである。「それはいつか？　どこであるのか？　何クジラか？　生きていたのか？　その後どうしたのか？」とやや焦って詳しく訪ねた。なんでも「5日の土曜日に明石川河口の砂浜に、１ｍ未満の小さなスナメリと思われるクジラの死骸があり、だいぶ色が変わっていた」というのだ。現場の地図を書いてもらい、放課後すぐにでも見に行こうと思ったが、そうもいかない。「よし、勝負は明日の朝だ」。私はクジラが誰にも奪われないことを祈りつつ、その日は帰宅した。

普段は電車通勤だが、8日は車にスコップや長靴、カメラ、巻き尺を積んで朝5時に家を出た。明石川の河口に着いたが、河口の東側にも西側にもクジラの姿はなかった。かなりの満ち潮だったので、また波にさらわれたのだろうかと思い、あきらめて学校に行った。放課後もう一度明石川の河口を調査した。よく潮が引いて砂浜が広がっていたが、やはりクジラには出会えなかった。波静かな海面下に小さなクジラの死骸は沈んでいるのだろうかと、浜辺に立ちつくす私であった。

哺乳類

スナメリ　砂滑

〔科名〕ネズミイルカ科
〔学名〕*Neophocaena phocaenoides*

後日、同じ男子生徒に6日に撮ったというクジラの写真を見せてもらった。「お母さんが7日に見に行くと、もうなかったらしいです」という。腐乱した死骸を持ち帰る物好きはいないと思うので、多分満ち潮が再び海へさらっていったと考えられる。

私はクジラをどうしたかったのかというと、その①国立科学博物館動物学第一研究室の博士に連絡し、海棲哺乳類のストランディング（漂着）データとして提供したかった。十数年程前、この研究室で私はストランディングしたスナメリの解剖実習に参加し、これらクジラの死骸は海の環境汚染やクジラの生態の解明に役立つことを学び、機会を待っていたのだった。その

スナメリ（クジラ目ネズミイルカ科）
体長　1.2～1.9m　体重30～45kg
新生児 0.6～0.9m　体重7kg

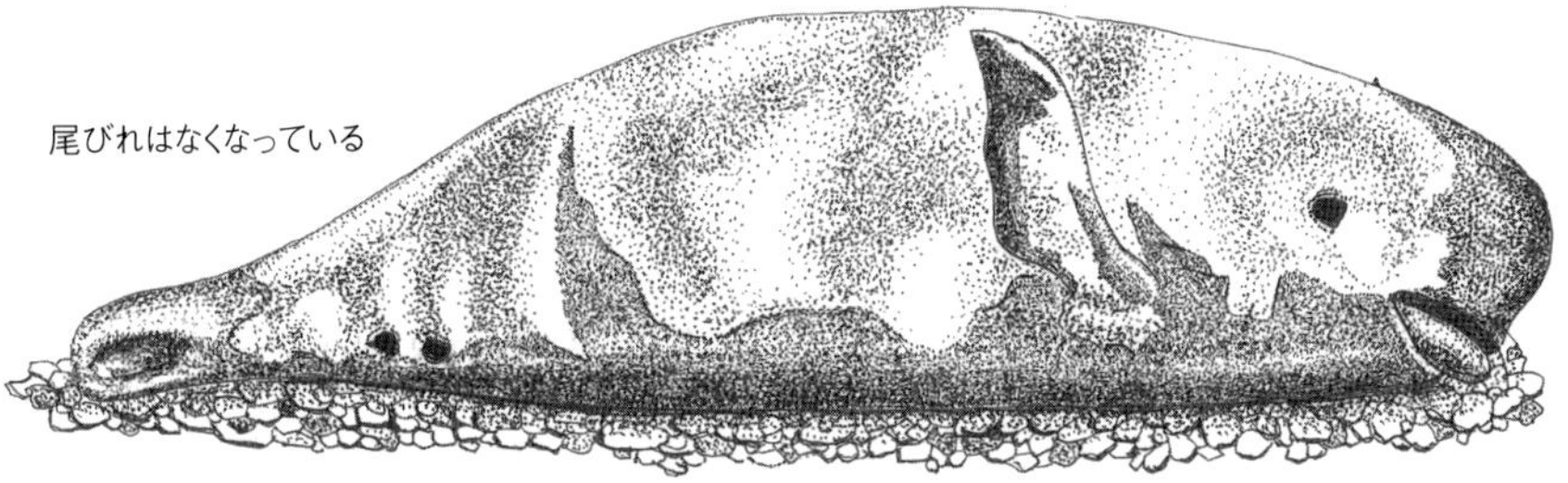

②このクジラを砂に埋めて腐らせて骨格標本をつくり、動物単元の教材として理科室に展示する。の２本柱だった。

実物は得られなかったが、その写真によると、漂着したのは推定80㎝の子どものスナメリだった。眼球はなくなっており、内臓は腐敗が進んでガスがたまり、その圧力で舌が突出している。スナメリの体色はクリーム色だが、生まれたばかりは黒褐色である。その黒い表皮もほとんどはがれている。解剖するならかなりの悪臭やムカつきに耐えねばならないであろう。

スナメリは本州南部からインドネシア、ペルシャ湾に及ぶ広い地域に生息するイルカの仲間で、浅い海の沿岸や湾内に１～３頭で遊泳し、エビやハゼ、タコなど海底の生き物を食べる。瀬戸内海にも多い。私が５歳の頃、姫路市東部の海岸で、遠くの海に黒いクジラの頭が２つ浮かんでいているのを父親と見た記憶がある。夢マボロシの記憶かと思っていたが、そのことを数十年ぶりに父親に話すと「ああ、あれは何やったのかなぁ」と遠い目をして呟いた。驚いたことに夢、マボロシではなかったのだ。

理科室の天井にクジラの全身骨格をぶら下げる計画は、夢、マボロシのまま無期延期となった。

洪水に負けない日本最小のネズミ

哺乳類

カヤネズミ　萱鼠

〔科名〕ネズミ科
〔学名〕*Micromys minutus*

加古川の西の河川敷にはススキやオギの群落が広がっている。8月中旬、この単子葉植物の群落の中に直径10㎝ほどの、草の葉を丸めた鳥の巣のようなものがあるのに気付いた。その1つをほぐしてみたが、中まで細く裂いた草が丸められており、卵やヒナはおろか、入り口や鳥が入る空間らしきものはなかった。また草が細かく縦に裂かれている様子が、どうも鳥の仕業と思えない。河原に住むカヤネズミの巣かとも思ったが、よくわからなかった。

8月の末、再びハサミと紙袋を持って河川敷を訪れた。この謎のカタマリは、地表から1ｍぐらいの高さの所でススキの細長い葉を縦に裂いて、その数十本を寄せて丸めて作られている。周辺に数個同じものがあったが、とりあえず1つを持ち帰るために、カタマリにつながる葉をハサミで切って、これを分離した。

図鑑等で調べてみると、やはりカヤネズミの巣であることがわかった。カヤネズミは日本最小のネズミで、草の実や昆虫などを食べて暮らしている。河川敷のススキなどの葉を細く裂いて丸い巣を作り、この中で子を育て、また、ねぐらとしても利用する。今回調査した巣は、まだ葉も緑で新しいもののようである。中に部屋らしき空間や、毛やフンなどの痕跡もなかったが、どのように利用していたのだろうか。

後日、再び河川敷で複数の巣を調べたが、やはりネズミの痕跡らしきものは確認できなかった。「カヤネズミではないのか？」という疑念が生じたが、その後、付近のランニングコースで、カヤネズミらしき死骸（のしイカ状態になっていた）を見かけたので疑いは払拭された。

9月4日、台風18号による大雨で加古川の河川敷は2ｍ近く冠水し、ススキの群落も完全に水没してしまった。2週間ほどして河川敷を訪れたところ、倒れたススキにたくさんのゴミが絡みついており、あの丸い巣は見当たらなかった。「哀れ、カヤネズミたちは

カヤとはススキ・スゲなど、細長い葉のイネ科やカヤツリグサ科の植物をいう

カヤネズミの球巣《きゅうそう》　直径10cmぐらい
ススキの葉を細かく裂いて丸める
5時間ほどで作ってしまうらしい

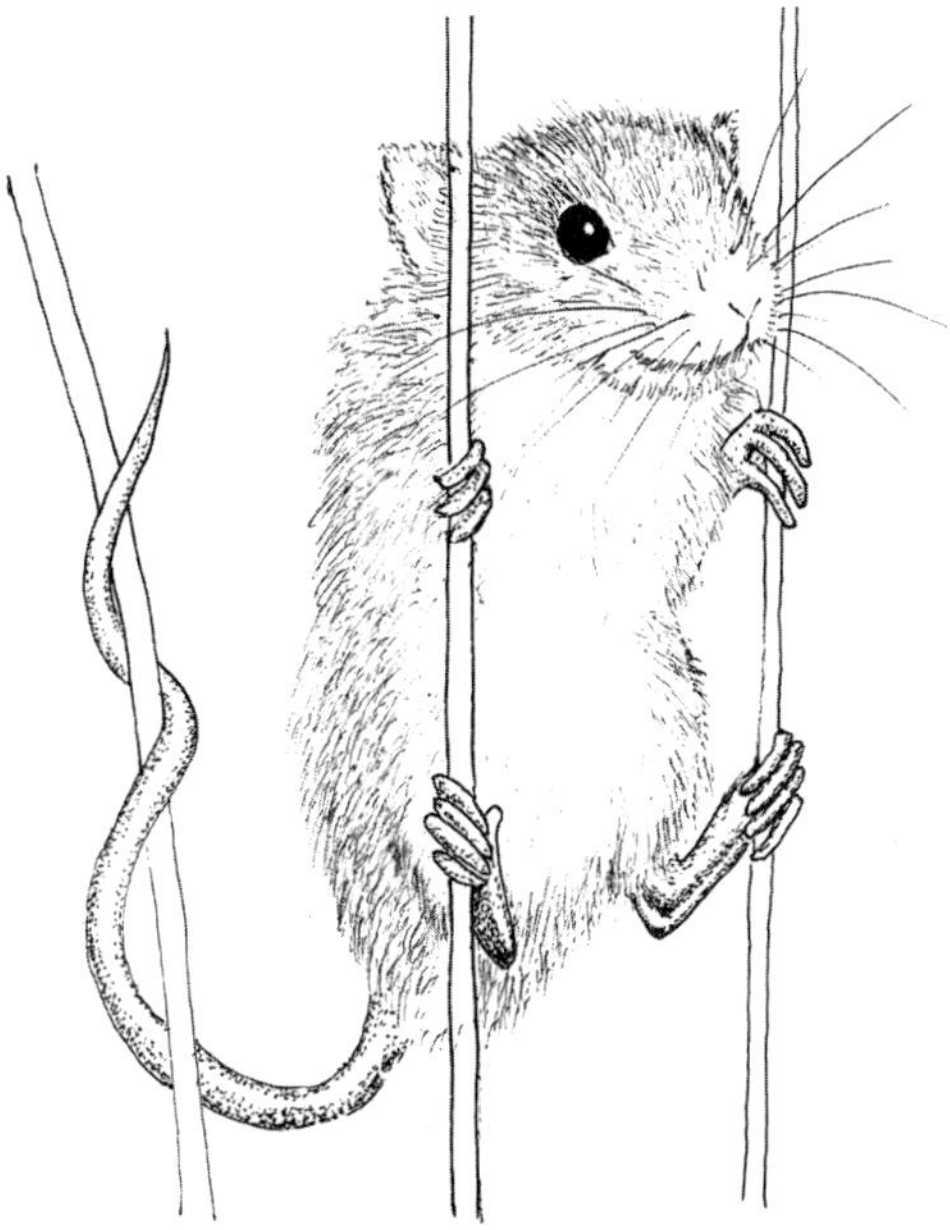

体長50～80mm（資料の写真よりスケッチ）

全滅か…」と暗い気持ちになった。

しかし、これまでも加古川の河川敷は数年おきに冠水を繰り返しているが、それでもカヤネズミが滅びることなく加古川に生息していることを考えると、カヤネズミは巣が濁流にのまれる前に岸に逃れたのではないだろうか（彼らは元々泳ぎがうまいらしい）。

度々洪水に襲われる河原には、これを乗り切るすべを持たない生物は棲めない。この地に根を張る植物や動物は、洪水に耐えて適応できる種だけである。津波や洪水は過去に何万回と起こってきたが、地中にわずかな痕跡を残すのみで、地表にはすぐに植物が茂り、新たな表土がつくられて、何事もなかったかのように生き物たちが棲みつく。回復できない種は淘汰されて、適応できる種が繁栄してゆくのだ。

私たちの擦り傷が跡形もなく治ってしまうように自然は必ず回復するのである。しかし唯一回復不可能なのは、人間が自然界に放出してしまった放射能による汚染である。

天に召された貂《てん》

哺乳類

ニホンテン（ホンドテン）　日本貂

〔科名〕イタチ科
〔学名〕*Martes melampus*

7月16日、私は兵庫県中部の2級河川上流で川辺の岩の下に腕を入れて中を探っていた。「おらんな…」。勤務する小学校の3年生の女の子からの「川でオオサンショウウオを捕獲した」という情報、及びオオサンショウウオを抱えた彼女の「どや顔写真」に突き動かされて、朝から川の本流、及び支流でオオサンショウウオの調査をしていたという次第である。しかしこの日は残念ながら出会うことはできなかった。彼女はもちろん写真撮影だけで天然記念物のオオサンショウウオは逃がしている。念のため。

翌週、改めて彼女から捕獲した場所の正確かつ詳しい情報を入手し、はっきり場所を確定させた上で第2次調査隊（隊長兼隊員の私のみ）を編成し、再び川の上流を訪れた。今回はとことんやる気で水着着用の上で川に入り、約3時間這いずり回ったが、この魅力的な天然記念物には今回も出会うことはできなかった。

しかし今回は別の収穫があった。来る途中の国道で野生のテンに出会ったのである。と言っても車にはねられて死んでいたのだが…。道路わきに倒れていたそいつはイタチかと思い、車で一度通り過ぎたが、顔と前後の肢が黒いのと、ノドの鮮やかな黄色が私の右足にブレーキペダルを踏ませた。「あれはテンではないか？」。車をわきに寄せて、現場に歩いて戻ってみた。やはりテンに間違いないようだった。

おそらく昨晩死んだようで、道路の血の痕は乾いており、体は硬直していた。写真を撮った後、尻尾をつかんで持ち上げると1kgぐらいの重さだった（と思う）。ガードレールの外の草むらに横たえて再び車に戻った。「春に来れば全身骨格が手に入るな」と考えながら調査する川へ急いだ。

テンはイタチ科テン属の哺乳類で、日本にはニホンテン（ホンドテン）が、対馬にはツシマテンが生息している。イタチは町でもよく見る（高砂市の我が家にもよく出没する）が、テンは見かけることはない。し

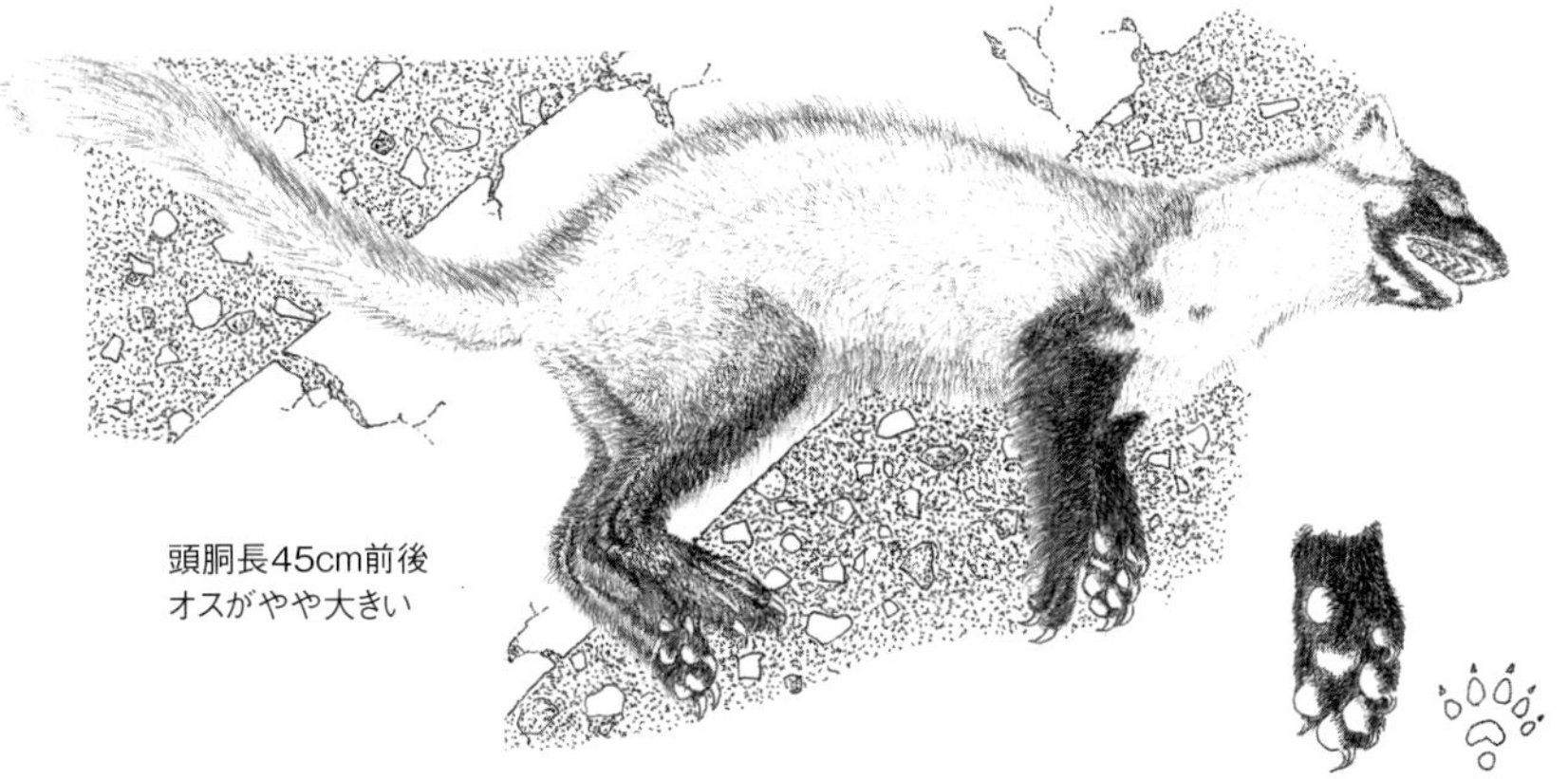

かし山や森に入ると、その糞を見かけることはある。テンはイタチと同じ食肉目に属し、ネズミやモグラ、カエルやトカゲ、昆虫、ミミズなどあらゆる生き物を捕食する他、クワやアケビなどの木の実も盛んに食べる雑食性である。食物の選択肢が豊富なので、山の中でたくましく繁殖し、絶滅危惧種とはなっていないようだ。

夏のテンは四肢と顔が黒く、ノドから胸が黄色い他は全体にやや褐色帯びるが、冬毛は顔が真っ白で、足先を除いて全身が鮮やかな黄色になる。一度この冬毛の状態のテンに出会ってみたいものだ。顔が白くて全身黄色とは、パンダに匹敵する奇抜さである。四肢には爪が発達していて木登りが得意で、主に夜行性であるが日中も目撃される。

かわいそうに、このテンは夜に道路を渡ろうとして車にはねられたのではないだろうか。私の交通事故死哺乳動物観察記録（私が轢いたのではないよ）ではキツネ、タヌキ、ウサギ、イタチ、シカに続いて6種類目（イヌ、ネコは除く）となる。爬虫類や両生類を含めて、毎日おびただしい数の野生の動物が全国の道路で命を落としている。車が自動運転になった時、動物の事故死も減るのだろうか？

石炭を作ったシダ植物その子孫たち

3月14日の朝起きると、車の窓にうっすらと雪が積もっていた。卒業式も過ぎてから珍しいことだと思って学校へ行くと、家の屋根や田畑、グラウンドには2cm位雪が積もっていた。強い寒気と冬型の気圧配置がもたらしたこの雪は、日が昇ってしばらくすると溶けてしまったが、日中も6度ぐらいしか気温は上がらず、時々雪が舞った。

それでも学校の中庭の梅は白い花を咲かせ、サクラのつぼみは日に日に膨らんでいる。春の兆しを探しながら校内を歩いていると、花壇の隅に数本のツクシが出ていた。昔は春になるとよく川の土手にツクシを採りに行った。持ち帰ったツクシは爪をアクで真っ黒に染めながら袴《はかま》を取った。母親がおひたしや卵とじなどにしたものを夕食に出してくれたが、当時はうまいとも思わず、あまり食べなかった。

ツクシはトクサ科のシダ植物である。スギナというのが和名だが、我々にお馴染みのツクシというのはスギナの胞子茎（胞子体）で、その姿から土筆と書く。先端の胞子嚢穂《ほうしのうすい》からは抹茶のような黄緑色の胞子が出てくる。一方スギナは緑色のまっすぐな茎からさらに細い茎が枝分かれして出ている。スギナ（杉菜）という名は見かけがスギの葉に似ているところから付いた名である。光合成を行って栄養分を合成しているため栄養茎ともいうこの緑のスギナは、ツクシが出た後で少し遅れて出てくる。スギナは大きな群落を作ることが多いが、それは地下でどんどん地下茎を四方に伸ばし、ここから新たなスギナを伸ばして増えるという戦略を持つためである。ツクシもこの地下茎から出てくる。

ツクシの語源は、スギナに付いて出るから「付く子」とか、袴の所で継いでいるように見えるので「継ぐ子」などの説があるらしい。畑や庭をつくる人にとっては、抜いても抜いても出てくる非常に厄介な植物である。

植物

スギナ　杉菜

〔科名〕トクサ科

〔学名〕*Equisetum arvense*

スギナやトクサの茎や葉には珪酸成分（ガラスのような成分）が含まれていて手触りもしゃりしゃりザラザラしている。このザラザラが物を磨くのに役立つのでサンドペーパーのように利用されてきた（昔は歯磨きにも使われたらしい）。スギナが生い茂った庭を鎌で刈ると、このガラス成分のために鎌の刃がすぐ切れなくなってしまうらしい。スギナの親玉のようなトクサも同じようにザラザラで、工芸品を磨いたりするのにこれを使った。トクサは「砥ぐ草」から付いた名である。

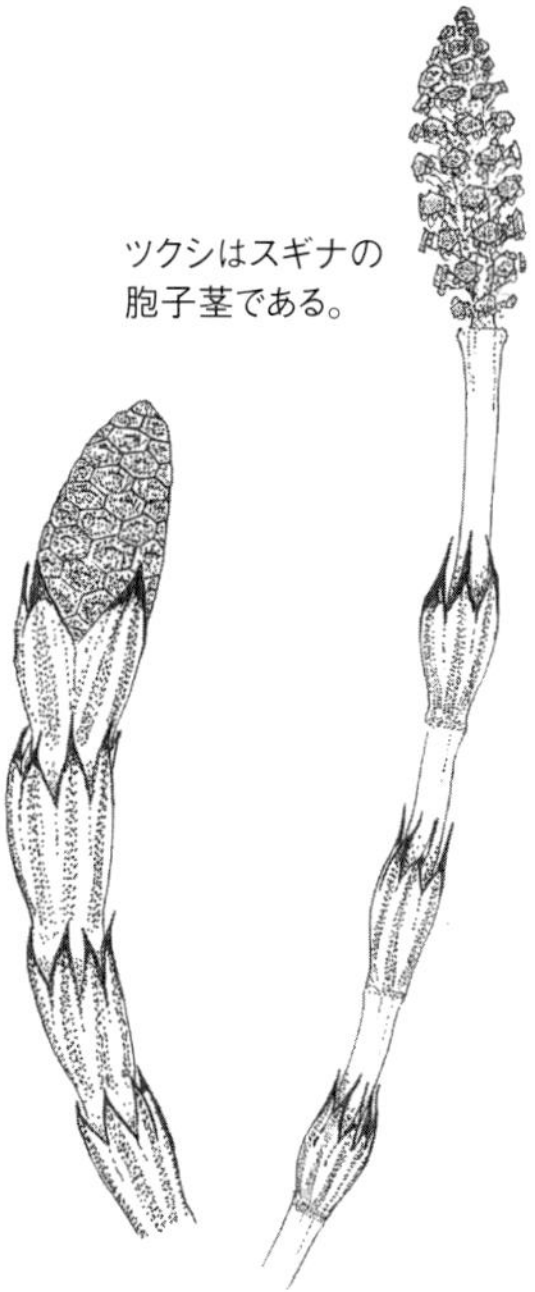

ツクシはスギナの胞子茎である。

　スギナやトクサの祖先のシダ植物は3億年前の古生代に地上に大繁栄していた。今のような草ではなく、リンボク（鱗木）やフウインボク（封印木）など数十mもあるような巨大なシダの大木が密林をつくっていた（らしい）。当時の大気には今の何倍もの濃度の二酸化炭素が含まれていたが、シダは光合成を行ってこれを吸収し、地下に埋もれて石炭となることで多量の二酸化炭素を地下に閉じこめたのである。火力発電や、製鉄で多量の石炭を使用するということは、この古生代のシダが有機物に変えて蓄えた太陽エネルギーを、掘り出して燃やして再び取り出すと同時に、閉じ込めていた二酸化炭素を放出することになるわけである。

　地球温暖化を防ぐ方法は、地下に埋もれた二酸化炭素（石油や石炭）を掘り出さないことと、森の植物を保護して、その光合成を促進して二酸化炭素を吸収することである。その先には豊かで持続可能な世界が続くだろう。しかし今の豊かさの追求に明け暮れる社会では、その先に持続可能な未来の世界はない。

初めてフォークで食った文明開化の野菜

城跡の公園北部の水路でシジミを採取していた時、浅瀬に鮮やかな黄緑色の植物が多数群落をつくっているのに気付いた。「これは食べられるのだ」。別に誰も聞いてはいないが、私は静かに語った。それはクレソンの群落だった。一時住んでいた六甲山麓では、芦屋川などの清流でたくさん見られた。久しく訪ねていないが今もあるのだろうか。

クレソンはオランダガラシとも呼ばれるが、オランダから来た辛味のある菜ということだろう。明治の初め、文明開化の頃に日本にやってきた外国人が、自分たちの食用野菜として持ち込んだものが各地に広がっていったものらしい。原産地はヨーロッパで、浅い水路や湿地に生育する。クレソンといえば清流に育つイメージがあるが、結構汚れた水路にも平気で茂っている。繁殖力が強く、茎の断片からでも群落をつくることができるらしい。各地で繁茂して周辺を覆って在来の植物を駆逐してしまうので問題視される。

植物

クレソン

〔科名〕アブラナ科
〔学名〕*Nasturtium officinale*

クレソンはアブラナ科の植物で春には白い花を咲かせる。この仲間にはダイコンやカラシナなどがあり、辛味の成分を含む点も共通している。公園で見つけたものは、葉が丸く、図鑑に記載されているものとは形がやや異なっているが、これは生育状況などによる変化だろうか。

ちなみに野生のクレソンには、まれに肝蛭《かんてつ》という寄生虫がついていることがある。これは人の肝臓に寄生して害を及ぼすため、野生のものを生で食べるのは勧められない（以前、芦屋川で採って生で食ったような気がする…絶対食った！）。

今でこそ、ポピュラーになり、マーケットの棚に並んでいるが、昔は八百屋で売られるような庶民的な菜っ葉ではなかった。私がクレソンというものの存在を知ったのは、はっきり覚えているが11歳の時である。

ある日、母親が「今夜は外食する」と宣言したの

公園北部
クレソンの群落のある水辺

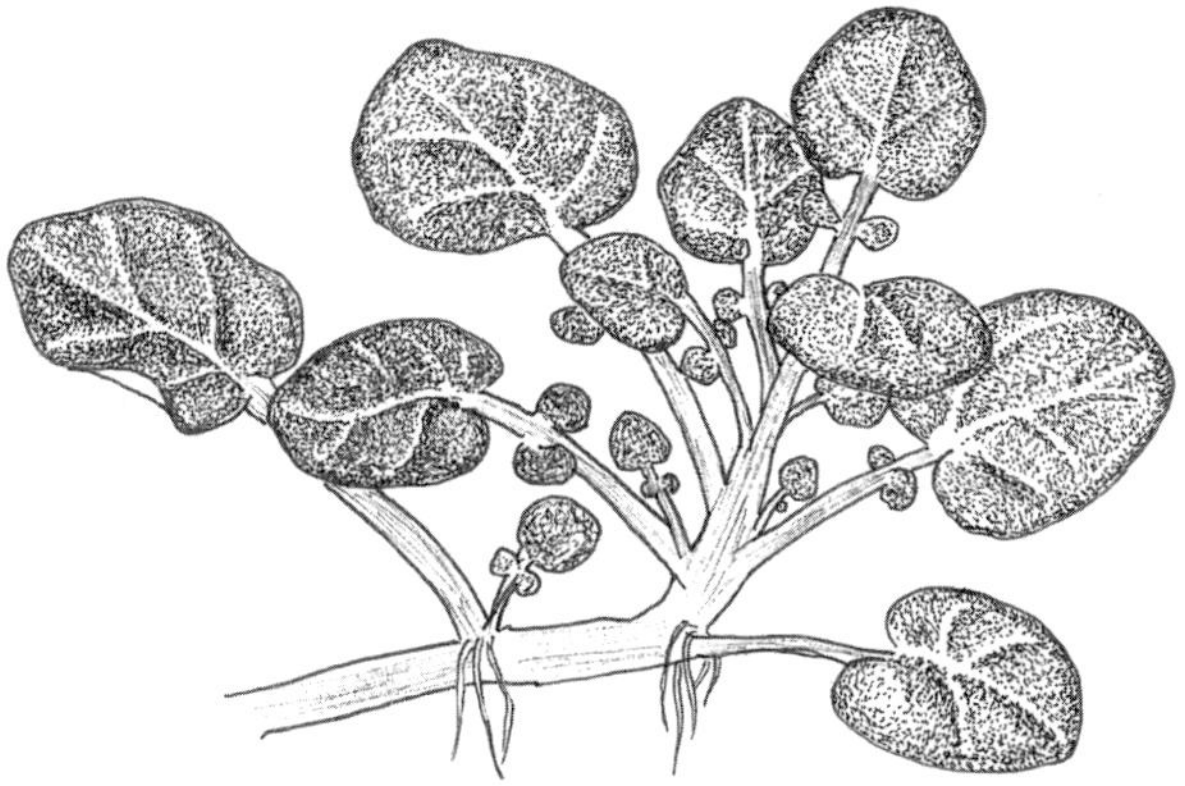

英名　Watercress

だった。その日は父親が出張で留守だった。「それって、単なる手抜き…」あえてそんなことは口に出さず、母親と出かけたのは、その頃近所にできた、ちょっとしゃれた洋食レストランだった。皿の上に白いナプキンが山型になって載っているタイプの店である。注文したハンバーグステーキの皿の上に、この初めて見る緑の草がひとつまみ入っていたのだった。「コレハ食ってよいのか？」。少年の私は不安な気持ちで、フォークで突き刺して口に入れたが、そのときの不思議な苦味・辛味と匂いをはっきり覚えている。きっとその時、店の人に「コレハナニデスカ」と尋ねたのに違いない。それで初めて食べたその時に「クレソン」という名前を知ったのだと思う。この店は今もあるが、その後は行ったことはない。

城跡の公園は市街地にありながら多様な動植物が生息し、コカブトムシやキョウトアオハナムグリ、ヒラズゲンセイなどの希少な昆虫が見られる。しかし同時に、人為的に持ち込まれた外来種も多く生息している。お堀にはライギョ、ミシシッピーアカミミガメ、水路にはタイワンシジミ、ウシガエル、鳥類ではハッカチョウ（八哥鳥）、植物は…あげればきりがない。

子曰く、実を割りて仁を知る

3月5日は二十四節気の啓蟄だった。陽射しが強まり、気温の上昇とともに虫たちが活発に活動し始める。そして春はまた花の季節である。虫や鳥たちは嬉々として花を訪れ、蜜を吸い受粉を手伝う。

学校でも北門の桜が入学式に合わせて見事に満開になった。南の花壇に植えられている小木が桜に似た桃色のきれいな花をつけていた。これはアーモンドの樹である。２００９年4月に木の実を扱う神戸の食品会社の方から贈られたもので、夏の終わりにはアーモンドの実がなるらしい。

アーモンドの花が桜に似ているのは、この樹が桜と同じバラ科だからである。他にも桜に似た花はたくさんある。ウメ、モモ、アンズ、カリン、リンゴ、ナシ、ボケ、ビワ、ハマナス…これらの樹もみんなバラ科の植物である。

他にもイチゴは木ではないが、同じくバラ科である。日本だけでもバラ科の植物は２５０種以上もある。人間はこれらバラ科の植物を品種改良し、観賞用、食用として大いに利用している。

さて、われわれが食べているアーモンドだが、どのように実るのだろうか。同じバラ科のモモと比べると分かりやすい。モモは薄い皮の下の柔らかく甘い果肉を食べ、中心の種と呼ぶかたい部分は捨ててしまう。この種をペンチなどで挟んで割ってみると中に茶色い薄皮に包まれた白い胚乳のようなものが詰っている。これはアーモンドによく似ているが、我々が食べているアーモンドの実は、モモのこの部分と同じものなのである。

モモとアーモンドの果実の比較図を基に詳しく説明すると、最も外の皮は外果皮、その内側の柔らかい果肉は中果皮、そして中心の硬くごつごつした種と呼んでいる部分は内果皮（核）という。本当の種子はこの硬い内果皮を割った中に入っている仁と呼ばれる部分であり、アーモンドの実はこの仁を食べているのであ

植物

アーモンド　扁桃

〔科名〕バラ科

〔学名〕*Amygdalus dulcis*

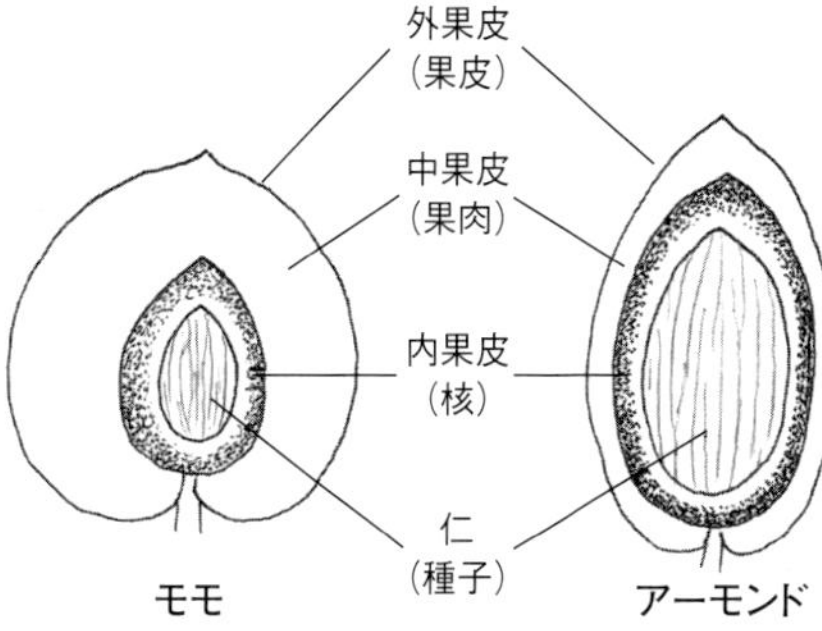

モモとアーモンドの果実の比較

アジア南西部原産
和名を扁桃《へんとう》というが、そういえばのどの扁桃腺は形がアーモンドに似ている

る。

ひょっとすると、モモの内果皮の中の仁もアーモンドのようにうまいかも知れない。夏にモモを食べた時に仁を食べてみよう。気を付けねばならないのは、ビワ、アンズ、ウメ等のバラ科の果実は種子の中の仁にアミグダリンという毒素を含んでいることである。梅干しの種の中身は食べると体に悪いと昔から言われたのは、この仁に含まれる毒のためである。アーモンドもバラ科であり、種子の中の仁を食べるのであるから、この毒を摂取することになる…。しかし、日本で食べられているアーモンドは毒成分を含まない種類であるので安心してよいらしい。

後記：梅雨前にはアーモンドの実は大きくなったが、まだ緑で未熟だった。秋になり採取して割ってみたところ、半数の仁は未熟なまま腐っていたが、残り約8個は完熟していた。軽く炒って食べてみたが、申し分のないアーモンド味だった。

火星人襲来

植物

ジンガサゴケ　陣笠苔

〔科名〕ジンガサゴケ科
〔学名〕*Reboulia hemisphaerica*

自宅の庭には生意気にも芝生が植えてある。ダンゴムシがサッカー出来るほどの広さがある。少し油断するとカタバミやコオニタビラコなどが進入して増殖するので、維持は楽ではない。2年ほど前から水はけの悪い部分にゼニゴケらしきコケが生えていたのだが、3月の末頃このコケが胞子を付けるための雌器床という株を伸ばしてきた。

　中学1年生の理科の授業ではゼニゴケの雄株と雌株を教材に使うので、いつも遠くの山まで採集に出掛けていたのだが、「これからはわが家でゼニゴケの雄株、雌株が取り放題！」とうれしくなった。しかしよく見るとゼニゴケの株と少し形が違う。シダ・コケ類図鑑で調べると載っていた。これはジンガサゴケというコケで、雌器床の形が江戸時代のお代官様なんかが被っていた陣笠《じんがさ》に似ていることからそう呼ばれたらしい。

　ジンガサゴケは地面に張り付くように伸びている葉状体の上に、ある時期になると生殖のために、雄器床と雌器床といわれる小さなイボ状の器官をつくる。雄器床でつくられる精子は鞭毛を持ち、これで水中を泳いで、雌器床の中にある卵細胞にたどり着き受精する。したがって、コケ類は受精の際に精子が泳ぐための水が欠かせないので、水辺や湿地などの環境を好むのだ（コケ本体は乾燥には強いものもいる）。

　コケだけではなくイチョウやソテツなどの裸子植物やシダ植物も精子をつくり、これが水中を泳いで受精を行う。植物でありながら精子をつくるというのは動物っぽいが、もともと動物と植物が分かれる前からこのような仕組みがあったのであり（たぶん）、植物は進化の過程で水から離れて受精を行うために花を作り、花粉を用いた受粉という方法を編み出したという方が正しい（おそらく）。

　さて、受精がすむと、ジンガサゴケの雌器床の下からはするすると細い柄が伸びて、陣笠を載せたパラソ

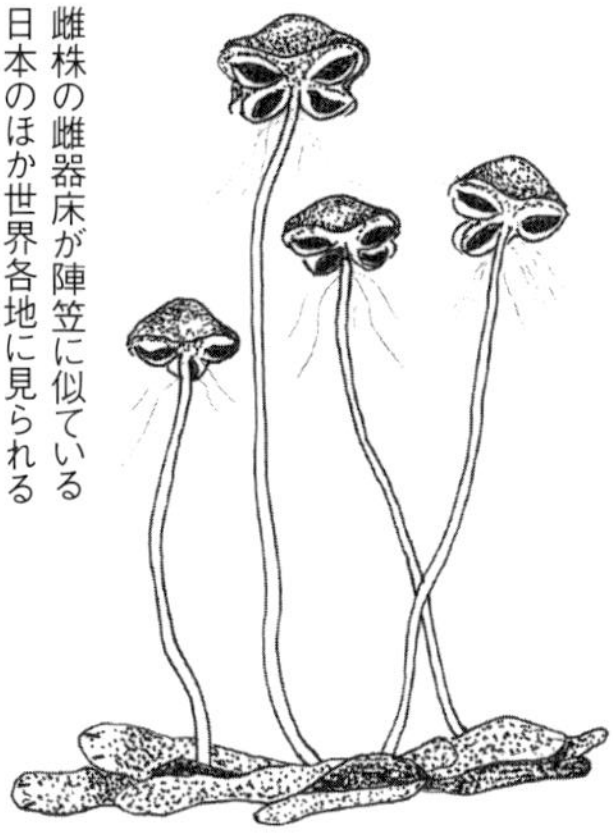

雌株の雌器床が陣笠に似ている
日本のほか世界各地に見られる

雌器床→

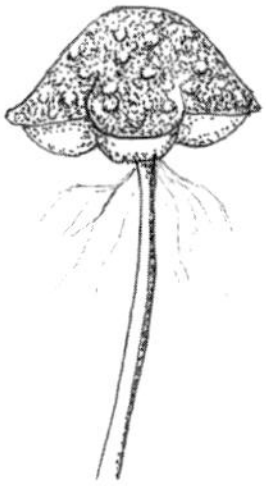

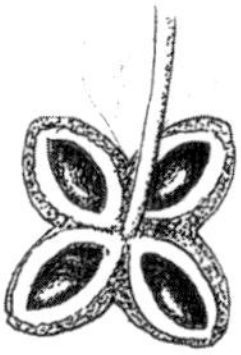

雌器床の裏の胞子の入った袋（蒴）

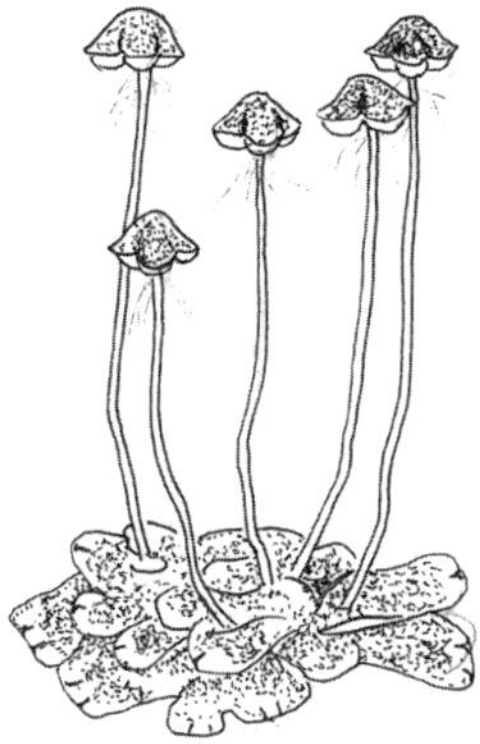

雌器床は3〜5裂タイプが混在

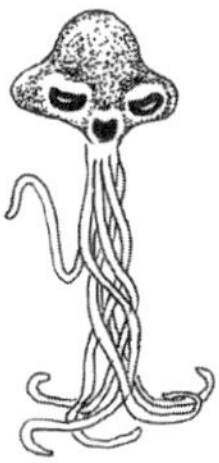

おなじみの火星人
雌株に似ている
ゆでて酢味噌で食いたい

ルのような形になる。陣笠の裏では受精卵が成熟して胞子になる。雌器床が無数に立ち上がると、まるで熱帯のヤシの密林を上空から見るようである。

　4月20日には雌器床の裏にある胞子の袋（蒴）が黒くなった。中の胞子が熟したのだ。これを机の上に置いて観察していると、乾燥したせいか袋が破れて胞子があふれ出てきた。

　スケッチするために、シャーレに入れたコケを下から眺めていると、不思議なイメージが浮かんできた。下から見上げた雌器床が、ＳＦ映画や小説に出てくる火星人に見えてきたのだ。もし私が１㎜にも満たないトビムシぐらいの大きさだったら、ジンガサゴケの森に入って、それを見上げたときの不気味な光景に呆然と立ち尽くすであろう。

　人類の出現のはるか以前から繁栄し、いまはひっそりと日陰者のように暮らしているコケだが、いつかは地上の覇権を愚かな人類から奪い返すべく、庭の隅でひそかに機会をウカガッテいるのかもしれない。

甘い物好きの用心棒

5月14日、理科教師5名は城跡の公園において、今シーズン最初の自然観察会を行った。その年は春の気温が低く虫の活動も鈍かった。この日も気温は低めだったが日射しは充分で、ハチやチョウも盛んに飛んでいた。

お堀の横のアカメガシワにアリがたくさん登ってきていた。植物の専門家の先生は「アカメガシワの葉の付け根には蜜腺があるのです」と静かに述べた。サクラの葉柄にある2つの蜜腺は見たことがあるが、アカメガシワには葉にもあるのかと、葉の付け根のあたりをルーペで調べてみた。「あった」。それはちょうど「ケガの傷のカサブタを我慢しきれずはがしてしまい、充分治ってない傷痕に体液がしみ出してきた」ときの様子にそっくりだった。蜜腺から透明な蜜が盛り上がって光っているのが見える。試しになめてみたが、あまりに量が少ないのでよくはわからないが、甘いような気がした。

植物

アカメガシワ　赤芽柏

〔科名〕トウダイグサ科
〔学名〕*Mallotus japonicus*

植物にとって、イモムシやコガネムシ等は葉を食い荒らす敵である。そこで、これらのろくでなしを寄せ付けないためには、虫にとって有毒な成分や、嫌がるにおいを出すなどの防衛手段が考えられる。現に多くの植物はそのような毒成分を含むものも多い、しかし昆虫もそれに応じた進化を遂げていき、有毒成分を解毒する仕組みを備えるなどしてきたので必ずしも有効ではない。

そこで植物は用心棒を雇うことにした。蜜を分泌してアリを呼び寄せているのである。アリは小さいが蟻酸という毒を持ち攻撃的であるため、他の昆虫にとってはコワイ存在なのである。これで害虫を追い払うことができると思いきや、害虫の方もそれを超える戦略を編みだしたのである。

アブラムシは植物の若芽について養分を吸う。集団でとりつかれて汁を吸われると植物は弱ってしまう。そこでアカメガシワは蜜腺から蜜を出してアリを呼

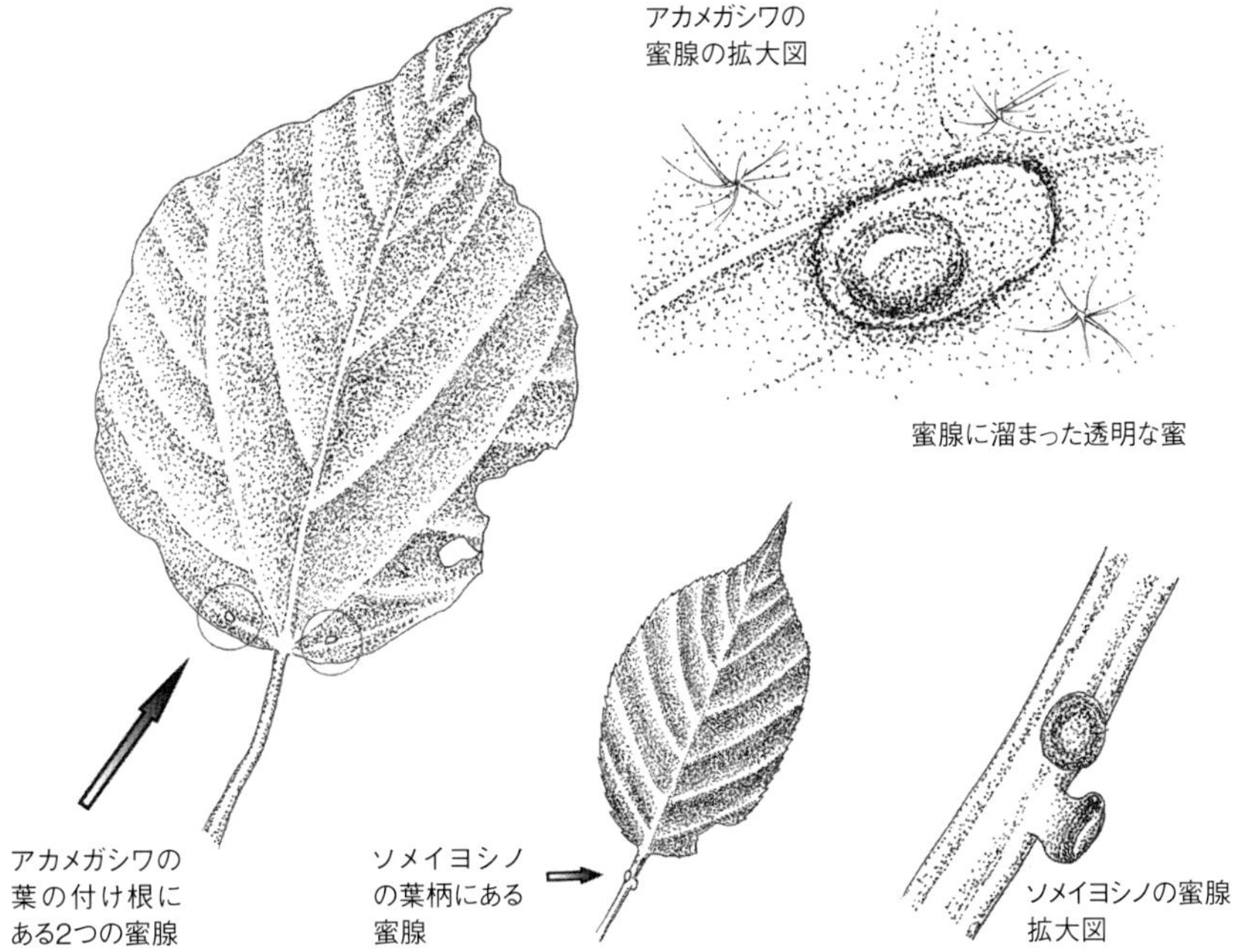

び、アブラムシを追い払おうとする。なるほどである。ところがアブラムシはお尻から甘露という甘い汁を出してアリのご機嫌を取って、襲われないようにするだけでなく、アリによって他の捕食者から守ってもらうのである。アカメガシワは害虫を追っ払うために蜜を与えてアリを雇ったのだが、雇われたアリはアブラムシの甘露で手なずけられてしまっているのである。番犬が泥棒にエサをもらって吠えるのを忘れたようなものか。

　結局アリは、植物からもアブラムシからも甘い蜜をもらい一人勝ちの状態である。しかし、この関係は植物やアブラムシの存在が保全されなければ成り立たないため、アリはアブラムシの存在は許容しつつも、植物やアブラムシを食べる敵に対しては容赦なく攻撃を行うのである。まるで現在の大国やその周辺国の防衛問題や国際関係を思わせる複雑な事情があるのだ。

　いずれにしてもすべてを支配しているのは植物である。植物はハチやチョウに受粉を手伝ってもらうために蜜を出すだけではなく、身を守るためにも蜜を使うのである。

「大変なことに…もうなってますよ！」

植物

アメリカオニアザミ

〔科名〕キク科
〔学名〕*Cirsium vulgare*

学校の校舎の北側にはアザミの群落が広がっている。ピンク色のつぼみが4月の中旬には開花し、5月半ばには種が熟して綿毛を飛ばし始めた。これは全身がとげに覆われた非常にアンタッチャブルな奴らで、名前をアメリカオニアザミという。

日本にはノアザミ、オニアザミなどのアザミの仲間が自生しているが、最近このアメリカオニアザミが急激にはびこりだしている。アメリカと名がついているが、もともとの原産地はヨーロッパである。１９６０年代に北海道で見つかったらしいが、これはアメリカから輸入された穀物や牧草などに種子が混ざって持ち込まれたと考えられる。年々分布を南に広げており本州・四国まで広がっている。まだ加古川の河川敷や、明石公園などでは私は見ていないが、明石市西部の小学校でこの外来種の大群落に初めて遭遇し戦慄しているのである。

手持ちの植物図鑑で調べてみたが、記載されているものがなかった。まだ日本に入ってからの時間が浅くて一般に認知されていないのだろうか。仕方ないので情報の多くをインターネットに頼った。他の在来種のアザミ同様、アメリカオニアザミもキク科であり、タンポポなどと同じように綿毛のついた種子を多量に作る。広がった綿毛の直径は３㎝余りもあり、種子は長さが６㎜でタンポポなどより数倍大きい。風の力で広域に飛び、種が落ちた場所で確実に芽吹いて子孫を増やしていくに違いない。

外国から人為的に持ち込まれたブラックバスやアライグマ、ミシシピーアカミミガメなどの外来種は、繁殖力が旺盛で天敵がいないため、日本在来の生物の生息を脅かすほど増えており、その対策が問題になっている。

アメリカオニアザミも早く何とかしないと「大変なことになりますよ！」と言いたい。とりあえず「我が校と日本の自然を守る！」と男（私ですね）は立ち上

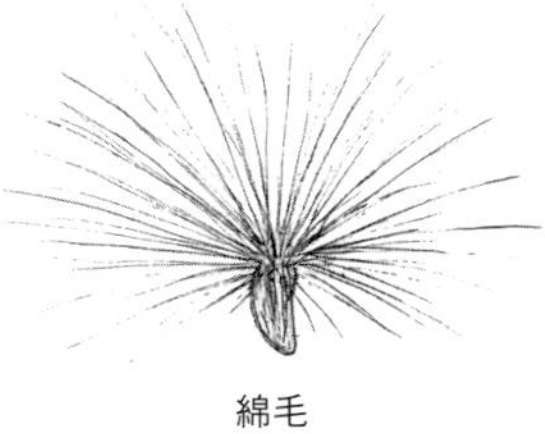

綿毛

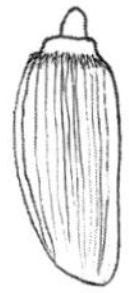

種子

がり、軍手をはめて綿毛になり始めた花をハサミで刈り取り始めた。しかしながら圧倒的な数の多さと鋭い棘攻撃に降参し、わずか10分でやむなく撤退となった。このアザミを食べる昆虫、もしくは草食動物が現れないものか。

これとは逆に日本からアメリカに持ち込まれて厄介がられている植物がある。乾燥地の緑化に有効だということで移入したが、強靭なツルを伸ばして大繁茂し、刈っても刈っても旺盛な繁殖力で周囲を覆いつくしてしまう植物。それは日本でも厄介がられるクズ（葛）である。

かつて日本では根からとれるでんぷんは食用にし、茎の繊維を布や紐にして利用して暮らしに役立たせていたが、我々の生活スタイルが大きく変わったため、クズには何の責任もないが今では利用価値がなくクズ扱いとなっている。

巨木になれる確率は…

植物

アベマキ　椚

〔科名〕ブナ科
〔学名〕*Quercus variabilis*

　朝張った氷が夕方まで残っているなどという日がなくなった。この冬も底冷えを感じることなく、陽射しは少しずつ春に向かいつつある。何か春の兆《きざ》しはないかと校舎南の雑木林に入ってみたが、昆虫たちはまだ活動していない。足元には多量のアベマキの落ち葉が積もっている。

　アベマキとクヌギは非常に似ているが、クヌギの葉は裏に毛がないのに対して、アベマキは裏に細かい毛が密生していて白く見えるので区別できる。またクヌギは兵庫県内では自生しているものはほとんどなく、里山に見られるのは薪炭《しんたん》用に人が植えたものであるという。城跡の公園でも最近クヌギが植えられているが、見上げるような大木はみなアベマキである。クヌギやアベマキは冬になっても枯れた葉が枝に付いたままになっていることが多い。この樹木はもともと暖地生であり、まだ冬の乾燥や寒さに対応した落葉のしくみが、充分に発達していないからだという。

　落ち葉をかき分けると、アベマキの大きなドングリがたくさん見つかった。この秋に落下したものだろう。

　以前、私の家や近所の家にはウバメガシの生け垣があった。秋にはたくさんの小さなドングリが実ったので子どもの頃はよく集めたものだった。小学生の時、一度食ってやろうと思い、皮をむいてすり鉢でつぶして団子にしたが、渋くて食べられなかった。ウバメガシの小さなドングリしか知らなかった私は、ある時、町の北部にある山の雑木林で、初めてクヌギの丸くて大きなドングリを見つけて、しばらく宝物にしていた記憶がある。

　さて、アベマキのドングリだが、落ち葉の下で見つけたものの中には、約20個に1個ぐらいの割合で発芽しているものがあった。実の先端から白い根が伸びて土の中に潜っていき、その根の付け根は2つに割れていて、その間から若芽が立ち上がっていく。おそらく陽射しの強まる春にあわせて、落ち葉の間から葉を広げるのだろう。日当たりを好むコナラやアベマキは地表に陽がよく届く落葉樹の森では育つが、森がカクレミノやクスノキ、ツバキなどの常緑照葉樹に覆われて地表の日当たりが悪くなると、もはやドングリは芽吹いても育たなくなる。

　芽吹いたドングリを1つ掘り出してみたが、その根は15㎝以上伸びておりすでに堅い〝木〟になっている。「これだけ成長しているならばおそらく実の中は空っぽだろう」と思い、実を割ってみたが、意外にも実の中には発芽前と同じように、まだまだ胚乳が詰まっている。アベマキやコナラのドングリは、乾燥した地面に落ちても発芽しない。落ち葉の下の湿った腐葉土の中で芽吹くのだ。腐葉土中には有機物を分解する菌類が無数に存在するのだが、生きた実は菌に侵されて腐ることなく芽吹く。

　ところが、ここで見かけるドングリの大半は発芽しないまま白い菌糸に包まれて黒く腐っていた。これらの実は菌の侵入を受けて死んだのか、それとも死んだ実だったので菌が侵入したのだろうか？　中には虫食いの穴が開いて、わずかに芽を出したまま腐っているものもある。育たずに朽ちていく実を多量につくるのはムダなような気がするが、多くの犠牲があって初めて、ほんの一部が育つのかもしれない。そして朽ちたドングリもやがて小さな虫に食われ、菌によって分解され、森の土を肥やして翌年のドングリの栄養になっていく。自然の中ではムダなものは存在しない。

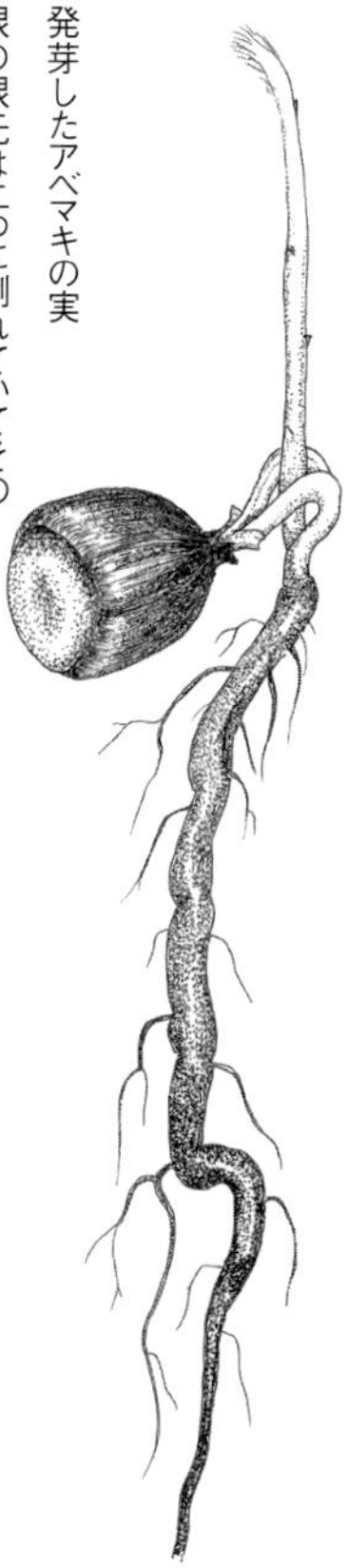

発芽したアベマキの実
根の根元は二つに割れていてその間から反対向きに芽が伸びている

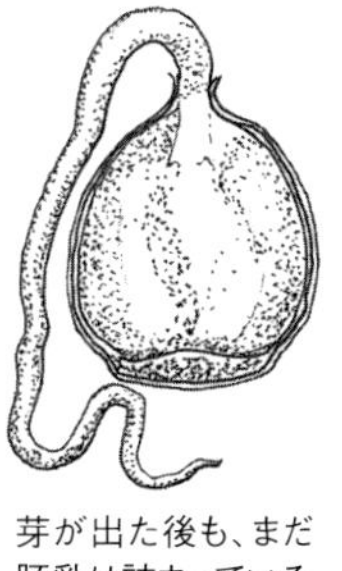

芽が出た後も、まだ胚乳は詰まっている

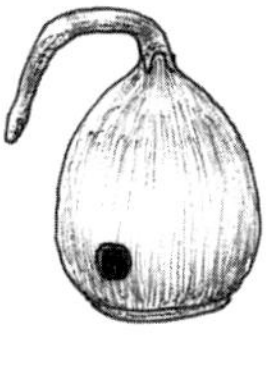

虫食いの実

極悪激臭　ドリアンとどっちが臭いか

植物

ギンナン（イチョウ）　銀杏

〔科名〕イチョウ科
〔学名〕*Ginkgo biloba*

12月30日、この冬一番の寒気が入ったこの日、家の近所にある神社の大イチョウの下を通りがかったところ、たくさんの実（ギンナン）が道に落ちているのを見かけた。すっかり葉を落としたイチョウがまだ実を落としてるのかと不思議な気がしたが、家の近くの街路樹のイチョウも同じようにまだ実を落としていた。11月半ばにイチョウの葉は色付き、12月末にはすっかり葉を落とす。これはここ数年の野帳の記録を見るとだいたい変化がない。しかし温暖化の影響で今後は落葉が遅くなっていくかもしれない。

神社のイチョウの実（ギンナン）を持ち帰って食ってみることにした。といってもギンナンである。例の極悪激臭である。よく道を歩いていてこの匂いがすると、「しまった」と思わず自分の靴の裏を見てしまう。とにかく匂いの元である黄色い果肉を取り除かねばならない。

ところでイチョウは裸子植物である。中学生の時、「マツスギイチョウソテツ」とお経のように唱えて覚えた内の一つである。つまりその花（雌花）には子房がなく、胚珠がむき出しになっているのだ。被子植物の場合、胚珠は種子に、子房は果実になるが、子房がないイチョウには果実はできないのである。ではこのギンナンの硬い実（種子）をおおう悪臭の果肉は何なのか？　じつはこれは外果皮といい、種子をおおう皮なのだそうだ。何となく納得いかないがそうなのだからしょうがない。イチョウは2億年前の古生代末期に現れ中生代に栄えたが、今の1種のみを残して他は絶滅してしまった。中国南部に生き残っていたイチョウが室町時代に日本に伝わったらしい。かつてはイチョウの木の下をディプロドクスのような巨大恐竜がのし歩いていたのだろう。恐竜は滅びたがイチョウは生き残った。まさに生きた化石である。

拾ってきたギンナン30個はバケツに入れて花壇の土をかぶせて埋めておいた。地中のバクテリアがこの激

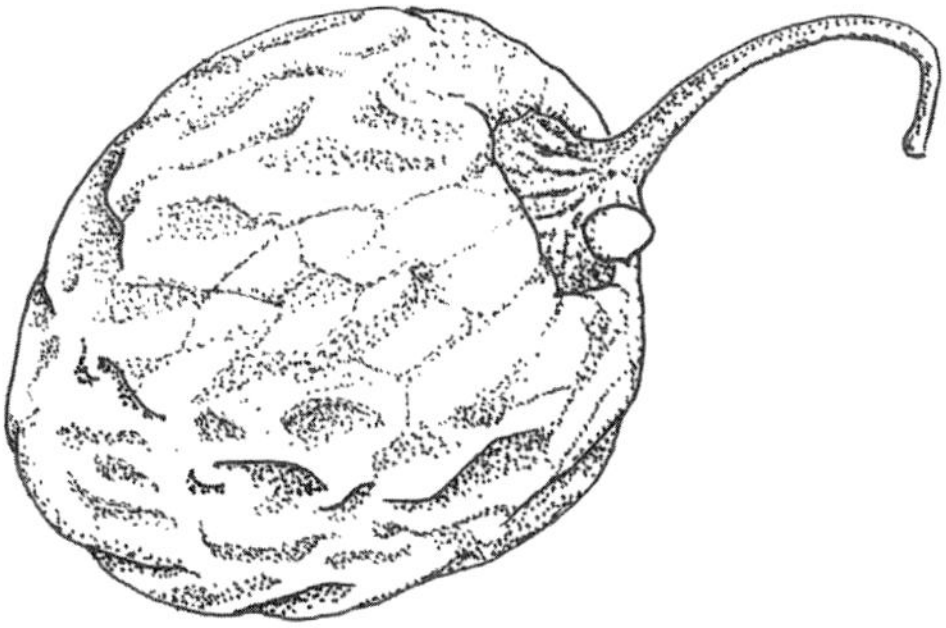

熟して落ちた実（銀杏）

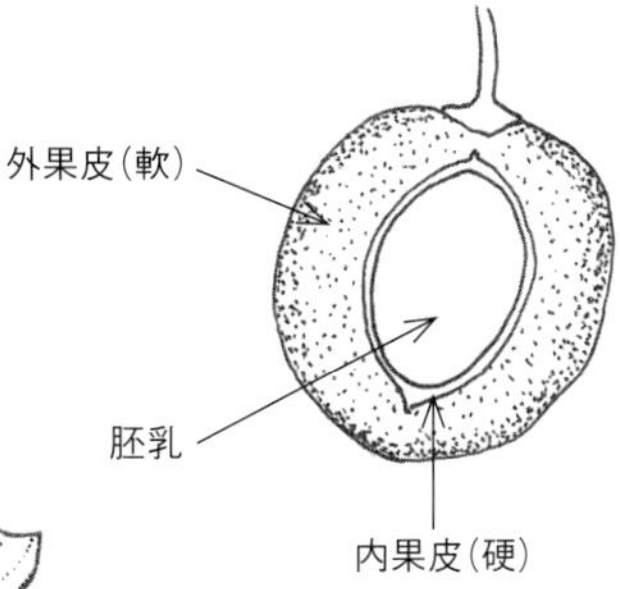

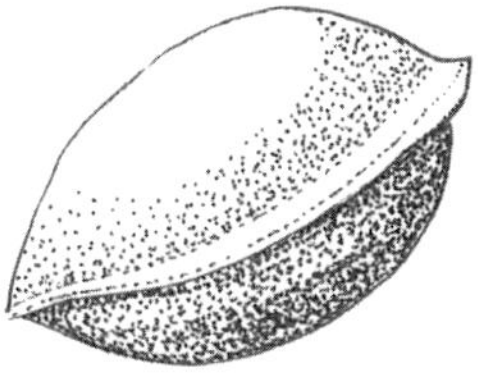

外果皮を取り除くと内果皮
に包まれた種子が現れる

臭の外果皮を分解してくれるだろう。本当は篩《ふるい》の中で水を流しながら強くもみ潰して外果皮を洗い流すのだが、そうすると近所の人がうちの前を通る度に靴の裏を見て首をかしげることになるので、できないのだ。なぜギンナンはこんなに臭いのだろうか。

一般に植物の果実は果肉の甘い匂いや味で動物を誘い、これに種ごと食べてもらう。そして消化しなかった種を糞と共にいろんな場所に落としてもらい分布を広げるのだ。ところが、このギンナンの匂いはまるで動物に食われないように防衛しているとしか思えない。おまけに果肉は素手で触れるとひどくかぶれる成分を含んでいる。この実を食べる動物はいるのだろうか。タヌキの糞に未消化のギンナンが混じっていたという話を聞いたことがあるが…。

父親にギンナンを拾ってきたといったら、「わしは毎日食っとる。ほれ安かったぞ」といって見せてくれたのはイランから輸入された袋入りのピスタチオだった。田舎育ちの割にはいい加減なものである。小学館の図鑑『日本の樹木（下）』にはギンナンは有毒成分を含み『多食すると死ぬ』と簡潔かつ容赦なく記載されているが、どのくらい食ったら死ぬのだろうか。

幸せの黄色い果実

植物

ポポー

〔科名〕バンレイシ科
〔学名〕*Asimina triloba*

体育大会の前日に寒冷前線が通過し、その後きっぱりと秋の空気と入れかわった。翌9月29日は一日中雨で、大阪での日中の気温は15・9度と、9月の気温としては観測開始以後最も低かったという。

8月の終わり頃、高校生の長男が「学校に大きな実を付けている木があるが、いったい何なのか？」というので、写真を撮ってこさせた。その写真を見て、私は「これは！」と叫んだ。それは私が密かに手に入れたいと思っていた、ある果実だと確信したのだった。

すぐに答えを明かすが、それはポポー（またはポーポー）というバンレイシ科の広葉樹の実である。大きさは15㎝ほどで、アケビやマンゴーのようである。若いときは黄緑色だが熟すと黄色くなり、落果する。

息子は「もうかなり落ちて腐っている」というので「何っ！　早く木になっているやつを採って帰ってこい！　はやく！　Hurry up!」と急かした。

ポポーの事を知ったのは10年ほど前、深夜の某テレビ番組「探偵なんとか」でこの実が紹介されたのを見たことに始まる。北アメリカ東部原産で、明治時代に果樹として日本に導入されたらしい。病害虫に強く無農薬で栽培できるという優れものなのだが、今ほとんど見かけることがないのはなぜだろうか。野生でも栽培種でも、とにかく食えるものは何でも食っておくというのが私のモットーであるので、ポポーを手に入れて食ってみたいと常々思っていたのである。以前タイへ行ったとき、このポポーと同じ仲間のバンレイシの実を食べたことがあった。白い果肉は甘く、クリームのようで本当にうまかった。

9月29日、長男が学校からポポーの実を持ち帰った。それは少し黄色く柔らかくなっており、熟し加減は申し分なさそうだった。バナナとオレンジとパイナップルを合わせたような良い匂いがした。

「ではでは」ということですぐに包丁で2つに切ってみた。中にはビワのような大きな黒い種が7つほど

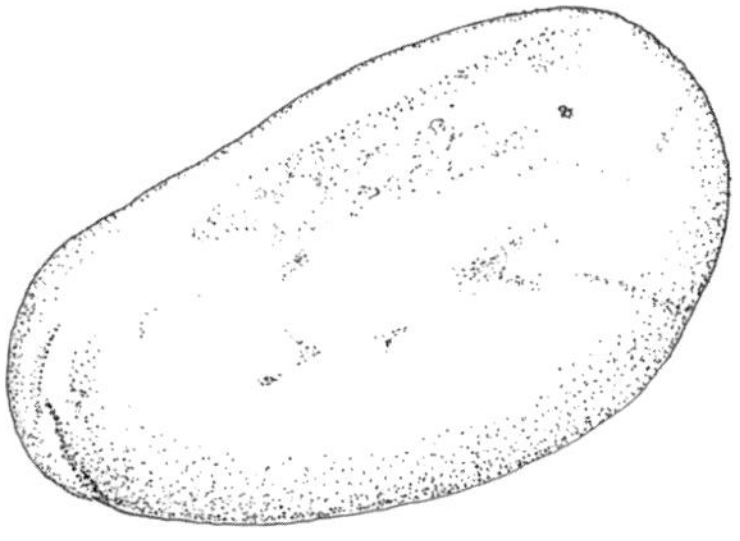
ポポーの果実
（長さ140mm）

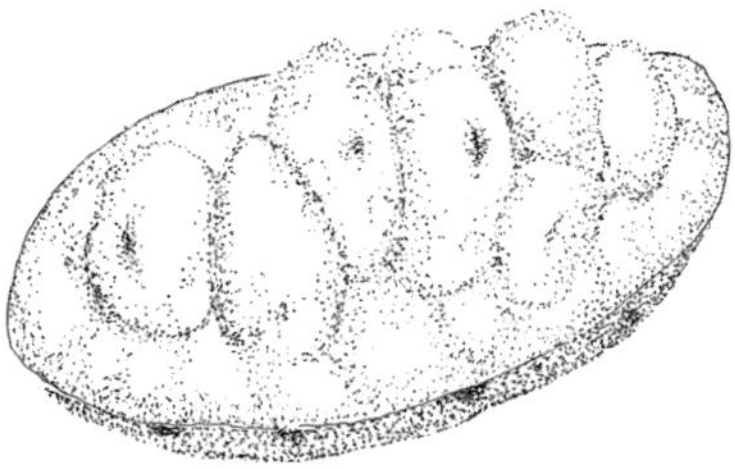
割ってみたところ
果肉に包まれた種が
並んでいる

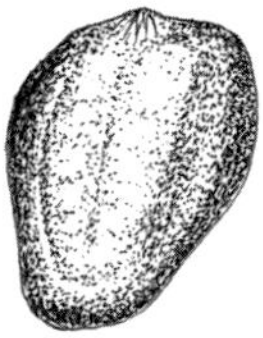
種子（27mm）

ポポーの葉

入っていて包丁が入りにくい。表皮だけを切って手で割ると柔らかな果肉が出てきた。種ごとガブリと食いつく。果肉は濃厚なクリームのような舌触りで、味はバナナとカキとマンゴーを合わせたようで甘くてとてもうまい。ミックスジュースのような味だ。ただ食べると鼻に抜ける香りにクセがあり少し臭い感じがするが、気になるほどではない。ドリアンなどはもっと臭いのだろう。「こいつはうまい、まだ実があるなら全部もってこい」といい、「来年は時期を逃さず、速やかに全部こっそり採ってきなさい」と付け加えた。

　こんなにうまい実が、誰知らず毎年熟しては落果して腐っていたという事実に「なんてこった」と、果肉を食べ尽くした後の果皮をなめながら台所を落ち着かず歩き回っていた。食い終わった後の黒い扁平な種は、ポポーの自家栽培をするために庭に植えておいた。

　この種は1つだけが翌年に発芽し、約7年後の今は1mほどに成長している。まだ花は咲かないが、黄色いおいしい果実ができる幸せな日を夢見ている。ああ待ち遠しい。

嫌われ者だが屑にあらず

その年の夏は暑かったが、盆を過ぎると日が暮れてからの気温の下がり方に秋の気配が微かに感じられるようになった。そして気がつくと日暮れが早まっている。加古川の河川敷では土手の雑草は夏の盛りに一度刈り取られたが、雨も少ないせいかその後はあまり繁茂していない。そんな斜面に緑のツルが放射状に広がっているのを見かける。まるで土手に張られた巨大なクモの巣のように見える。これは秋の七草にも数えられているツル性の多年草のクズ（葛）である。

クズは地上部分が冬に枯れても、春には他の植物よりずっと早くツルを伸ばして成長し日光獲得競争に勝利する。これは地下の大きな根にしっかりとデンプンを蓄えているためなのだが、そのおかげで土手の雑草がすべて刈り取られた時でも、クズだけがその後にスルスルとツルを伸ばしてあたりを被ってしまうのだ。河川敷の大きなヤナギの木もクズに完全に被われて、緑のモンスターのようになっている。

植物

クズ　葛

〔科名〕マメ科
〔学名〕*Pueraria lobata*

クズは中国や日本に自生していたが、19世紀に飼料、緑化、庭園装飾用としてアメリカに持ち込まれた。今ではその旺盛な繁殖力で拡散し、侵略的外来種として駆除に手を焼いているらしい。日本でも荒れ地は言うに及ばず、林縁や道路脇などですさまじく繁茂している。昔はそのツルが農家の生活道具作りなどに使われたため定期的に刈られ、それほど繁茂しなかったが、今は何でも石油製品に取って代わり、クズが野放しになったため伸び放題である。

先にも触れたように、かつてクズは生活を支える重要な資源であった。非常に強靱なツルは、かごなどを編むのに使ったり、繊維を取って布を織ったりした。またその根を干したものは葛根湯《かっこんとう》という風邪薬になるし、根をすり下ろして沈殿させると真っ白なデンプンが得られるが、これが葛粉《くずこ》でくず餅やくず切りなどの和菓子に使われる。そして葉は家畜の飼料になったというから、全く捨てるところがないのだ。

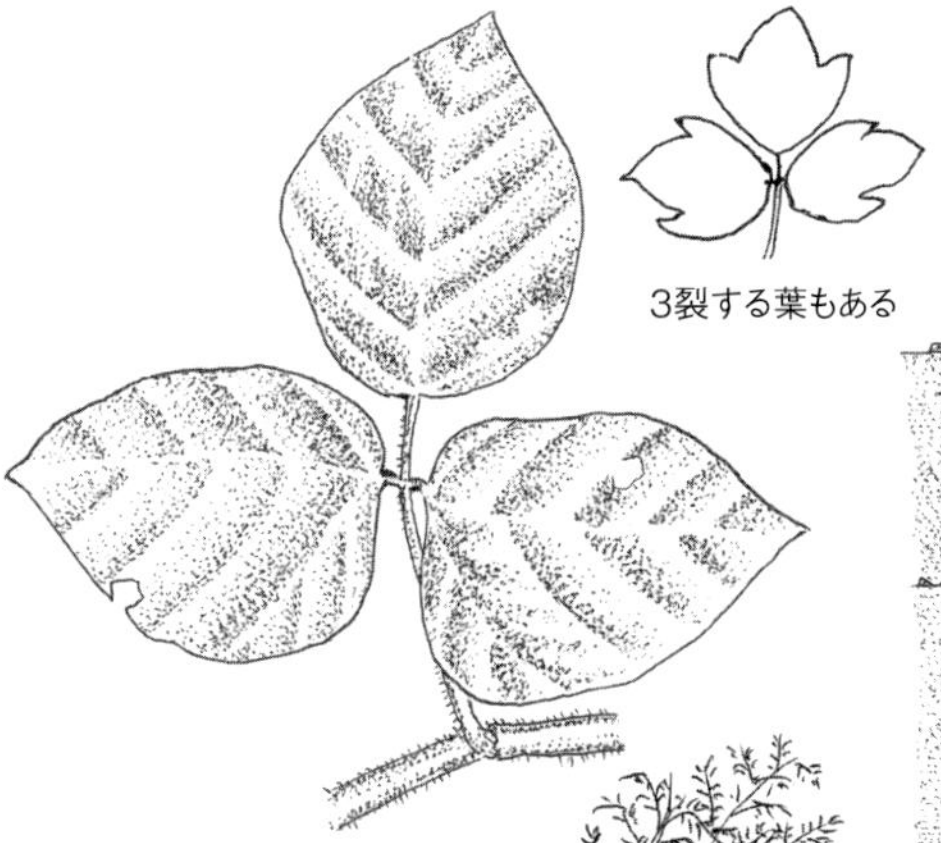

3裂する葉もある

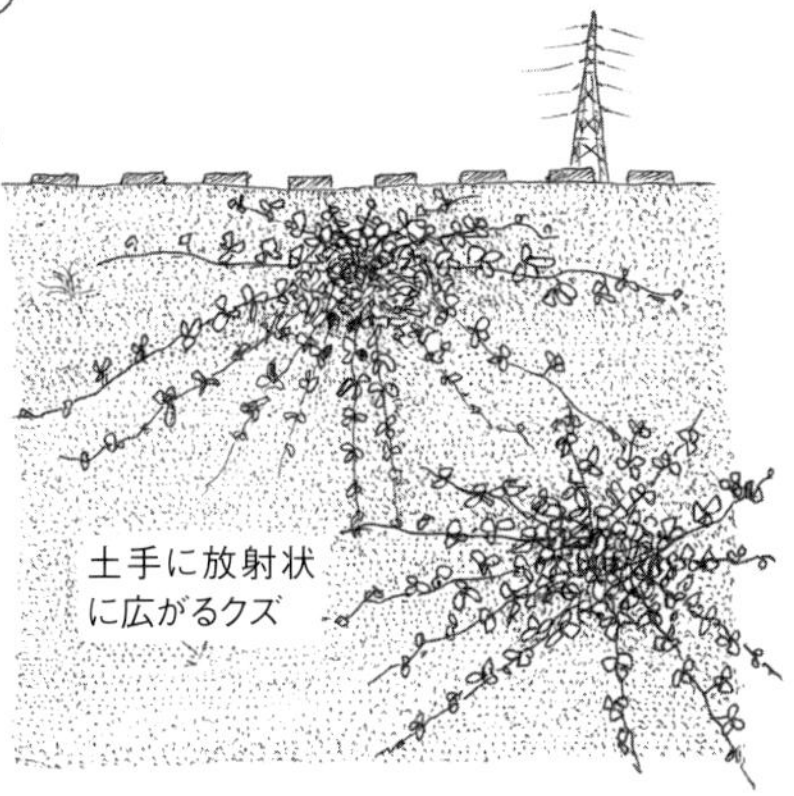

土手に放射状に広がるクズ

柳に絡まる

ところがこんなに役立つクズを、今は石油を動力にした草刈り機で刈り取って、石油を使って焼却場で燃やして処分しているのだ。その一方で、菓子に使う葛粉はほとんどが中国からの輸入に頼っているという。人の手を使ってものを作ることを止めてしまったのが日本の現状なのである。

しかしそんな人間の都合に関係なく、虫たちはクズにたくさん集まる。ハナバチは蜜を吸い、シジミチョウの幼虫はつぼみを食べ、カメムシはツルの汁を吸い、オジロアシナガゾウムシの幼虫はツルの中に作ったコブの中で育つ。虫たちにとっては優しくたくましい母親のような植物である。

クズはマメ科であるので、9月に花が咲いた後、枝豆のようなマメができる。葉の形も大豆などによく似ている。この豆も食べられたら完全無欠の植物だと思うので、秋になったら根のデンプン採取と共に一度挑戦してみようとたくらんでいる。

クズという名前は、奈良県の国栖《くず》という地域が葛粉の産地であったことに由来するという。ちなみに英名もKudzuである。

根無し草な食虫植物

播磨には溜池が多い。香川県の讃岐平野と共に全国一の密度だといわれる。雨の少ない地域において溜池は農業に欠かせない大切なものだが、最近は耕作地の減少と共に水の需要も減ったため、各地で溜池が埋め立てられている。多く学校はそんな溜池を埋め立てた土地に建てられている。

9月下旬、水棲生物の調査のために明石市の溜池を訪れた。前夜、急いで作ったペットボトル利用の採集用仕掛け「やみくも1号〜3号」に、いつも一緒に活動しているハチ博士の元先生の助言で、酒粕とおもりの小石を入れて、ひもを結び付けて池に沈めた。何度か場所を変えて沈めては引き上げたが全く何も入らなかった。

「何も獲れなかったけどのんびりできた。そろそろ帰ろうか」という段になって、博士の作ったちゃんとした仕掛けにはたくさんの魚が入っていた。ほとんどがタモロコだったが、他にギンブナ、ドジョウ、ヨシノボリが見つかった。これらは、池の隣の中学校の水槽で飼育することになった。地元の水利組合の人の話では、昔はウナギもたくさん獲れたらしい。

この仕掛けに絡まって引き上げられた水草を見ていた博士が「ややっ!! これはタヌキモではないか? それに…こいつはシャジクモか?」と声を上げた。魚だけではなく、水草にも鋭く探求の目を注いだのは、さすがに博士である。「これが…タヌキモ…」。私はこの2種類の藻を学校に持ち帰り、しばらく観察することにした。

タヌキモはフサモやクロモに似ているが、驚いたことにこいつは食虫植物なのである。小学生の頃、植物図鑑の写真で見たが、こんな所で初めて実物と出会ったのだった。

細い茎から糸のような葉が枝分かれしていて、そこにたくさんの袋（補虫嚢）がついている。この袋はちょうどスポイトを凹ましたような状態になってお

植物

タヌキモ　狸藻

〔科名〕タヌキモ科
〔学名〕*Utricularia japonica*

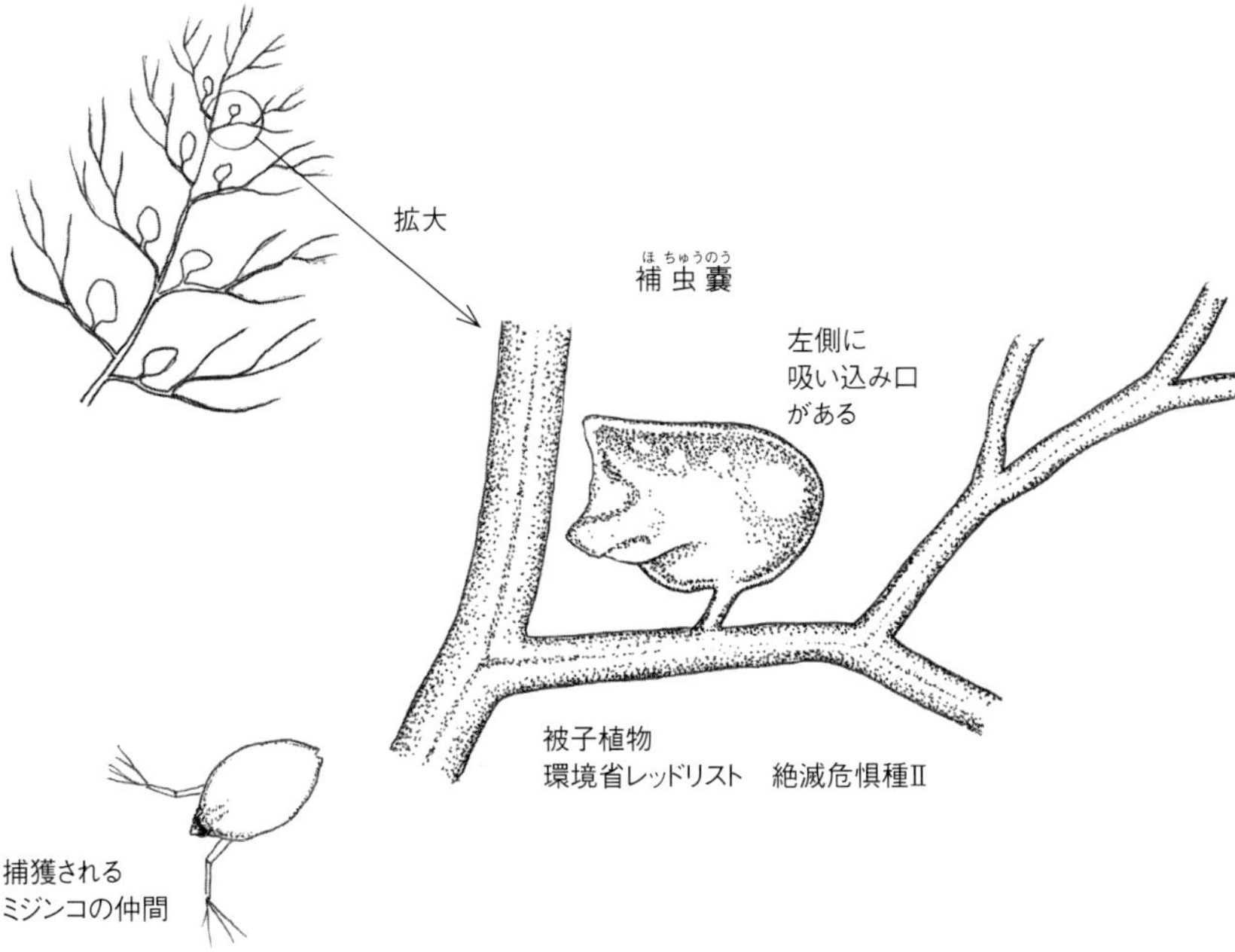

り、その口にはふたがついている。それにミジンコなどが触れるとふたが開いて、水ごと勢いよく袋の中に吸い込まれてしまうのである。袋の中の消化液によって獲物は消化され、タヌキモの栄養となる。

タヌキモには根はなく水中に漂う生活をしている。モ（藻）という名がついているが、じつは被子植物なのである。夏頃に茎の先を水面から突き出し、その先に黄色い花を咲かせ、実をつける。また冬に向けて茎の先に葉が密集した越冬芽という丸いかたまりをつけるが、これがタヌキに似ているのがタヌキモの名の由来らしい。一緒に採取したシャジクモは藻類で、これも絶滅危惧種の珍種らしい。

2種類の希少な水草と藻は学校に持ち帰り、円形水槽に入れて観察しながら増殖しようとたくらんだが、一緒に紛れ込んでいたアオミドロが急激に繁茂し始めた。そのためかわからないが、シャジクモは1週間後には姿を消し、タヌキモも徐々に色が薄くなり、1か月後にはほとんど溶けてしまったかのように消えてしまった。無念である。

「干し柿製造大作戦」決行中
～渋柿を改心させる～

植物

カキ　柿
〔科名〕カキノキ科
〔学名〕*Diospyros kaki*

秋になると美しく色づいたカキの実が目につく。郊外の里山のみならず街中でも道端や公園、民家の庭にたわわに実っているのを見かける。誰も食べないのか熟して落ちるに任せているものが多い。

「昔は戦争があって食べるものが無くて大変だった」という話を親の世代から聞かされたが、当時はカキも重要な食料として残らず食い尽されたのだろうか。今、もし何か政変があって輸入が止まると、日本はたちまち食糧難になるが、秋ならカキだけは手に入りそうだ。

中学生の時、友人の家の隣にうまそうなカキが実っていた。無許可で1つもぎ取って、ためらいなくカブりついた。「甘いな」と思ったのは1秒足らず、すぐに口中に土を詰め込まれたように感覚がマヒしてしまった。世の中そんなに甘くないということを教えてくれた凶暴な渋柿だった。

学校の西のフェンス沿いにカキの樹が1本あり、たくさんの実が色づいている。このカキは渋柿だということである。台風が週末ごとにやってきて、せっかくの実を落とさないか気をもませた。

10月末に、まだ青味の残る少し硬い実を収穫した。翌日早速「干し柿製造大作戦」を開始した。といっても皮をむいて麻ひもに吊るし、アルコールを噴霧して消毒しただけである。陰干しして2日後、表面が乾いたところで優しく手でもむ。こうすると柔らかくておいしい干し柿になるらしい。

カキが渋いのは果肉に含まれるタンニンという成分が関係している。これが食べたときに口内の粘膜のたんぱく質に結合し、感覚神経をマヒさせ「あわわ、ひぶらった（渋だった）」となる。甘ガキにもタンニンが含まれているが、これは水に不溶性で口中のたんぱく質と結合しないため食べても渋くないらしい。渋柿を干すことで水溶性のタンニンが不溶性となり、渋みを感じずに甘く食べることができるのだ。

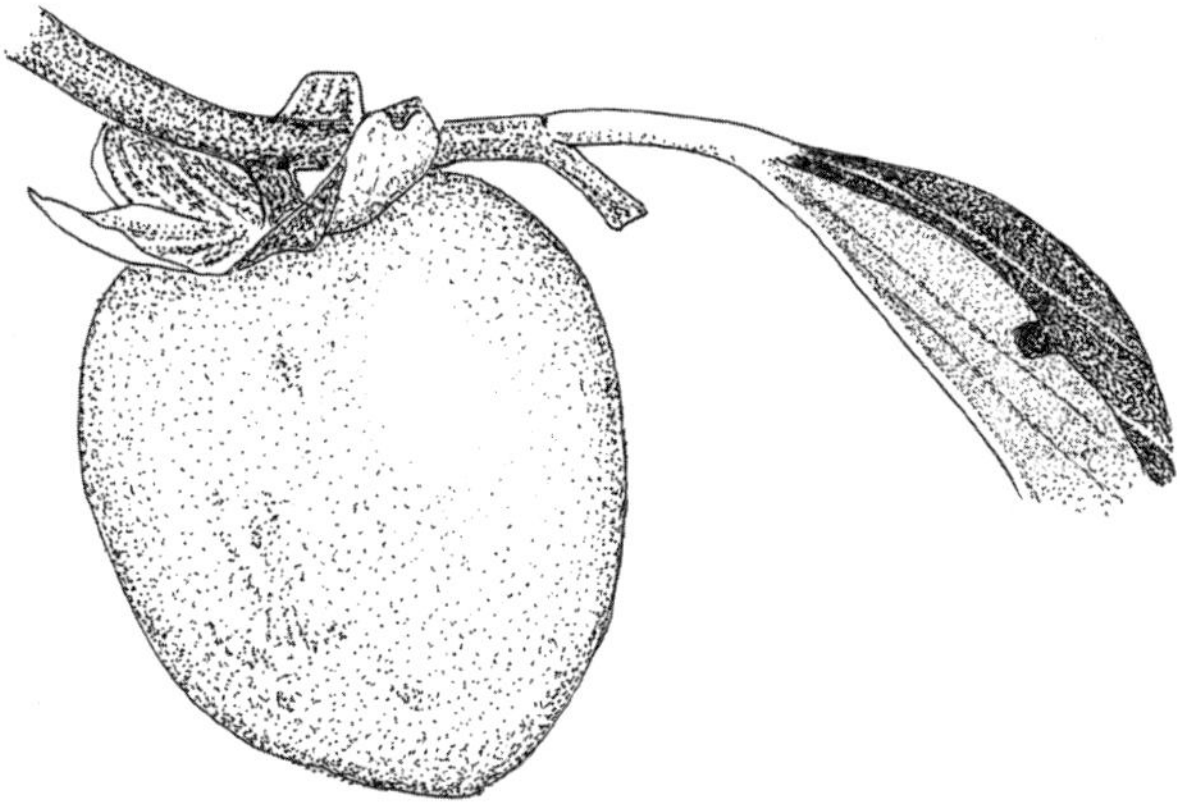

学校で収穫した渋柿（実の長さ64mm）
英名Persimmon

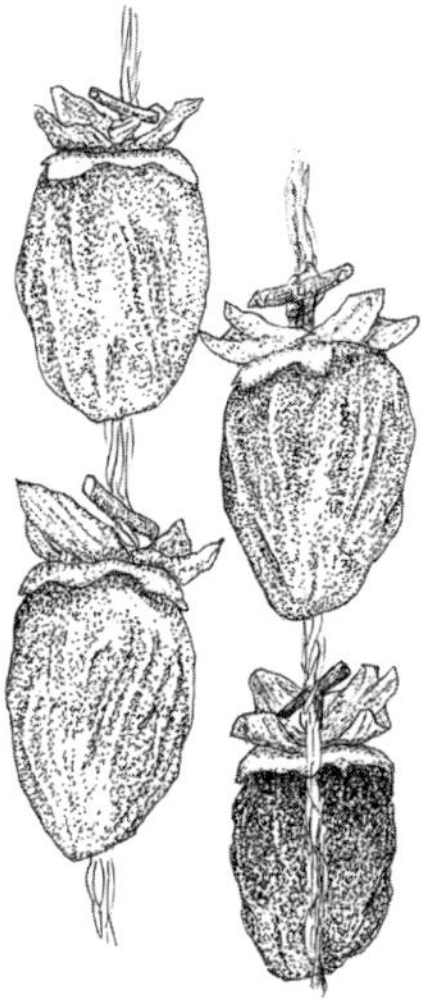

12月12日に試食したが、カキは改心し、渋は完全に抜けていた

多くの果物には酸味があり、それが熟してくると甘味が加わってくる。熟してない時は「まだ酸っぱいな」ということになるのだ、しかし、酸っぱい柿というものには出会ったことがない。甘いか、渋いかであり、甘くなくても酸っぱくはない。甘くないというだけである。酸味の基であるクエン酸などがあまり含まれていないのだろう。不思議な果物である。

カキは未熟な時にはこの渋みで動物に食われるのを防ぎ、完熟すると渋みが抜けて甘くなり、動物に食べてもらい種子を運んでもらうのだ。熟したカキの種の周りにあるゼリー状の組織は、食べたときに種が歯でかみつぶされないように滑りやすくするとともに、動物に飲み込まれやすくしているらしい。干し柿を考えた人間も偉いが、カキの知恵も相当なものだ。

我が家の庭の隅には以前勤めていた学校で採ったカキ（これは甘ガキだった）の種を捨てていたのが芽吹き、今は80㎝ほどに成長している。桃栗三年柿八年…甘いカキが実るのはまだまだ先だ。

カキは東アジアの原産だが、江戸時代に日本からヨーロッパやアメリカに伝わったため、学名もKakiとなっている。

楽器が先か、果実が先か

植物

ビワ　枇杷

〔科名〕バラ科
〔学名〕*Eriobotrya japonica*

真冬に咲く花は少ない。これは昆虫に花粉を運んでもらうという被子植物の戦略が、昆虫の活動が休止する冬には使えないためかと思う。しかし、こんな真冬でも学校ではサザンカやパンジーなどが盛大に花を咲かせている。そしてあまり目立たないが、1年生の教室の南にあるビワの樹は、冬の今、白い花が盛りである。花芯には透明な蜜がたまっており、甘い香りが強く漂っている。梅雨の頃には橙色の甘い実をつけるだろう。

ビワの花期は11月～2月である。こんな時期に花をつけて花粉を運ぶ虫はいるのかと疑いたくなるが、冬眠せず活動している昆虫はたくさんいる。真冬でも晴れて風のない日には、採蜜にやってくるミツバチを見かける。またメジロやヒヨドリなどの鳥は花の蜜が大好物で、顔中に花粉を付けて蜜を吸い、花の受粉を助けている。

冬場には花をつける植物が少ないので、ビワはこれらの昆虫や鳥などの受粉サポーターを独占できるのだ。花は地味だが、強い匂いと蜜で虫や鳥を呼ぶのだろう。もしもこれらの昆虫や鳥が寒さで活動しなかった場合でも、他の花からの花粉に頼らずに、自分の花粉で受粉できる（自家受粉）という非常手段もビワは持っている。まるで冬に適応した植物のようだが、ビワは年間平均気温が15度以上、最低気温がマイナス5度を下回らないところでなければ育たない。元々中国南西部・揚子江の上流域が原産というから、温暖な気候に適した植物なのである。日本でも長崎県が最も出荷量が多く、香川や愛媛など暖地で栽培されている。

ビワの実には大きな種が複数個入っている。こいつも炒ったりすれば食べられそうだが、有毒成分を中に含んでいるらしいのですすめられない。この種は大きくて、かたい種皮におおわれているので、河から海に流れ着いても腐らない。遣隋使の時代よりはるか昔に、中国の揚子江河畔に生えていたビワの種が河を

ビワ（枇杷）の花
学名にはジャポニカとついているが、原産は中国である。

下って東シナ海を渡り、日本の海岸に流れ着いた。そして大きな種に蓄えた豊富な栄養分を使って発芽し、日本に自生したのではないかといわれる。ビワはバラ科に属している。サクラ、ウメ、リンゴ、イチゴなどが分類上は仲間ということになるが、あまり似ていないように思う。

植物のビワ（枇杷）と楽器のビワ（琵琶）、そして滋賀県の琵琶湖はどれが先に名乗ったのだろうか。語源を調べると、楽器の琵琶が最初で、それに似た形の実がビワと名付けられ、形の似た湖が琵琶湖と呼ばれたようだ。楽器のビワがつくられるまでは、枇杷や琵琶湖は何と呼ばれていたのだろうか？

琵琶

琵琶湖

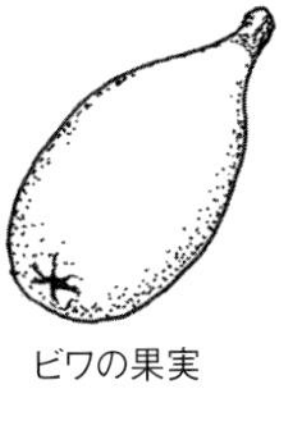

ビワの果実

ヘチマは無くても夢は持ちたい

植物

ヘチマ 糸瓜
〔科名〕ウリ科
〔学名〕*Luffa cylindrica*

校舎の南の学習園には茶色く枯れたヘチマの実が風に揺れている。あの夏のぎらぎらした陽射しの下で網に絡んでざらついた葉を広げていたのが嘘のような、12月の寒々とした風景である。よく見ると実の先端がくりぬいたようにきれいに丸く穴になっていて、中の空洞や繊維に絡んだ種が見えている。他の実を確かめると、穴は開いていないが、すでに切り取り線のように丸く溝がついていて、もうすぐフタがとれて穴が開きそうなものもある。

以前、熟すると先端のふたがとれて、中の種子が果汁と共に勢いよく吹き出すウリの映像（鉄砲ウリと言うらしい）を見たことがあった。ヘチマもブシューッと噴き出すのだろうかと思い調べたが、そうではないらしい。熟してツルにぶら下がったまま水分が抜けて中が空洞になる頃に先端のふたがとれる。すると乾いて軽い実は風に吹かれてぶらぶらと揺れて、穴から種子を周囲にまき散らすというのである。そんなに広範囲には広がりそうもないが…。

ちなみにぶらぶらして役に立たない者を「へちま野郎」という。また「夢もへちまもない」「だってもへちまもない」などという言い回しがあるが、いずれにしてもくだらないもののたとえになっているようだ。

ヘチマはそんなにくだらないものなのだろうか。熟した実を腐らせて中から取り出したかたい繊維は昔からタワシとして使われてきた。私も小学生の時に家で栽培して実を採り、タワシをつくろうと池に浮かべて腐らせ、結局そのまま全部腐らせた記憶がある。またよく知られたものは「ヘチマ水」である。これはヘチマのツルを切って、根につながっている方の切り口をビン中に突っ込んでおくと、嘘のように透明な液体がたまるのである。これは化粧水になるというのでやってみたが、確かに水は溜まった。しかし使った記憶はない。このヘチマ水は咳止めにもなるという。また若い実は煮て食べたりするらしい。それほど用途がある

をととひの へちまの水も 取らざりき

正岡子規

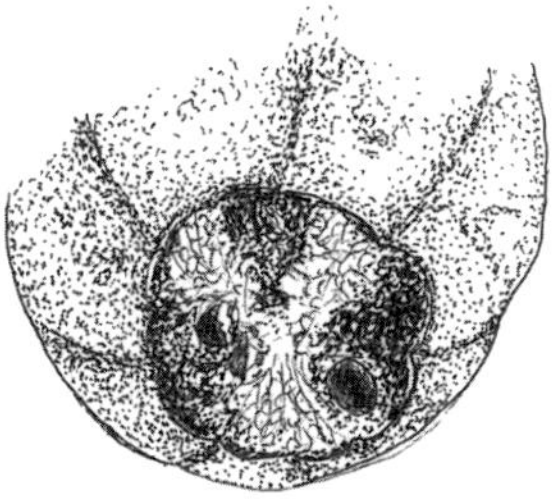

ふたが取れた状態

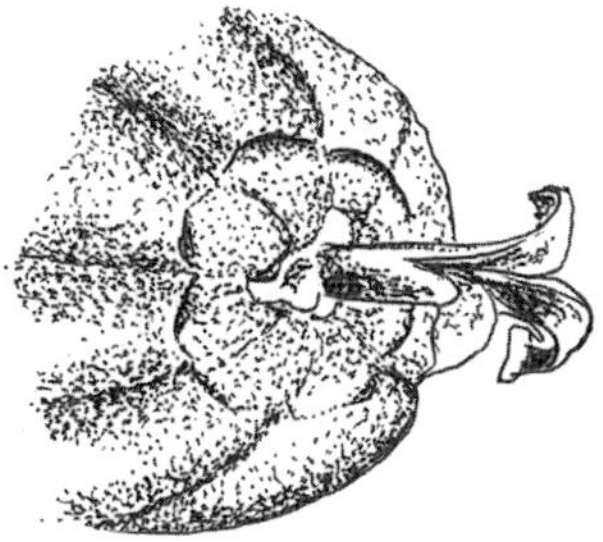

先端のふたがついた状態

種子13mm

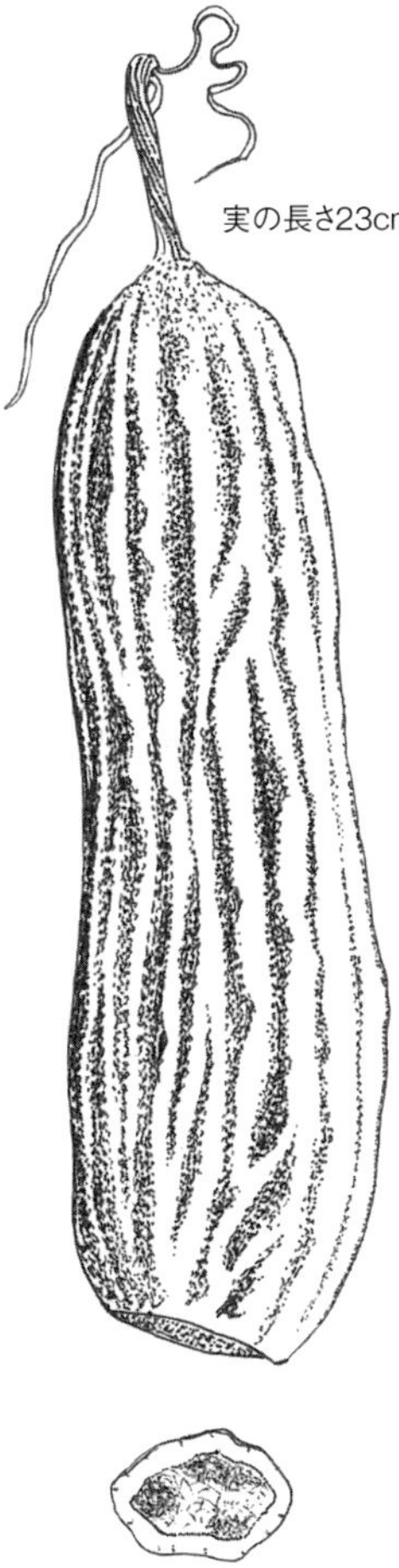

実の長さ23cm

のになぜ「夢もへちまもない」のだろうか。

ヘチマはインドが原産で、江戸時代に日本に持ち込まれたという。漢字では糸瓜と書き、「イトうり」がなまって「トうり」、それをしゃれて、トは「いろは」でいうと「へ」と「チ」の間なのでヘチ間ということで「ヘチマ」というらしい。心底面倒くさいやつだ。

ヘチマと同じウリ科の仲間にはキュウリ、スイカ、ゴーヤなど食用に栽培されているものが多い。野生ではカラスウリ、キカラスウリが雑木林に、スズメウリ、アレチウリなどが河川敷などにみられる。すべてツル性の一年草である。

生きている
今、生きているということ

「むっ、生きている」。春分の翌日の朝、男は目覚めて静かに思った。「やはり毒はなかったのだ…」。

　3月の末、男は（私だ）城跡の公園を訪れた。キノコ探しが目的である。いつも立ち寄るキノコ群生ポイントには、キクラゲもヒラタケも見つからなかった。新しいポイントを求めて池の北を探していたとき、積み上げられた枯れ木にうまそうなキノコが出ているのを見つけた。一見シイタケによく似ているが、傘の裏のヒダが管孔というスポンジ状の穴になっていて、傘と柄の区別がはっきりしない点はサルノコシカケなどの仲間に似ている。「このキノコ初めて見るな、怪しいがうまそうではある。持ち帰って調べよう」と、とりあえず写真を撮って、その朽ち木から出ていたキノコ5本をもぎ取ってカバンに入れた。

　これまでもこの公園では多くのキノコを採集して食べてきたが、それはほとんどが安全なものであると確信できた場合に限られていた。やや怪しかったハイイロシメジや、ムラサキシメジなども、ほぼ間違いないと思っても、いきなり食べたりしない。ほんの少しの量を食べて1日様子を見て、下痢や嘔吐、けいれんや幻覚などがなく、安全なことを確認してから翌日食べるという「石橋をたたいて渡る方式」で乗りこえてきたのだ。

　しかし今回は全く種別の判定がつかないのである。だったら食わなければよいのであるが、翌日そのキノコからは非常にうまそうな香りが漂い、見た目も手触りも、どうにも「うまいに違いない」という気配がするのである。「食わないと後悔するぞ」と語りかけてくるのである。「勇断なき人は、事を為すこと能わず」と薩摩の名君、島津斉彬までが語りかけるのである。「キャシャーンがやらねば誰がやる」。というわけで男は勝負に出た。思い切ってこれまで守り通してきた掟を破り、全く種別不明なキノコに「ちょっとだけ」挑戦してみることにしたのである。

菌類

タマチョレイタケ　玉猪苓茸

〔科名〕タマチョレイタケ科
〔学名〕*Polyporus tuberaster*

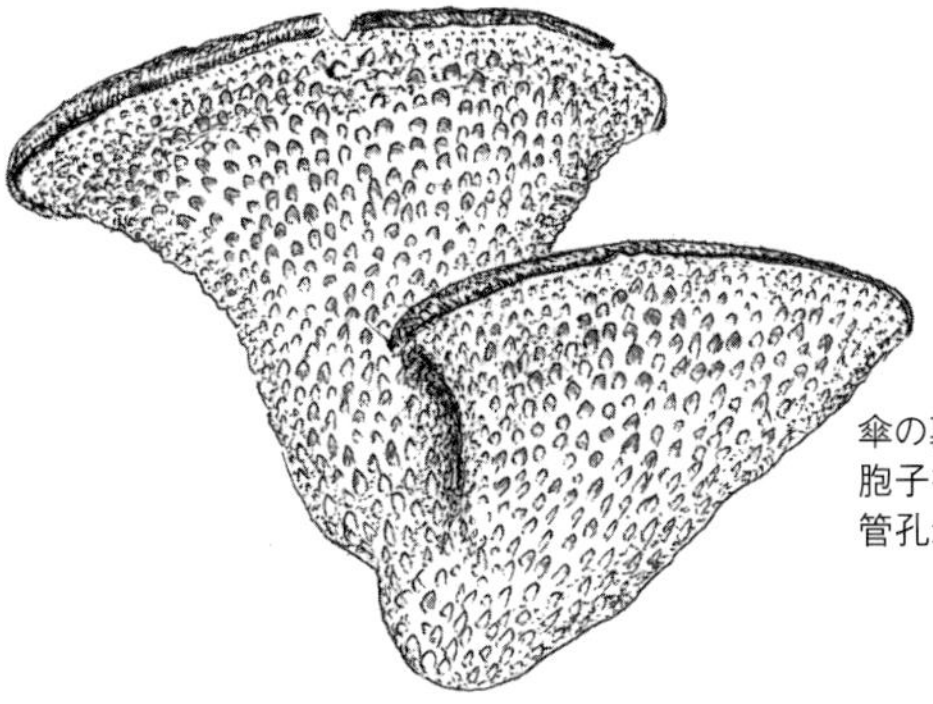

傘の裏、柄の全面に
胞子を出す
管孔がある

サルノコシカケやイグチの
仲間は傘の裏がひだでは
なく管孔になっている

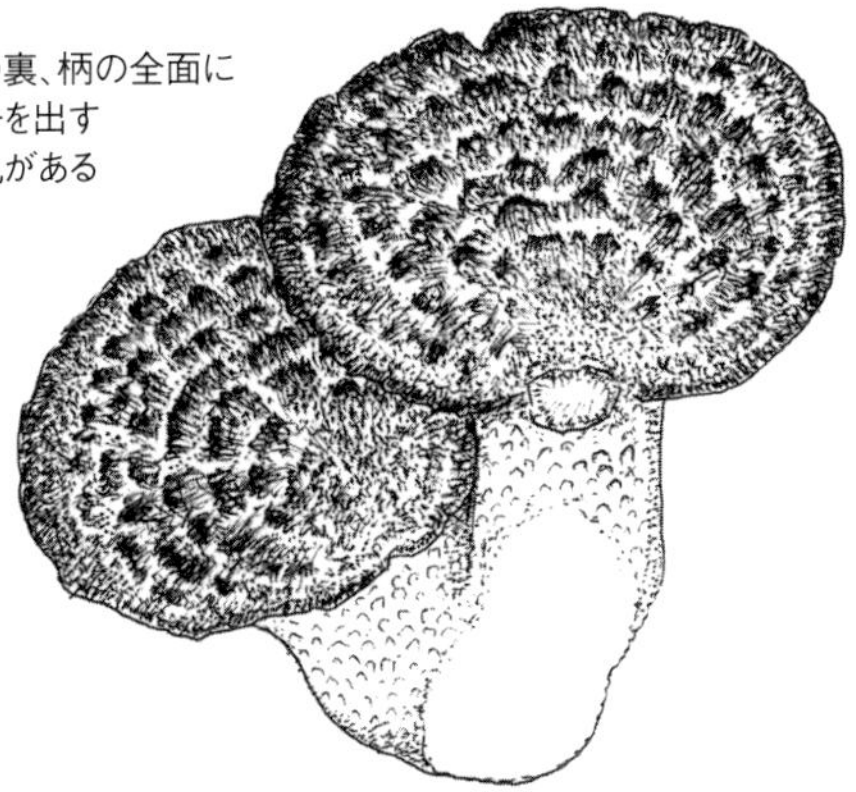

タマチョレイタケ　傘の直径　50mm
サルのコシカケに近い仲間

なにしろ食毒不明の全く未知のキノコなので臨床実験は慎重に行わねばならない。翌日の朝食時に1つを薄くスライスし、フライパンで軽く炒めて塩を振りかけ食べてみた。非常にうま味が濃く、カビ臭や粉っぽさもなく溶けるようにのどに滑り込んだ。もっと食いたいが、まずはこれで異常がないか調べるために、スケッチを終えた後、残りは冷蔵庫に入れておく。「翌日まで様子を見る」というのがセオリーだが、夕方になっても異常がなかったので、「まあ、大丈夫であろう」と判断し、あっさりセオリーを覆し、夕食時に残りの4つを炒めて食べた。うま味、香り、スリルすべてがそろっており、非常にうまかった。その後、なんとなく腹が痛いような気がしつつも、その夜、再び目覚めることのない眠りになるかもしれない不安を胸に、男は静かに寝床に入ったのであった。

その後の調査で、このキノコはタマチョレイタケ（タマチョ…どんな漢字を書くのか？）によく似ていることが判明したが、これは食毒不明であるという（しかし相違点も多い）。いずれにしてもキノコで無謀な冒険は慎みたい。でないといつかそのうち…。

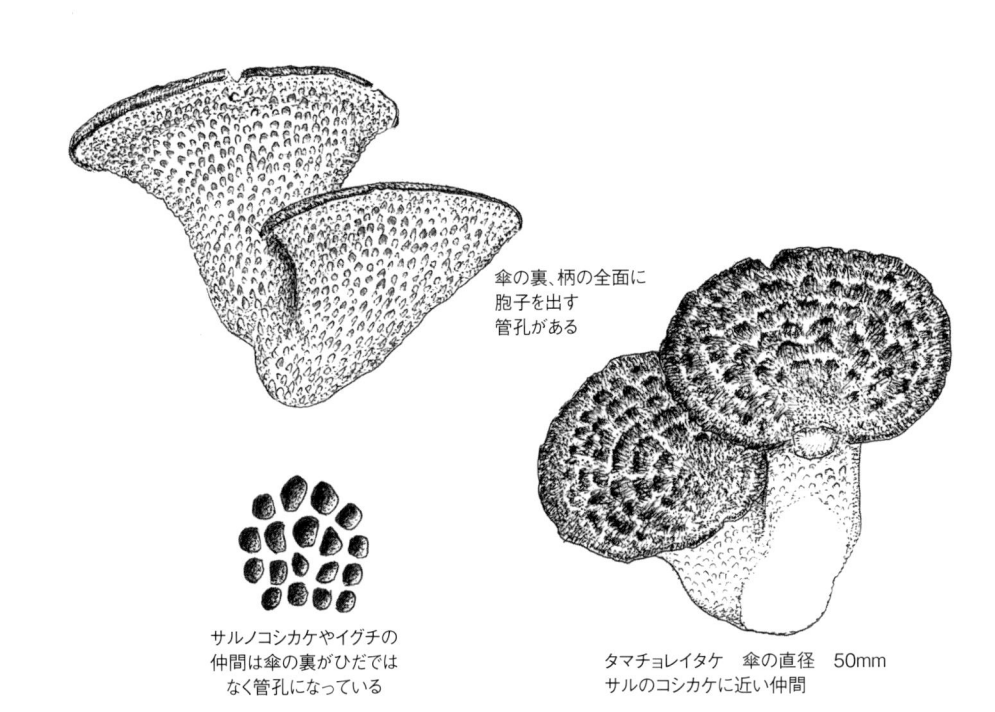

森の中の「ほぼイカ刺し」

5月の中旬、停滞前線の大雨が3日続いて各地に警報が出た。その週末、城跡の公園を訪れた時に石垣の下の草地で、不思議なものを見つけた。桜の咲くころにトガリアミガサダケがよく見つかる場所だった。土に半分埋もれた朽ち木の脇から黒褐色の丸いツボのようなものが2つのぞいている。「これは…」。キノコ図鑑で見たことがあるゴムタケとかなんとかいうキノコのようだった。写真を撮って大きな方をケースに入れて持ち帰った。

調べてみるとゴムタケではなく、「オオゴムタケ」というキノコのようだった（ゴムタケはゴムタケ科、オオゴムタケはクロチャワンタケ科で実は違う仲間である）。さわった感じは弾力があり、いかにもゴムという名前はふさわしい。（しかしゴムというものがなかった昔、こいつはなんと呼ばれていたのだろうか？）

菌類

オオゴムタケ

〔科名〕クロチャワンタケ科
〔学名〕*Galiella celebica*

半分に切って見ると、中は薄い乳白色のゼリーのような組織で、菌糸らしきものはない。指で押すと、透明なさらさらの水が驚くほどたくさん出てきた。キノコやカビの吸水能力は相当なもので、水分の無いような朽ち木からでも水分を吸収してキノコが生えてくる。そしてそのキノコの内部には、どこから取り入れたのかと思うほど豊富な水分が含まれている。

鰹節はカビのこの吸水力を利用している。ゆでて燻でいぶした燻製のカツオの身にカビを植え付けると、カビの菌糸はたんぱく質をうまみ成分のアミノ酸に分解するとともに、ほぼ完全に身の中の水分を吸い取ってしまう。そうするとカッチカチの世界一硬く、極めて保存性の高い食品となるのだ。

スケッチをしていると、息子が「これはオオゴムタケやろ、食えるらしいで」と生意気なことを言いながらキノコ図鑑を持ってきた。その著者である写真家の小宮山勝司さんは「我が家ではゆでてスライスし酢の物にする」と書いている。

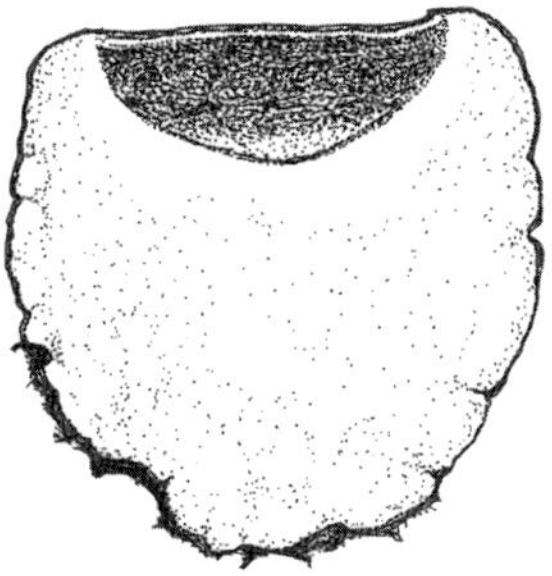
断面図
半透明のゲル状
水分が多い

図鑑に記載のオオゴムタケ
上面は平らである

「んではさっそく」というわけで、スケッチ後に土がついた黒い外皮を切り取って半透明な中身をゆでてみた。とりあえず沸騰して1分ほどたってから取り出し、薄くスライスしてみると、白い半透明の組織は美しく、新鮮なイカの刺身のようである。かじると微妙な弾力がある。食感は一時期よく食べた「ナタデココ」に似ているが、味は全くない。そこでポン酢をかけて食べてみた。予想通りポン酢味になった。まあ味はともかく、食感は非常によい。たくさんあればクラゲや、コンニャク、イカ刺しの代わりに使える。見かけも美しく、食べる分にも十分合格であるから、「ほぼイカ刺し」として販売できそうだ。

今回見つけたものは図鑑の写真に比べると、上面の胞子がつく部分がへこんで、お椀のようになっていた。衰退期で縮み始めたのかと思ったが、同時に見つけた小さなものも同じくお椀のようになっていたので、まだ成長途中なのかもしれない。

ハエを誘引する妖しいキノコ

菌類

キツネノタイマツ　狐ノ松明

〔科名〕スッポンタケ科
〔学名〕*Phallus rugulosus*

　近畿が平年並みの6月9日に梅雨入りした年のこと。涼しい日が続いていたが、徐々に蒸し暑い日が増えていた。

　そんな6月中旬、昆虫観察に訪れた城跡の公園で面白いモノを見つけた。レンギョウの植え込みの下に、焼き魚に添えるハジカミのショウガのように、先が薄赤くなった細長いモノが横たわっている。それはスッポンタケ科のキツネノエフデとかいうキノコだったと記憶している。こいつは普通のキノコのように傘が開いてその裏に胞子がつくというタイプではなく。細長い棒のような形で、尖ったその先端にべったりと粘液状の濃褐色（カニミソ色）の胞子がつく。

　この部分をグレバという。スッポンタケ科のキノコは、このグレバが強い悪臭を放つ。以前見つけたカニノツメやツマミタケも共にスッポンタケ科で、鼻を近づけて匂うと「うおおっ!!!」と、のけ反るイナバウアー反応を生じるような純生ウンチ臭がした。キツネノエフデもさぞかしと思って匂ってみたが、特に強い悪臭を感じなかった。

　しかし、見つけたキノコのグレバにはしっかりとハエがとまっていた。においでハエを誘引し、とまったハエに胞子を付着させて運ばせるのである。付近を探すと、卵型の白い袋状の幼菌（中に未熟なキノコが入っている）が3つ見つかった。ナイフで縦に切ってみると、白い皮に包まれた透明な寒天質の中に褐色のアンコのようなグレバ、そして真ん中に赤い未熟な胞子体が収まっており、まるでイチゴ大福にそっくりであった（冷やして食いたい！）。

　調査のため幼菌の1つを持ち帰った。写真に撮ったものを家で拡大してみると、グレバの部分が実は傘状になっているのに気付いた。図鑑で詳しく調べると、この特徴はキツネノエフデではなく、キツネノタイマツであることが分かった。

　キツネ系キノコには他にキツネノロウソクというも

幼菌とその断面図

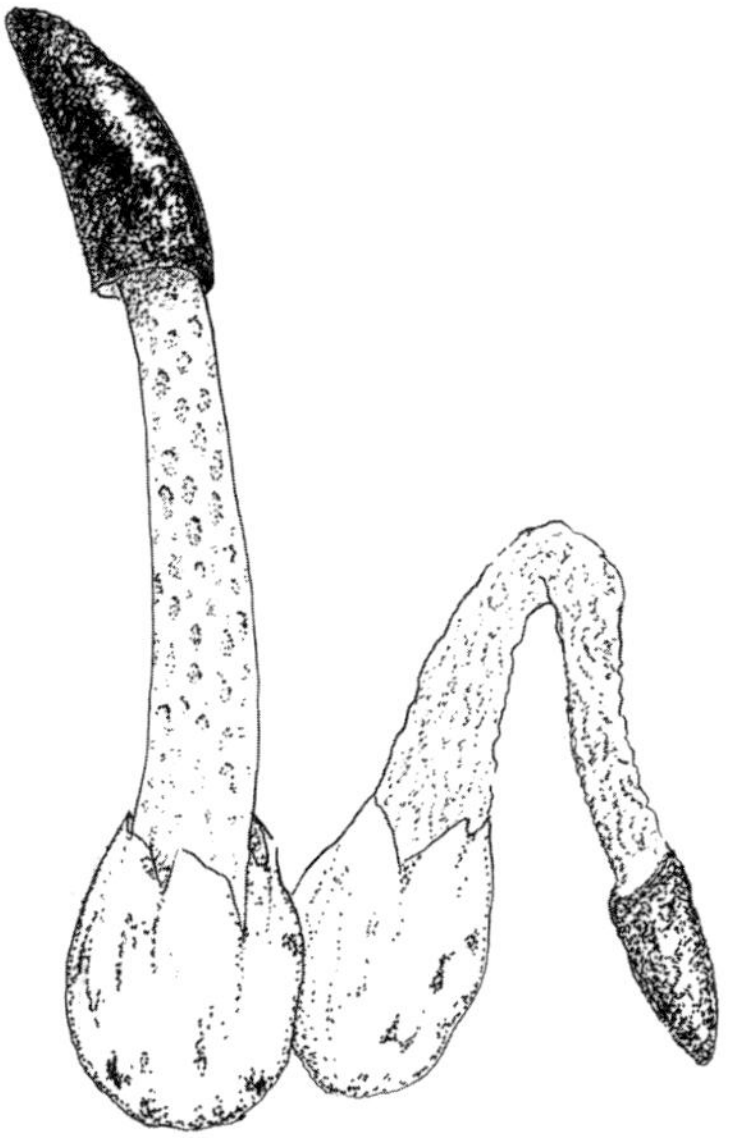

高さ12cm

のもあり、みんなよく似ている。薄暗い林床にこの赤く細長いキノコが群生している姿というのは、そうとう妖しいに違いなく、キツネノロウソクやキツネノタイマツという名は、森の中で灯る狐火を連想させる非常に適切な名前である思う。

　持ち帰ったキノコの幼菌はその後少しずつしぼんできたため、「このまま腐るのか」とあきらめていたところ、3日後の早朝、袋を破って「にょっきり」と見事に怪しいキノコが姿を現したのだった。グレバは少し開きかけの傘にべったりとついており、キツネノタイマツであることがはっきりした。そして鼻を近づけるまでもなく周囲には強烈な生臭さが充満していた。それはウンチ臭ではなく、栗や樫などの花の青臭い匂いをさらに強烈にしたような感じである。

　夜、家に帰ってみるとキノコはすっかりしおれていた。この仲間のキノコ（胞子体）の寿命は1日程度のようだ。ロウソクやたいまつのように妖しく燃えてはかなく消えてゆくのである。

真実より事実……食ってしまいました。

菌類

アミタケ　網茸

〔科名〕イグチ科
〔学名〕*Suillus bovinus*

超大型台風21号が接近していた10月の下旬、弱い雨が降る中を選挙の投票のために市役所へ行った。庁舎駐車場周辺の芝生の上に黄色いキノコが多数出ているのに気付いた。「むっ、これはシバハリではないか」。近付いて確認する。傘の表面は黄色から薄い褐色でややべたつき、傘の裏は普通のキノコのような放射状の襞ではなく、スポンジのように小さな穴（管孔）で覆われていた。これらの特徴から、イグチ科の仲間のアミタケであると判断した。古くなって虫に食われたり、腐り始めたものを除いて、大きなものを10個ほど採取し袋に入れた。「ようしっ、きのこ鍋だ」。満足してすぐに帰ろうとして、ふと思い出した。「そうだ、投票だった」。

播磨地方では一般にイグチの仲間の食用のキノコをシバハリという（どんな字を書くのかは不明）。秋になると近隣の公園や、今は荒れ果てているかつての里山を訪れてアミタケなどの食用キノコを探すのが楽しみである。多く場合マツの木の周辺で見つかることが多い。

さて、持ち帰ったキノコは水でざっと洗って汚れを取り、鍋に沸かした熱湯で3分ほど煮た。煮汁が濁った番茶のようになる。冷めてから袋に小分けして冷凍する。冷凍室には、9月25日に自然学校へ行った時に採集したキノコが入れられている。これも同じアミタケと思われる。

さっそく翌日の昼飯に、市役所で採ったキノコ（アミタケと断定）をたっぷり入れたみそ汁を作って食べた。適度なぬめりと弾力ある歯ごたえ、そしてみそによく合う濃いうま味があり、シイタケやナメコ以上にうまいキノコである。ところが食後に図鑑を5冊ほど開いて調べているうちに不都合な真実に行き当たった。

図鑑の写真と比べるとチチアワタケにも似ている。チチアワタケもイグチの仲間でアミタケと同じようにこの時期にマツなどが生えている草地や芝生によく出

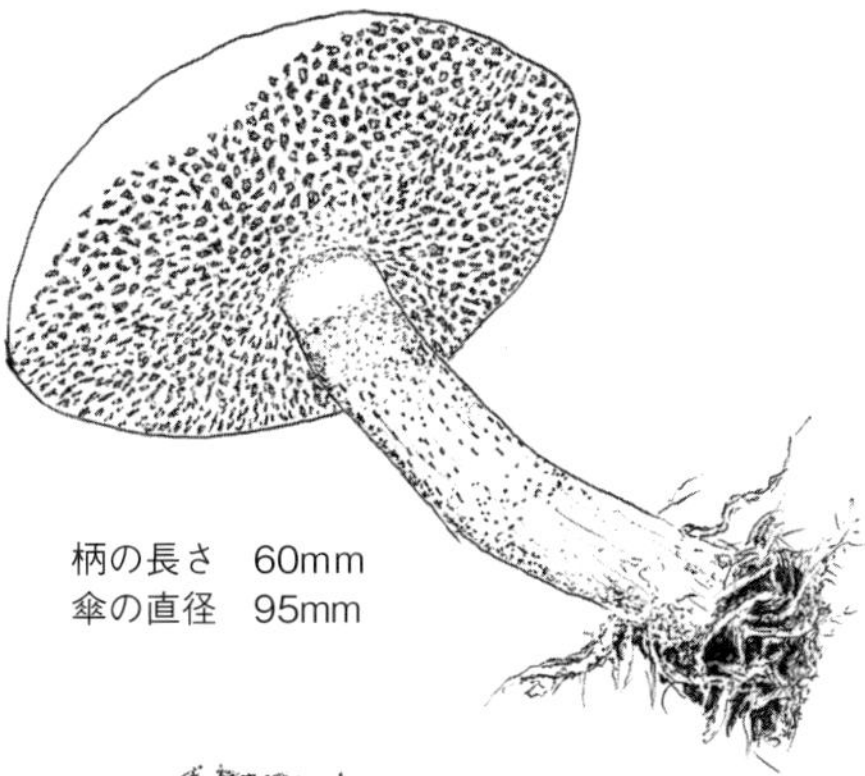

柄の長さ　60mm
傘の直径　95mm

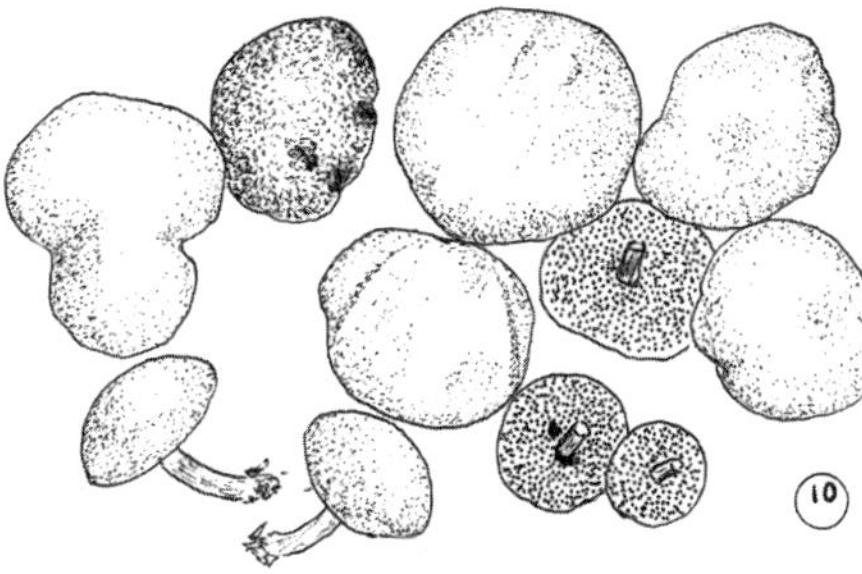

市役所の芝生における充実した
収穫物と大きさ対比用の十円玉

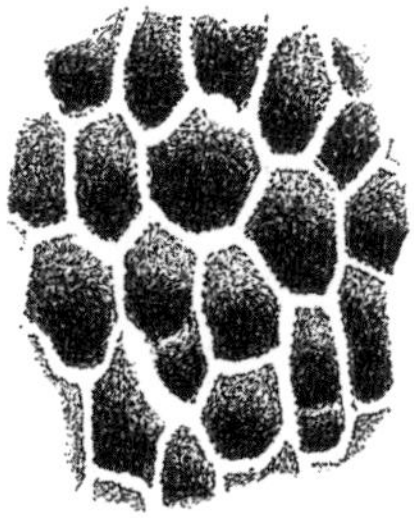

管孔:1mm未満
この穴からつくられた胞子が放出される。アミタケでは多角形である。

特徴	アミタケ	チチアワタケ
管孔の形	多角形	小さく丸い
煮た時の色	薄い紫色	黄褐色
傷つけると	変化なし	乳液が出る
食用に	適する	適さない

る。これまでも何度か採って食べたことがある。今回詳しく調べると、「チチアワタケは毒を持つものがあり食用に適さない云々」と記載している新しい図鑑が2冊あり、他2冊は可食となっている。「毒！　おいおい、もう食ったのに今さら…」。どうやら過去に食ったチチアワタケには幸い毒はなかったらしい。しかし今回採ったものがアミタケなのかチチアワタケなのか決着をつけないと、もう食べてしまったとはいえ落ち着かない。

今回採取したキノコは、傘の裏の管孔が不規則な多角形で網目状になっていること、また傷つけても乳液は出ない等の点でアミタケであると考えられる、しかし煮たときに薄い紫色にならない点ではアミタケと異なる。

「う〜む、いったいこのキノコは何なのか？　しかしまあ、食っても大丈夫なことは分かったからいいか…」。さて真実はいかに。

キノコサスペンス劇場「スリルも味わえます」

菌類

ヌメリスギタケモドキ

〔科名〕モエギタケ科
〔学名〕*Pholiota aurivella*

自宅近くのプラタナスの街路樹はかなり老化しており、カミキリムシや腐朽菌の働きで、枯死して根元から切り倒されているものも多い。実はこのプラタナスの中には毎年のようにヒラタケやキクラゲをたくさん発生させる樹が数本ある。我が家では数年前から食材採集の重要ポイントになっている。

11月半ばの休日、その日も「今夜はキノコで鍋がいいな」と晩飯の算段をしつつ、街路樹をなめるように見つめていた私は、プラタナスの幹に見慣れないキノコを発見した。そいつは丸い傘を持ち、8本ほどが群生して出ていた。エノキダケに似たキツネ色だが、傘の表面に亀甲状の割れ目と、細かいささくれが付いていて、見るからにうまそうである。持っていた根掘りで柄の根元から切り取って持ち帰った。

2冊の図鑑で調べてみたが、ヌメリスギタケモドキというのがよく似ている。こいつは食用だというので、採ってきた内の1本をゆでてワサビ醤油で食べてみた。特に違和感はなく歯切れがよくておいしい。「初体験のキノコは、初めは1本以上は食わない」というのが私のキノコ訓である。これで嘔吐や下痢、幻覚などが現れなければまず大丈夫と考える。「残念でした、このキノコは2本目からいきなり症状が現れます」なんていう場合は困るが…。

食後、別の3冊の図鑑で調べてみたが、そこには今食べたキノコにそっくりな、キッコウスギタケという別のキノコが載っていた。傘の表面は亀の甲のようにひび割れると書いてある。「ああ、これだ」と思いつつその先を読んで、私は思わず「Oh my god!」と叫んでいた。そこには「毒があるといわれている。食べてはいけない」と明確で妥協のない言葉が並んでいた。

思えばこれまで様々なキノコに挑んできたが、一度も中毒したことはない。しかし単に運がよかっただけなのかも知れない。とうとうやってしまったか…。なんだか首筋がかゆくなってきて赤い発疹が出てきた。

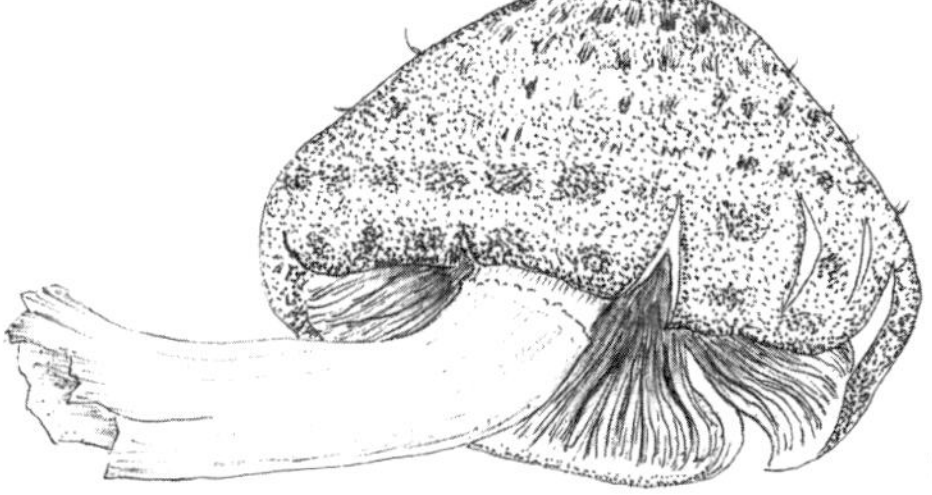

ヌメリスギタケモドキと思われるキノコ
傘の直径40 mm　可食、美味

発見時の様子

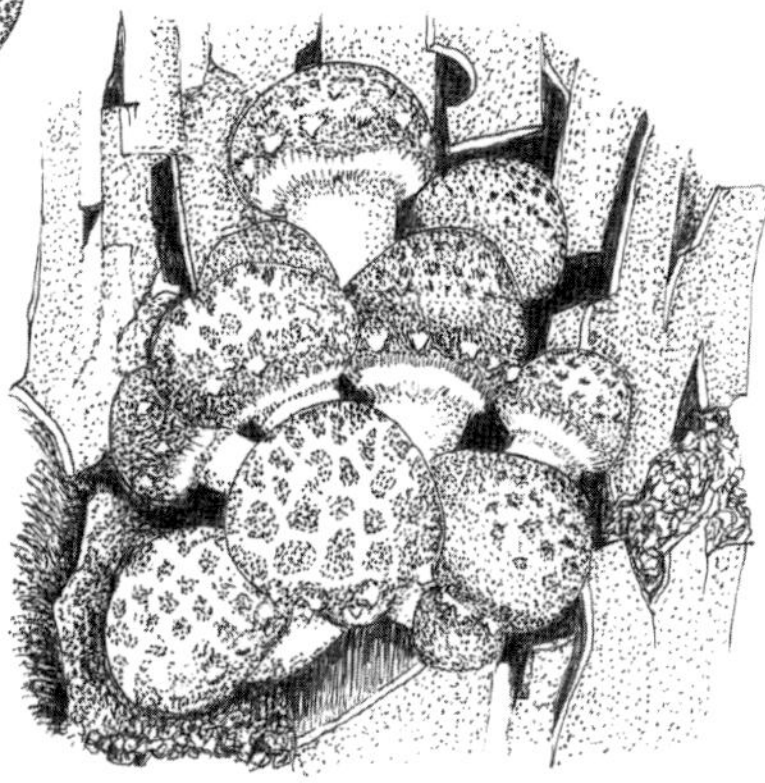

「やられた…無念」。しかし、「キッコウスギタケは群生せず1本ずつ生える」と書かれている。「そうだ、見つけたキノコは群生していたのだ、食べたのはキッコウスギタケではない。大丈夫だ…たぶん」と自分を慰めつつ様子を見ることにした。

結局なにも中毒症状は出ず、どうやらキノコは無毒のヌメリスギタケか、ヌメリスギタケモドキであろうという結論に至った。翌日残りのキノコはソテーして食べてしまった。やはり少々首筋がかゆくなったが死にはしなかった。

キノコは実際にフィールドで採取したものと、図鑑の写真では印象が異なる場合が多い。また同じキノコでも図鑑によってずいぶん違って見える写真が使われていることもあり、安易に図鑑に頼ってキノコを判別、同定してはいけない。イチかバチかは命取りである。

5日後に再び同じプラタナスを訪れた。取り残していた幼菌が大きくなっていたので採取し味噌汁に入れて食べた。むろん、家族は誰も手を付けない。

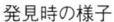

化石・岩石

珪化木？

疑惑の縞模様 真実はいかに

姫路市東部、大塩の海岸線には昭和40年代までは塩田があった。今は学校やゴルフ場に変わってしまったが、まだ一部に遠浅の砂浜が残されている。この浜には灰色と黒色の混ざった石が多量に打ち上げられている。波に磨かれ、風化した石の表面には木目のような縞があり、黒い部分は木が炭化したように見える。この石に気付いたのは10年ほど前だが、「これは珪化木ではないのか！」と思ったが確信がなかった。その後、再び浜を歩く度に同じような石を何度も見つけたが、この度、浜辺に打ち上げられていた石を見て、私はこれらが珪化木であることを確信した。この石はちょうど木の幹が二股に分かれている部分のように割れており、その曲がり具合に沿った縞模様はどう見ても木目としか考えられないのである。

珪化木とは何であるか？　簡単に言うと木の化石である。木の幹が海や池の底に沈み、その上に厚く土砂が堆積する。長い年月にわたって強い圧力を受けている内に、木の有機物の成分が、積もった土砂の中の水分に含まれていた珪酸成分（つまりガラスや石の成分である二酸化珪素）に置き換わっていき、見た目は木であるが実際その成分はそっくり石に変わっているという物である。学校の玄関には大きな珪化木の切り株が置かれている。

なぜ大塩の海岸に珪化木がたくさん打ち上げられているのか？　まずそもそも石のような重い物はあまり砂浜に打ち上げられることはないはずだ。しかし、波打ち際に転がっている事実は何なのだろう。持ってみるとずっしり重く、「密度が小さく軽いので波に運ばれてきた」とは言い難い。しかし、現実にある以上、播磨灘の海底にあった珪化木が打ち上げられたと考えるほかない。なぜ海底に木の化石があるのか、考察してみよう。

瀬戸内海は新生代に何度か陸化したり、沈降して再び海になったりしている。例えば２６００万年前頃に兵庫県では激しい火山活動が起こり、地殻変動で瀬戸内海ができた。当時は神戸も瀬戸内海に続く湖で、周辺の陸地から樹木の落ち葉が流れ込んでいた。その上に降り積もった火山灰が、落ち葉などを埋めて固まった。今も神戸市北西部の白い堆積岩の中には葉っぱの化石が見つかる。1200万年前には再び瀬戸内海は陸化したが、陸化したときには火山活動が盛んになり、多量の火山噴出物が陸や海に堆積した。海岸で見つけた珪化木は一部が黒く炭のようになっていることから、この時の噴火によって陸上で樹木が高温の火山噴出物に厚く被われて一部が炭化したのかも知れない。そして300万年前頃には再び沈降し海になった。水に沈んだ樹木は堆積物で被われ化石になっただろう。その後何度も氷河期が来て海水面が下がると海に沈んでいた地層は陸化し、風雨による浸食を受け、地層の中の珪化木が削り出され海に運ばれた……。

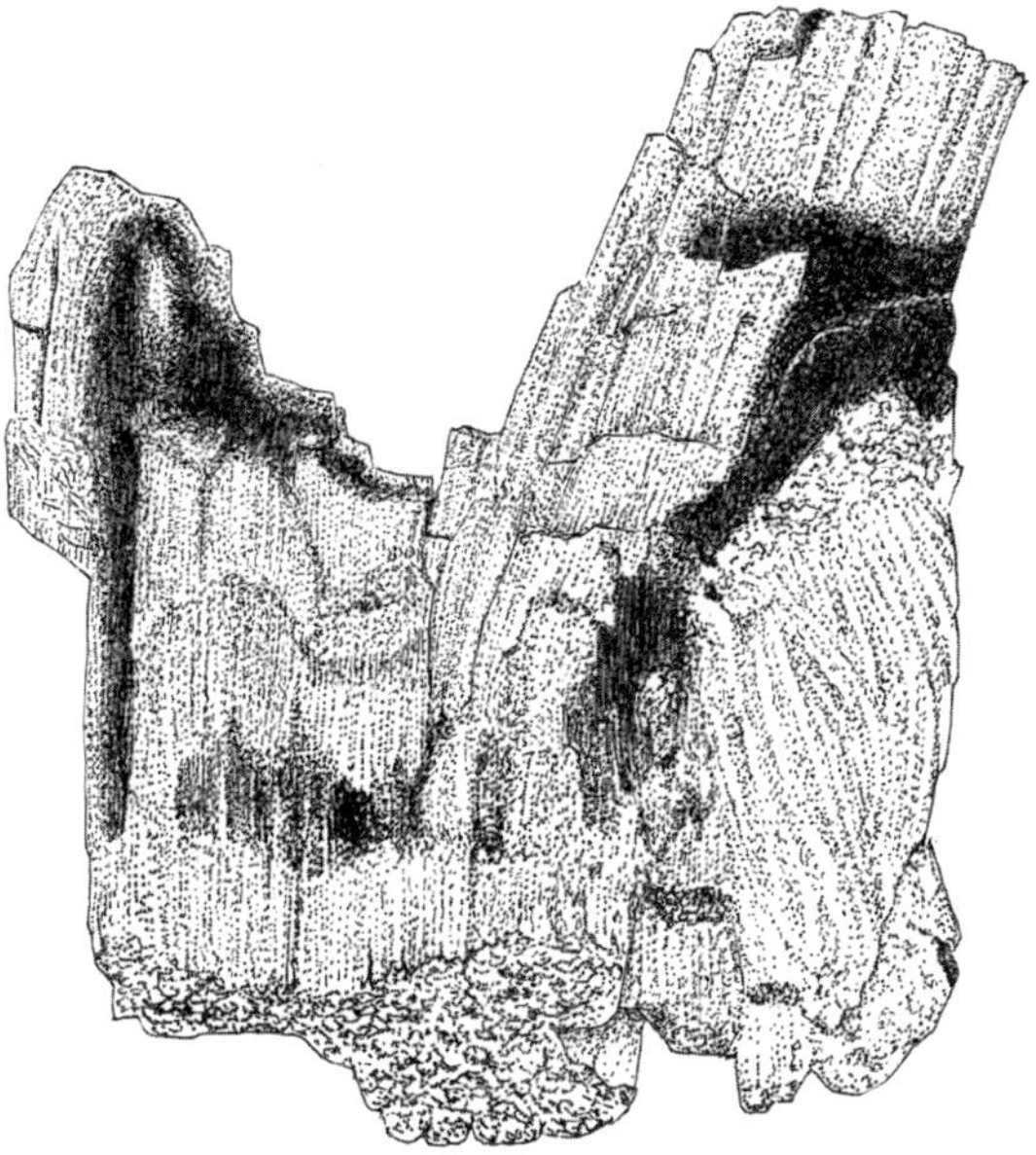

大塩の浜で拾った珪化木と思われるもの（縦90mm）

明石沖からはナウマン象の歯なども漁船の網にかかっているので、この推測は大きく外れていないと思うのだが、どうだろう。

多くの文献を調べたが、播磨灘の珪化木に関する情報は得られなかった。ただ、これまで見てきた標本などの珪化木は組織が緻密で、ガラスのような質感があるのだが、大塩の浜の珪化木（と思っている石）は泥岩などのようにややザラツキがあるのだ。「やっぱりちゃうのとちゃうか」と腕を組んで首をひねってしまうのである。ああ真実はいかに。

大阪 和泉層群化石発掘隊調査報告

化石・岩石

化石

大阪府南部の和泉山脈には和泉層群という中生代白亜紀後期（約7400万年前）の地層が広がっている。ご存知のように、私は25年ほど前からこの地層を中心に化石発掘を行っているが、この地層からはアンモナイトや貝類の化石が豊富に見つかる。12月末に、かつて同じ中学校で共に理科の担当だった若い先生と発掘に出かけた。彼は岩石学が専門の修士だが、化石は初めてということで、「そりゃあもう　アンモナイトがザックザク」と、化石発掘の面白さについて少し誇張を含めて話し、発掘探検隊（2人のみだが）を組織したのだった。

JR大阪駅から快速に乗り、阪和線を経由して約1時間、目的の駅で下車した。そこからは6㎞の登りの坂道を走るように歩き、現場の露頭（地層が地表に現れている崖）に着いた。ここの露頭は相当に掘りつくされており、砕かれた岩石が転石となって斜面にうず高く積み重なっている。ハンマーとタガネ、バールなどの原始的道具だけで硬い岩盤をここまで崩してしまうとは、化石にとりつかれた男たち（女性はあまりいないと思う）の執念には想像を絶するものがある。私が掘り始めた20数年前とはすっかり崖の風景が変わってしまっている。恐ろしいことだ。

崖をハンマーで砕いて探すのは、発掘という感じがして気分も盛り上がるのだが、疲労する割には効率的ではない。一方、転石拾いというのは、地味でややみじめな気持になるが、小物ならば見つかる確率は高い。男二人は小雨が降る中を、傘をさしながら無言でうつむいて転がっている石を丹念に探索した。時々やけになって、転石をハンマーで「かん、かん、かん、かん」と砕いて沈む気持ちを高める。

「さて、化石発掘の困難さも十分伝わったし、続いて街での発掘もあるから、そろそろ帰ろう」と思い、立ち上がったとき、雨に濡れた丸い転石の一部が乳白色に光っているのを見つけた。「こ、これは」。私は傘

発見した巻貝の仲間の化石　ニシキウズガイの近縁種?

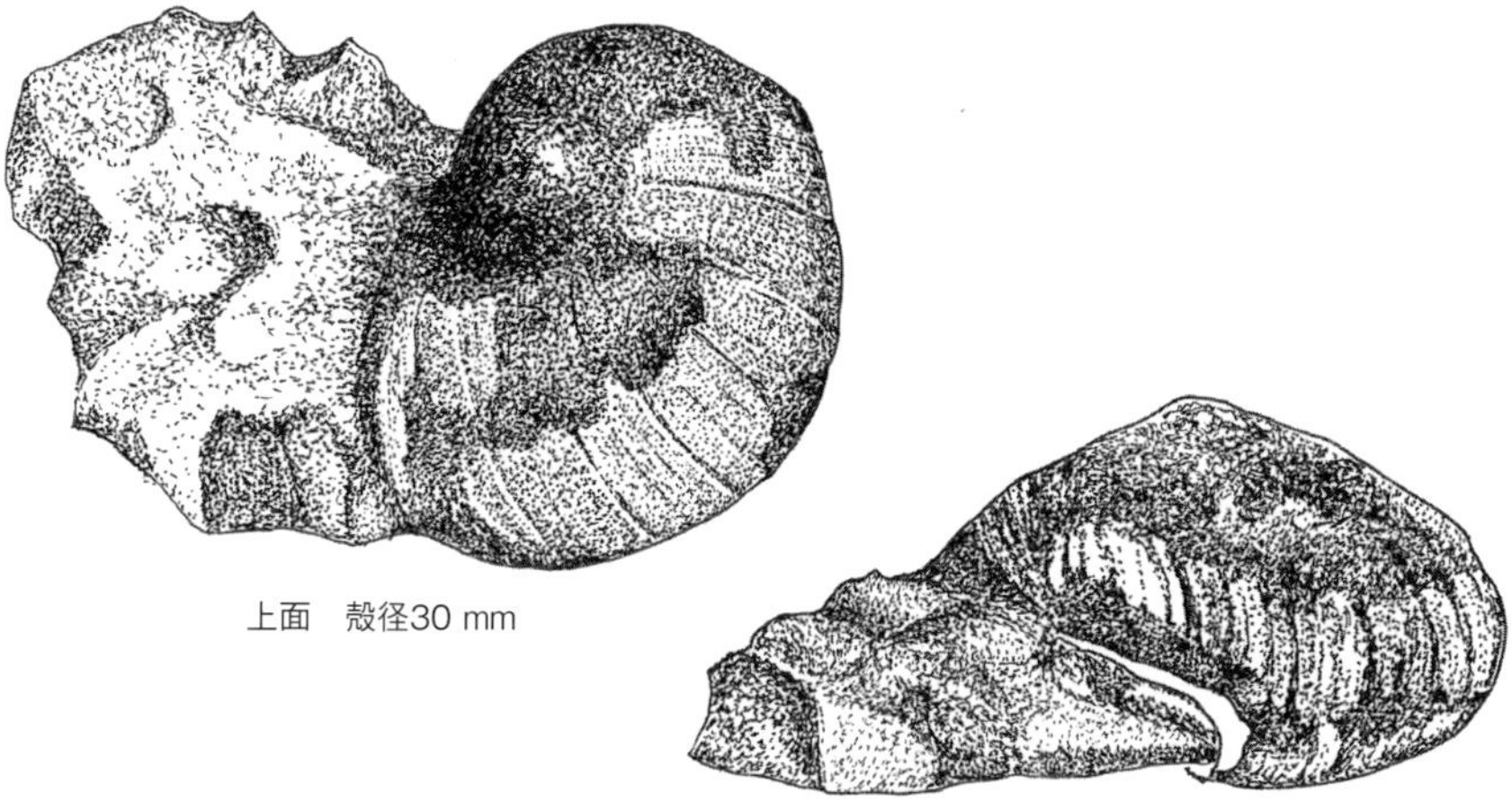

を落とし叫んだ。それは直径３㎝ほどのやや扁平な石だったが、熟練の匠である私の目はそれが巻貝の化石であることをすぐに見破った。

この地層で見られる巻貝は、グロブラリアというツメタガイに似たものが多い。今回見つけたものは、やや平たいキサゴ型をしており、初めて見るものだった。表面は固着した泥岩におおわれているが、はっきりと殻表の成長線が見える。そして、一部泥岩のはがれた部分が雨に濡れて、乳白色の貝の実体らしき美しい表面が現れており、褐色の筋が鮮やかについている。全体をクリーニングすれば、見事な実態化石を得られるだろう。

この日のめぼしい収穫はこれだけであったが、発掘歴25年のメンツも保てたので、私は十分に満足だった。「大阪の酒場を発掘し、冷えたカラダと渇いたノドを何とかする」という新たな目標に向かって、ハンマーを持った怪しい二人の男は、雨の上がった駅までの道を再び急ぎ足で（ほぼ走って）下って行った。

特別編 1

屋久島皆既日食観測隊

7月半ばの職員室で、そろそろ帰ろうとして立ち上がった私は、かかってきた電話を取った。「赤松先生、屋久島行きませんか」。それは以前、大学の附属中学校で一緒に理科を教えていたI先生だった。屋久島へ釣りに行こうというのではない。当然2009年7月22日の皆既日食を見に行こうというのである。屋久島では日食観察の観光客が殺到すると、島民の生活が麻痺するので、入島者の受け入れが4500人に制限されており、すでに島への旅行は不可能だったのだ。それを見越して、I先生はなんと5年も前からこの計画を立てていたのである。「卒業生たちと行く予定だったのが、大学が試験中で行けないのが多くて、よかったらどうですか?」「えっ! 本当にいいんですか(皆既日食が見られる!!)」。私の周りの風景は一変しコロナの真珠色の光に彩られた。「行かいでか!」。私は受話器を置いてしばし立ち尽くした。

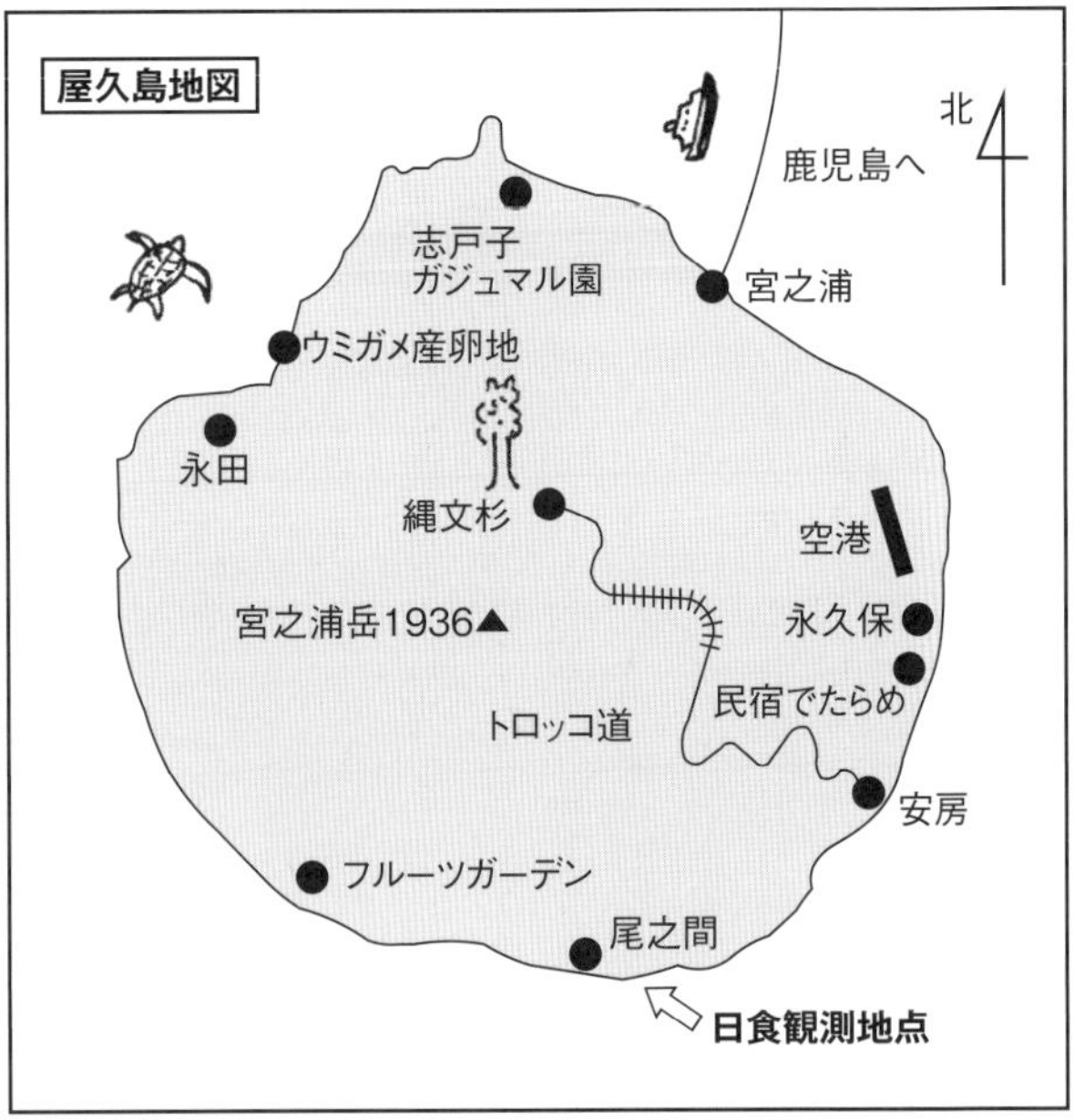

そういうわけで、降ってわいた幸運により、私に関わるあらゆる予定や計画は一気に破綻した。いろんなことをいろんな人に「頼みます」と言い置いて、私はANA543便で鹿児島へ飛んだ。そして屋久島にはジェットフォイル船「トッピー」で21日に渡った。その日は白谷雲水峡《しらたにうんすいきょう》でトレッキングをして屋久島の大自然を探検した。泊まったのは素泊まり2500

円の「でたらめ」という民宿だった。名前が名前だけに心配だったが、実にいい宿だった。庭にはヒカゲヘゴやオオタニワタリといった亜熱帯のシダが茂り、ハイビスカスの赤い花が咲き乱れていた。夜には真っ暗な空に（日食直前は当然新月である）満天の星が輝き、その真ん中を銀河が白い帯となって横たわっていた。感動的な星空だった。「よし、明日は晴れる。ついに、ついにコロナをこの目で見るんだ！」。デネブが涙でにじんだ。

テレビもクーラーもない山小屋風のしゃれた部屋で寝ていたが、夜中に雨音で目が覚めた。かなりの強い雨が軒を打っていた。「雨…明日の10時過ぎには晴れてくれよ…」。祈りつつ再び寝入った。朝には雨はやんでいたが、空は雲におおわれていた。「まあ、とにかく皆既の数分間だけ晴れてくれればいいから」といいつつ朝食を食べた。8時過ぎには少し雲もうすれ、雲が流れると青空も見えた。「いけるぞ！」。我々は必死でそう思いこみ、観測予定地の尾《お》之間《のあいだ》へ向かった。ここは屋久島の最南部にあり、島内では最も長く（4分6秒）皆既状態を観察できるのだ。尾之間町役場の駐車場に車を止めて観察に備えたが、強い西風に時折雨が混じり灰色の雲が空をおおっていた。役場のパソコンで雨のレーダー画面を見たが、雨雲が次々西からやってくるようだった。我々はその場で望遠鏡やカメラ、ビデオ等を三脚にセットし、腕組みをしたまま空を見上げてひたすら雲が切れるのを待った。

9時36分になった。部分日食が始まる時間だが、太陽がどこにあるのかさえ分からない。「まあ、あせるな、とにかく皆既の4分間なんだから、勝負は」と落ち着こうとしつつも、やたら時計を見る。駐車場には車が一杯になり、隣の運動公園のグランドにはたくさんのテントが張られている。そういえば昨日行った尾之間温泉という銭湯（２００円）には外国人もたくさん来ていた。『みんな期待しているんだ、遠くからこれだけのために来てるんだ。頼む出てくれ、日食グラスを使わせてくれ』と思っていると10時50分になった。皆既の5分前である。分厚い雲はどうすることもできない。『もし今晴れてくれたら、あと1年間はずっと雨でもいい！』などと刹那的な気持ちになる。あと3分！　少しずつ西の空から暗くなってきた。あと1分！　いよいよはっきり暗さが際立ち、グランドからはあちこちで「おお～」という歓声が沸いている。ついに10時56分皆既！　本当に空は真っ暗になった。あちこちから雄叫びが上がった。全身に鳥肌が立つ。東の空だけが朝焼けのように明るい。

「うわあ、皆既や、この雲の上にコロナが輝いているんか、見てえ～」と一同叫んだ。そして、部分食とは全く違うこの暗さに「こいつは明石では経験でけへん、屋久島に来たからこそや、皆既日食帯の中に今いるんや！」と急に大阪弁で感動し、暗闇の空を背景に無念写真、いや記念写真を撮った。

11時になると再び空が明るくなってきた。「ああ、終わってしまった」「ああ～」「来年イースター島へ行くぞ～」とみんなで叫んで我々の日食観察は終わった。部分食すら見えなかったが、皆既の暗闇を体験したことで、皆既への憧れと絶対見るぞという思いが心に焼き付いた。

その日は車で屋久島を1周し、熱帯植物のガジュマルを見て、マンゴー、パッションフルーツを食べ、ヤクザル、ヤクシカに出会った。やけくそ的な大雨の中ではあったが大いに楽しんだ。夜は「でたらめ」の庭でバーベキューをし、パイプをくわえた宿の主人と島の貴重な焼酎「三岳」を痛飲し、大いに盛り上がった。

翌23日、いよいよ世界遺産縄文杉を見に行くことになった。朝5時前に出発し、安房へ向かう。弁当屋で前日予約していた2食分の弁当を受け取って、バスで荒川登山口へ向かった。途中、海から美しい

縄文杉（世界自然遺産）

朝日が昇るのが見えたが、「昨日こいつが…」とつい愚痴がこぼれた。４時間半歩き続けて、ついに樹齢７０００年ともいわれる縄文杉と対面した。それは人間の存在など関係なく、ただ自然の一部になりきってそこに存在していた。

縄文杉は自然の中で当たり前に存在し、また皆既日食が起きたのも地球、月、太陽の距離がもたらした必然である。人間が存在しようとしまいと縄文杉は屋久島の霧の中で立ち続け、皆既日食も人間などが現れるはるか以前から何億回も、1~2年に1度世界のどこかで起こり続けてきたのだ。人間が見ていようと、いまいと…。周囲にはとてつもない巨木が茂り、鮮やかな緑のコケに被われた岩や倒木は、まさに「もののけの森」だった。何千年も生きてきた巨木が死んで倒れ、ゆっくりと朽ちて土に還って行く。木の骸を美しいコケが被い、その中から新たな杉が芽吹いている。この森には終わることのない命の輪廻がある。その間で数十年の命を生きているシカやサルがいる。我々人間も定められた時間を生き、やがて骸となる定めである。その昔、木材を運ぶために、人がこの森に敷いたトロッコ線路もやがては跡形もなく朽ちるだろう。雨にもあわず大いに満たされて屋久島の原生林を後にした。夜は宿の主人夫婦の心づくしのトビウオの刺身と焼酎三岳に酔い、夜中2時まで屋久島のでたらめな最後の夜を惜しんだ。

月に35日雨が降るという屋久島では、我々が行く前から、去る日まで1週間以上晴天が続いた。唯一雨になったのは7月22日の日食の日だけである。誰なんだ雨を呼んだのは？　途中から飛び入り参加した男かも知れない。

今回、第1次屋久島観測隊は皆既日食を観測できなかったが、皆既日食帯に入って真っ暗になる体験ができた。しかしいつかはコロナを見たい。次回日本では、２０３５年に北陸から北関東にかけて皆既日食が起こる。もっと早くみたいならば、２０１０年７月11日に南太平洋イースター島からチリ、アルゼンチンにかけて見られる。どうする？

屋久島特産
芋焼酎「三岳」

特別編 2

アメリカ皆既日食観測隊

２０１７年8月21日午前4時23分、オレゴン州マドラスでは東の地平線が少し明るくなってきたが、月のない空は闇に包まれ星が輝いていた。マドラス高校のグランドの露に濡れた芝生の上に立ち尽くす男は寒さに震えた。ここは標高６８３ｍ、気温は12度、薄着で来たことを後悔しつつ、三脚と撮影機材を設置し始めた。「あと6時間後にはすべてが終わっている。なにもかも…泣くか笑うか、勝負だ」

思い起こせば２００９年7月22日、鹿児島の南、屋久島での皆既日食観測において、滞在の5日間ほぼ晴天が続いたにもかかわらず、その皆既日食があった日のみ大雨という不運に打ちひしがれた。厚い雲にさえぎられながらも、皆既によって月の本影錘の中に入ったため真っ暗になった、島の南の尾之間という観測地点で「この雲の上にコロナが輝いているのか、見てぇ～」と叫んだのが8年前だった。男は激しくリベンジ

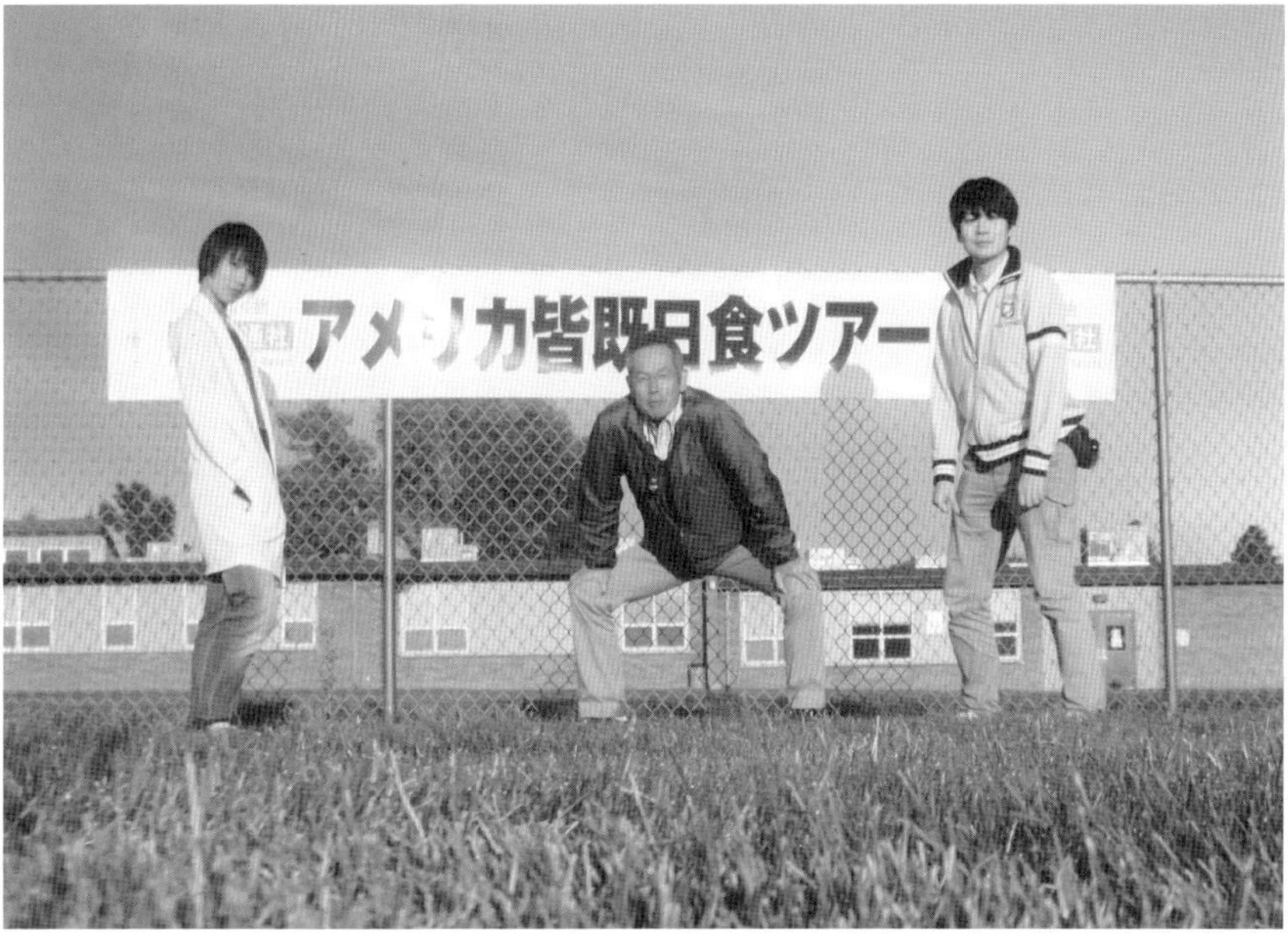

を誓い、今こうして約束通りはるばるアメリカまで皆既日食の観測にやってきたのだった。

男は腕を組み、白み始めた地平線を見つめながら「*Remember YAKUSIMA*」と低くつぶやいた。午前2時30分にポートランドのホテルを出発する時に受け取った紙箱のBTLサンドとバナナ、ポテトチップスの朝飯を立ったまま食う。（男とはわたくしです。念のため）

今回のプロジェクトでは、同行している息子1号（25歳）は重量20kgの赤道義、三脚、TAKAHASI製の単焦点望遠鏡のセットを組み立て、コロナのクローズアップ写真を狙う。息子2号（20歳）は高級一眼デジカメを三脚にセットし、第1接触（部分日食始まり）から皆既を経ての第4接触（日食終了）までをインターバル撮影する予定である。

そして私は、それらを撮影しながら大騒ぎして取り乱し、あるいは呆然として立ち尽くす予定の我々の様子を背後に設置したデジカメで動画撮影をしながら、同時に三脚に固定したビデオカメラで皆既の様子を拡大撮影もする。そして手持ちのデジカメで刻々と変わる周辺の風景や人々の阿鼻叫喚を撮影しながら、スバヤク首に下げた双眼鏡で、コロナとプロミネンスを観察するという千手観音と私にしかできない高度にして緻密なミッションに挑む。その割には、「皆既は何時やった?」「今日は22日か?」などと、かなりいい加減な面があることも否めない探検隊であった。

皆既の時間は2分3秒6。つまりわずか123秒余りである。このために日程を調整し、重要な仕事を人に丸投げし、息子にパスポート取得させ、ツアー会社と折衝し、定期預金を解約し、旅行鞄を買い、テロを警戒しつつ飛行機を乗り継ぎ、バスに揺られて(この2泊の旅の間に20時間以上乗っていた)は～るばる来たのである。もし雨でも降ろうものなら、私は誰を呪えばよいのか…。

やがて夜が明けて陽が昇るとともに高い空に薄雲が西から広がり始めた。「まずい、まずいぞ、このまま雲が濃くなると、コロナが見えなくなる!」

観察会場のマドラス高校のグランドで太陽は徐々に高度を上げてゆく。「間もなく第1接触です」。ツアーのサポーターがメガホンで伝えている。午前9時6分52秒、部分日食が始まった。日食グラスで観察すると太陽の右上が黒く欠けている。「始まっ

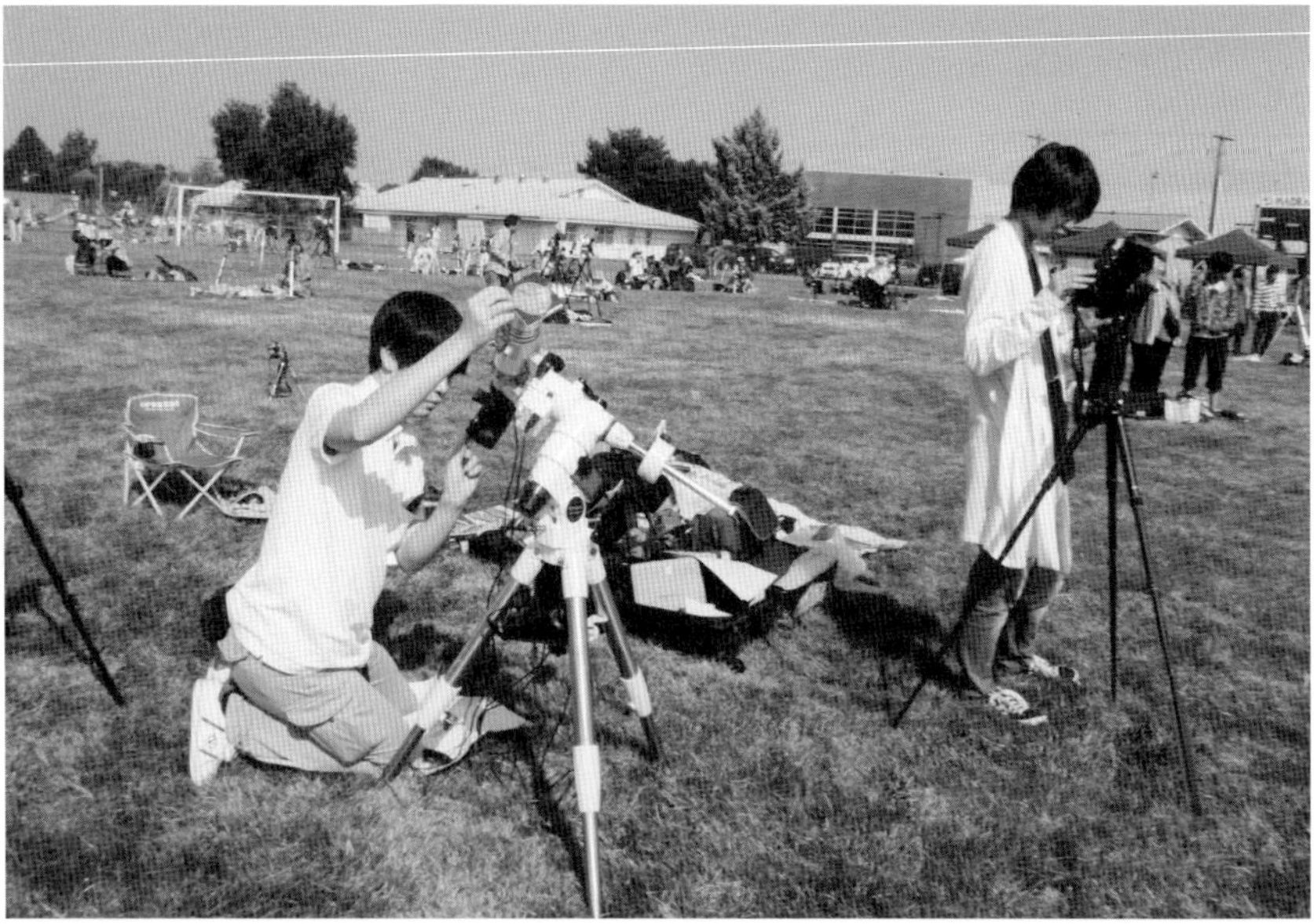

機材をセットしてその時を待つ

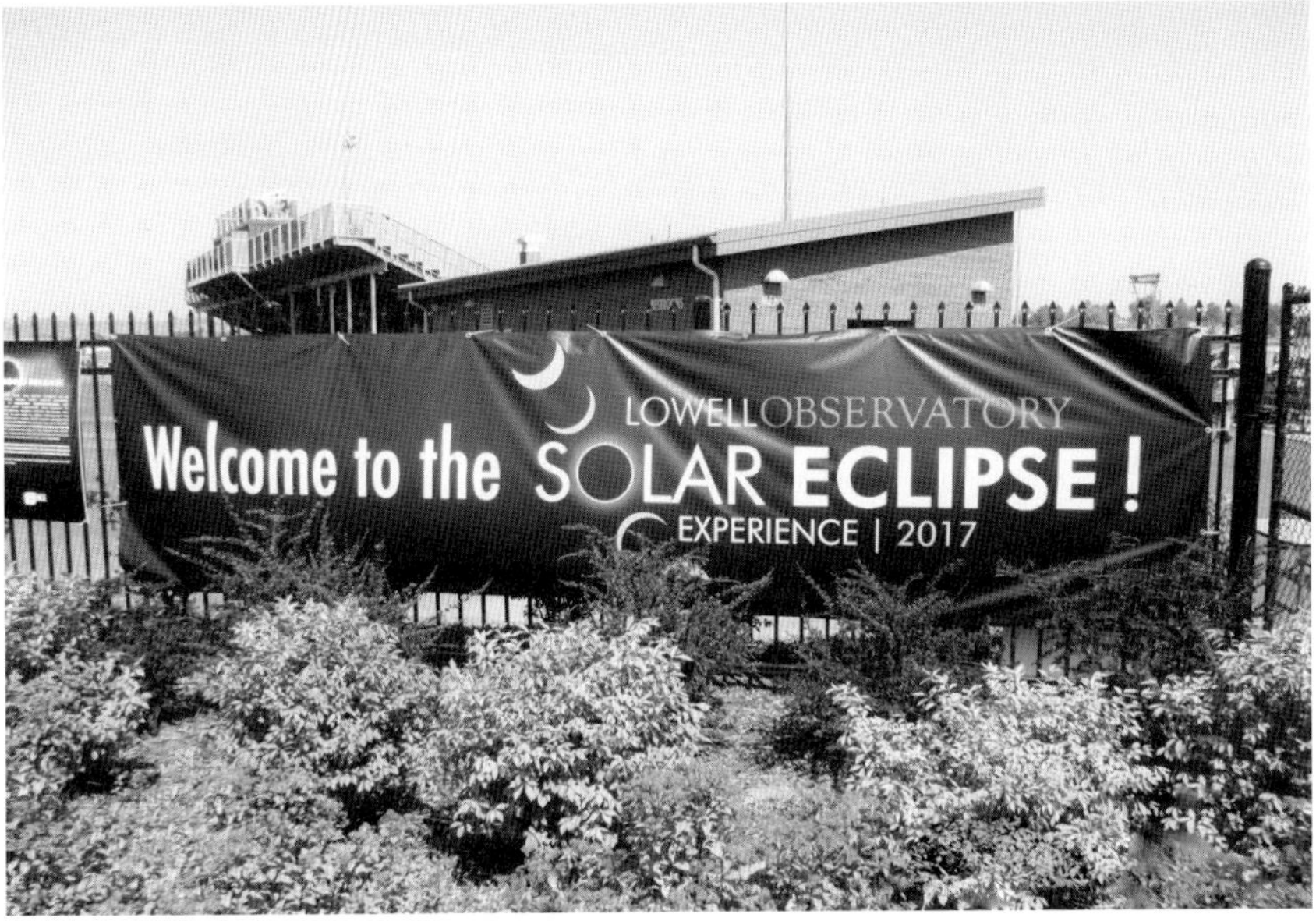

観察会場のマドラス高校のグランド

た、もう止まらん。曇るなよ、曇るなよ」
このマドラス高校のサブグランドは、旅行会社の6つのツアーの100人ほどの日本人だけで貸し切っているので、サッカーコートが2面もとれるほどの広さにまばらに人が散らばっている。道路を隔てたメイングランドにはアメリカンフットボールのコートと400mのトラックと観客席が備えられている（これが公立高校だなんて日本の常識では全く考えられない設備だが）。ここは多数のアメリカ人で混雑しており、観察には入場料も必要である。ホットドッグやポップコーン、日食Tシャツが売っていて、まるでお祭り騒ぎになっている。

10時を過ぎて部分食が進み、少し辺りが暗くなったように感じる。また、気温も下がっているのがはっきり感じられる。「いよいよ来るぞ、どうする?」。予想通り動揺するが、まだ周囲の人々はのんびりしており、ひたすら待つのみである。その時小さな気球が太陽のすぐそばをゆっくり上昇していくのが見えた。これはパラシュートと観測装置が付いた、気象観測用のラジオゾンデのようだった。「おいおい、皆既に重なってしまったらどうするねん」。全くいろんなこと

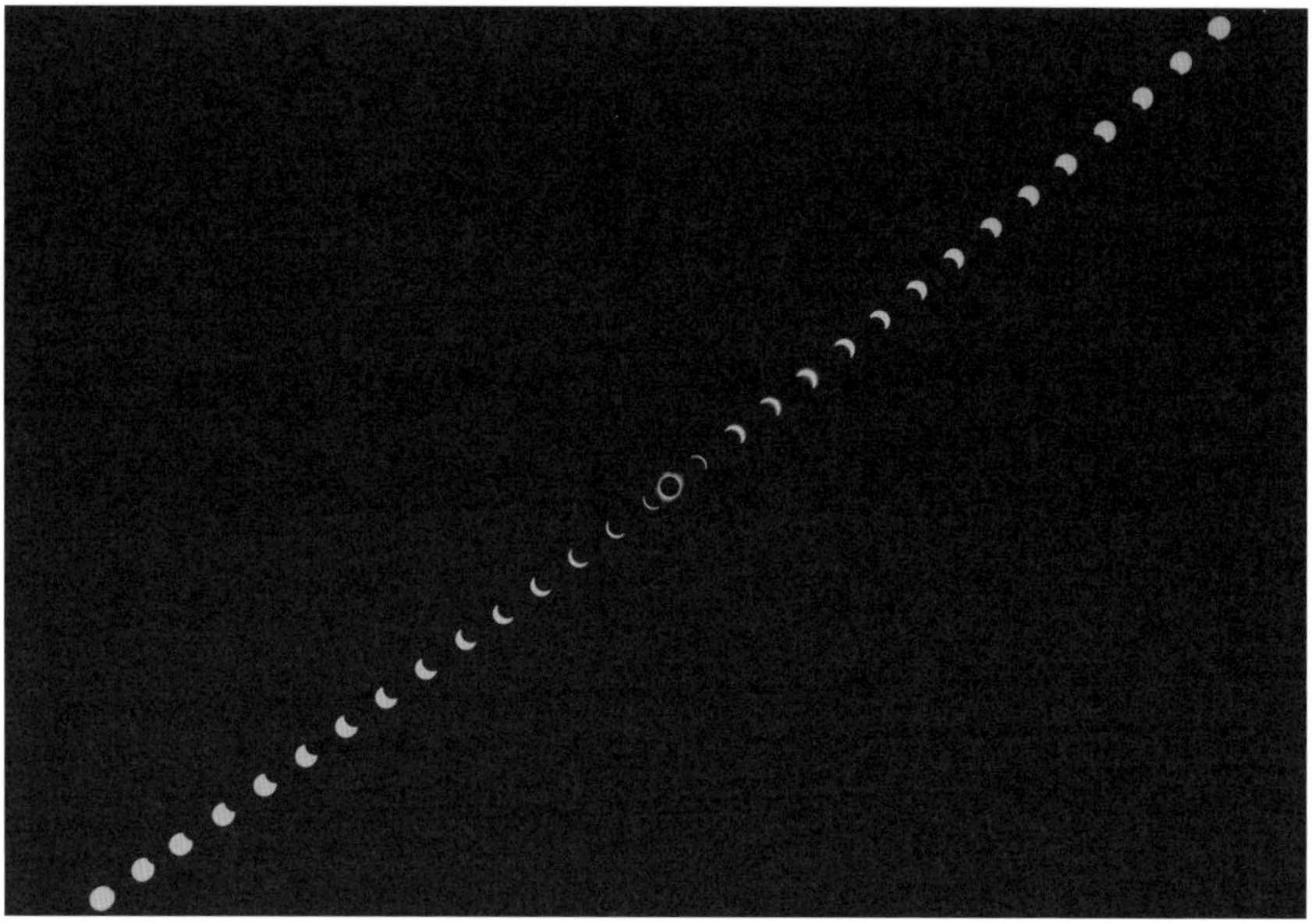

撮影者　M .AKAMATSU

が起こる。たのむ気持ちよく見せてくれ。祈るような気持ちで空を仰ぐ。

「第2接触5分前です」。先ほどからサポーターがしつこくカウントダウンを繰り返している。日食フィルターを通してカメラで拡大してみると、いよいよ部分食は針のような三日月になっている。心配した薄雲はほとんど消え、完全なコンディションである。「10秒前！」。心拍数がもう150を超えている。

「いよいよだ、くるぞ、くるぞ」。隣の競技場からは唸り声が聞こえてくる。空を見上げると西の方から暗い影が急速に頭上の空を覆ってきた。「空が暗い、本影錘きた～」。月の影に観測地点が入ったのだ。その直後、太陽の眩しい輝きが小さくなり、ついにダイヤモンドリングが現れた。あたり中が悲鳴に包まれる。ここからは肉眼での観察が可能だ。カメラのフィルターを外す。やがて輝くダイヤモンドの光はスイッチを切るように急に消え、空は闇になった。同時に黒い太陽を取り巻く真珠色のコロナが現れ、空には星が輝いている。

「きた～～、すげぇ～、皆既い～」「ブラボー」「わはははっ」「ワオ～ン」

周囲から歓声が上がる、メイン競技場の方からはもっとすごい雄叫びや吠え声が聞こえる。

「コロナ見たあ~きれい~」「紅炎《プロミネンス》が見える！」「あの真っ黒の丸は月かあ」

10時21分50秒、太陽の右上から再び太陽の輝きが覗き始めた。第3接触だ。ダイヤモンドリングが現れた。「うわわわ、すごいすごい、終わるう~」

やがてダイヤモンドの輝きが黒い食の部分を侵食していき、もはや眩しくて肉眼では観測できなくなった。周囲は一気に元の夏の陽射しに包まれてしまった。陽射しの温かさを感じる。「あああ、終わったあ、皆既日食完全観測！　やったぞ~！」。グランドのあちこちから拍手が聞こえてくる。私もこの偉大な天体活劇に拍手を送った。露の乾いた芝生に仰向けに倒れ、しばし私は感慨にふけった。

「……晴れて良かった」

もし今回も雨や曇りで見られなければ、やさしい気持ちで人生を送るのは難しくなるところであった。

11時41分17秒、第4接触、つまり月と太陽が完全に離れた。日食は完全に終了した。しかし今体験したばかりなのに、なんだか記憶があいまいである。

「空の色はどうだったっけ？　コロナはどんなに広がっていたっけ？　第2接触の時のダイヤモンドリングはどうだったっけ？」

部分食がすべて終わるまで撮影を続けていた息子2号が「このためだけに来たんやなぁ」としみじみ呟く。前夜、ホテルで行われた観察事前研修での和歌山大学の教授の言葉が思い出された。

「皆既日食は世界のどこかで18年間に10回程度生じ

撮影者　M .AKAMATSU

コロナと共に燃え尽きた

ます。つまりほぼ2年に1回であり、まれな現象ではありません。しかし、地球は広いので皆既が自分住む地域で起こるのは340年に1回です」
皆既日食とはこちらから観察に赴かねばならないものなのだ。待っていては一生涯見ることができない人がほとんどだ。東京では2035年9月2日に皆既日食が見られる。それを待つのもよいが、その時、台風が来たり、秋雨が降ったり…必ず観測できる保証はないのである。
さて部分食の終了までを撮影し、帰路についたが、予想通りシアトルのホテルまでの670㎞の道は、日食観察を終えて帰る人の車、キャンピングカーで大渋滞しており、バスは13時間かけて深夜午前2時半にホテルに着いた。かなり高級なホテルだったが、3時間半しか滞在できずに早朝シアトル空港に向かった。しかし、私たちの心は十分に満たされていた。バンクーバー経由で帰り着いた東京の翌日の宵の西の空には細い三日月が見られた。太陽を覆った新月は、何事もなかったかのように、また満ち始めているのだった。
皆既日食は、地球から太陽までの距離が、地球から月までの距離の400倍で、なおかつ太陽の直径が月の400倍であるという偶然によってもたらされる奇跡である。しかしこの奇跡も永遠ではない。月は少しずつ地球から遠ざかっており、今後は月が少し小さく見えるため、皆既の際には金環食になってしまうようだ（まだ当分は大丈夫だろうが）。

2027年8月2日にはアフリカ北部モロッコで皆既日食がある。これは皆既の時間が6分22秒もあり、気候的にも乾燥地帯なので相当に有望である。現在第3次観測探検隊を編成中である。

コロナを観察中の我々探検隊（イメージ）

あとがき

１９９２年12月に生徒の自然への興味関心を高めたいという思いで書き始めた理科通信は、「芦屋探検」として始まり、１９９６年からは「播磨探検」として、２０１８年まで26年書き続け、通算で３３０号、号外も合わせると３５０ぐらいになります。扱った生き物は数えたことはありませんが、６００種近くになると思います。本書は２００６年から２０１８年までの間、神戸大学附属明石中学校から明石市立二見中学校、そして二見西小学校、二見北小学校に勤務する中で書いた理科通信の中から80話を選んで整理し、まとめたものです。

本書の中に、小学生時代に図鑑で見てあこがれていた生き物に出会った時の驚きや喜びが何度か出てきます。あの昆虫や魚貝の図鑑の存在が今の私や、この理科通信につながっていると感じます。少年の頃と比べると、大人になり遠くまで出掛ける術を得、また知識や経験も増えたことで、昔あこがれながらも出会えなかった生き物に巡り会う機会が増えました。お蔭で新鮮な発見や驚きが尽きることはありません。それを子どもたちにできるだけ伝えていくために、この通信はまだこれからも続いていきそうです。

理科通信を描く上で大切にしたことは、実際に体験したこと見つけたものだけを紹介すること、そしてそれは身近なもので驚きがあること、そして写真ではなく細密な絵を用いて表したことです。最近はあらゆる画像や動画が簡単に手に入るようになりました。しかし、実際に野に出て風の中で生き物を見つけ、観察したり採集したりするという現実の体験や、実物に触れることの喜びを越えることはできないと思います。また点描による細密画は、一点ずつペンで描かなければ形になりません。とても時間がかかるのですが、その過程で対象物の姿をようやく詳細に理解できるのです。この通信を書いている時は、歴史家が古文書を読み解いて、過去の出来事や真実に迫ろうとする作業に似ているように思います。身近にあるその時々の自然の事物や現象を観察し、それが何を意味するのかを推測したり、事実を記録にとどめたりする。簡単に言えばこれだけのことなのですが、とても楽しくおもしろく、様ざまな発見があります。そして大切なことだと感じています。

本書に書いたことが、「昔はここにもそんな生き物たちがいたらしい」という古文書のようになってしまうことがないように、こんなにも様々な生き物が身近にいること、季節ごとに様々な表情を見せてくれる自然が存在することを伝え、本当に豊かな生活とは何か、自然とつながって生きていくことの素晴らしさや大切さを伝えていきたいと思います。

地球という他に代るもののない環境を大切にしたいという思いをみんなが共有できれば、今からでも少しずつ未来を明るくできるのではないでしょうか。こらから生まれてくる子どもたちや、未来の社会を担う今の子どもたちに、私たちが物質的な豊かさを追求したための負の遺産を押し付けることがないように、そして自然や命を慈しむことの大切さを伝えていくために、これからも播磨探検を書きつづけます。

最後に、播磨探検を楽しみにしてくれた学校の皆さんに、心から感謝いたします。

2018.7.28

赤松弘一

●著者略歴●

赤松弘一（あかまつ・こういち）

1963年高砂市生まれ。

高知大学教育学部卒業。理科教師として芦屋市、明石市公立中学校勤務を経て、神戸大学附属中等教育学校明石校舎、明石市立小学校などで勤務。著書に『ひょうご身近な自然発見記』『探検&細密スケッチ　はりま自然観察記』（神戸新聞総合出版センター）、『播磨探検』（日本文学館）、『父と子のいきもの不思議探検』（昭和堂）など。

うちの周《まわ》りは野外《やがい》博物館《はくぶつかん》

2018年8月30日　初版第1刷発行

著　者　赤松《あかまつ》 弘一《こういち》
発行者　吉村 一男
発売所　神戸新聞総合出版センター
〒650-0044　神戸市中央区東川崎町1-5-7
TEL 078-362-7140 ／ FAX 078-361-7552
http://kobe-yomitai.jp/

装丁／神原 宏一
印刷／神戸新聞総合印刷

落丁・乱丁本はお取替えいたします

ISBN978-4-343-01012-4 C0045